自动化专业培养方案

中国自动化学会教育工作委员会 编著

清華大学出版社
北京

内 容 简 介

《自动化专业培养方案》《机器人工程专业培养方案》《控制科学与工程 电子信息学科研究生培养方案》三本书是由中国自动化学会教育工作委员会集中全国自动化高校优势力量编撰的，旨在为全国自动化方向高校本科生和研究生培养方案制定提供参考。本套书中的本科培养方案分为自动化和机器人工程两个专业。自动化专业按创新型、复合型、应用型三类高校分组，机器人工程专业按照创新型、应用型两类高校分组。研究生培养方案不区分高校类型，按学术型硕士、专业型硕士、学术型普博、本科直博、工程博士五类分组。本套书以培养方案模板、案例、大纲和调研报告结合的方式呈现给读者，以期起到一定的参考作用。

图书在版编目 (CIP) 数据

自动化专业培养方案 / 中国自动化学会教育工作委员会编著．—北京：清华大学出版社，2024.5

ISBN 978-7-302-66301-0

Ⅰ．①自…　Ⅱ．①中…　Ⅲ．①自动化技术－课程建设－教学研究－高等学校　Ⅳ．① TP2

中国国家版本馆 CIP 数据核字 (2024) 第 098057 号

责任编辑： 赵　凯
封面设计： 刘　键
版式设计： 方加青
责任校对： 王勤勤
责任印制： 沈　露

出版发行： 清华大学出版社
　　网　　址：https://www.tup.com.cn，https://www.wqxuetang.com
　　地　　址：北京清华大学学研大厦 A 座　　邮　　编：100084
　　社 总 机：010-83470000　　邮　　购：010-62786544
　　投稿与读者服务：010-62776969，c-service@tup.tsinghua.edu.cn
　　质 量 反 馈：010-62772015，zhiliang@tup.tsinghua.edu.cn
印 装 者： 三河市君旺印务有限公司
经　　销： 全国新华书店
开　　本： 185mm×230mm　　**印　　张：** 20　　**字　　数：** 387 千字
版　　次： 2024 年 7 月第 1 版　　**印　　次：** 2024 年 7 月第 1 次印刷
印　　数： 1 ～ 1500
定　　价： 89.00 元

产品编号：105999-01

编委会

前 言

为规范国内高校自动化专业和学科人才培养，中国自动化学会教育工作委员会（下面简称“教工委”）集中优势力量，着力编制了全国高校自动化方向相关专业和学科培养方案，为国内高校自动化方向制定本科和研究生培养方案提供参考。

2020年1月，教工委启动了全国高校自动化方向培养方案编制工作，并明确了相关任务要求、工作目标、工作机制、工作方案、组织架构和实施计划。培养方案编制的工作任务：一是形成全国高校自动化方向本科和研究生培养方案标准化模板；二是培养方案构建涵盖985、211和一般高校，为不同层次高校的培养方案制定提供参考；三是培养方案编制既体现自动化方向的传统人才培养要求，又体现人工智能、大数据、机器人等方向的人才培养需求。

本科培养方案分为自动化和机器人工程两个专业。自动化专业按创新型、复合型、应用型三类高校分组，机器人工程专业按照创新型、应用型两类高校分组。研究生培养方案不区分高校类型，按学术型硕士、专业型硕士、学术型普博、本科直博、工程博士五类分组。本套书以培养方案模板、案例、大纲和调研报告结合的方式呈现给读者，期望能给相关高校提供一定的参考。

为了完成培养方案编制工作，教工委组织成立了指导委员会、总体组和专业组，专业组又分为本科生专业组和研究生专业组。指导委员会负责培养方案编制工作的决策和审议工作；总体组负责本方案实施过程中各项工作的组织和协调；专业组负责建设编写小组，制定小组工作方案，对全国高校自动化方向培养方案开展调查研究，提供培养方案模板以及核心课程内容简介等。

本科和研究生各成立四个专业组，共八个专业小组。每个专业组由教工委委员或教工委推荐的高校自动化专业负责人负责组建，并牵头整理相应的培养方案模板。每个专业组按照总体组的整体时间规划，在项目建设的不同阶段，向指导委员会和总体组汇报建设方案、建设成效。

在此期间，教工委多次邀请自动化领域专家对培养方案进行审议，充分听取了专家意见和建议，然后根据专家意见和建议进行了多次修改，最终将呈现给读者《自动化专业培养方案》、《机器人工程专业培养方案》和《控制科学与工程 电子信息学科研究生培养方案》三本书。

应当指出的是，这毕竟是教工委第一次较大范围地组织编制全国高校自动化方向培养方案指导用书，难免存在问题，欢迎广大读者批评指正。

这套书的编辑出版得到了全国自动化相关高校的大力支持，由教工委主任委员张涛牵头，副主任委员魏海坤、张爱民组织编写，参加编写的包括于乃功、王小旭、朱文兴、刘娣、李世华、杨旗、佃松宜、张军国、张蕾、陈峰、罗家祥、金晶、周波、郑恩让、侯迪波、黄云志、黄海燕、潘松峰、戴波等专家学者（以姓氏笔画为序），都付出了大量的精力和辛勤劳动。在此，谨向他们表示最衷心的感谢！

中国自动化学会教育工作委员会

2024 年 5 月

目 录

上篇　自动化专业（本科创新型）

中篇 自动化专业（本科复合型）

下篇 自动化专业（本科应用型）

上　篇

自动化专业（本科创新型）

第1章 自动化专业培养方案（本科创新型）

专业名称：自动化 (Automation)　　专业代码：080801　　专业门类：工学
标准学制：四年　　授予学位：工学学士　　制定日期：2023.05
适用类型：适用于自动化领域创新型人才培养专业

1.1 培养目标

说明：培养目标要体现培养德智体美劳全面发展的社会主义建设者和接班人的总要求，能清晰反映创新型自动化专业毕业生可服务的主要专业领域、创新型人才的职业特征，以及毕业后经过5年左右的实践能够承担的社会与专业责任等能力特征概述（包括专业能力与非专业能力、职业竞争力和职业发展前景），创新型人才应强调解决复杂工程问题的科学思维能力、创新能力和领导力。培养目标应明确人才培养与学校人才培养定位、专业人才培养特色，应与国家或者区域社会经济发展需求相一致。

示例：

本专业依据学校定位与社会经济发展需求，坚持立德树人，致力于培养崇尚科学、求实创新、勤奋踏实，具有团队合作精神，富有社会责任感和高尚品质，并具备丰富的自动化及其相关交叉学科的工程知识和实践能力，能够在自动化、信息化、智能化及其他相关领域自动化装置和系统的研究、开发、设计，以及技术管理等工作中发挥骨干作用，并表现出一定的工程领军人才潜质。

本专业预期学生毕业5年后，达到以下目标：

目标1：具有独立创新设计与开发自动化装置或系统的能力，以及对自动化工程领域中复杂系统的分析、控制、优化、管理和决策能力；

目标2：能够理解和解决自动化及相关领域工程实践问题并具备工程伦理、法律、环境、安全、文化等方面宽广的系统观；

目标3：具有现代工业社会的价值观念和强烈的社会责任感、职业责任感，能够与国内外同行、专业客户和公众有效沟通，能够在团队中起到组织、协调与指挥作用，并且具有国际视野和跨文化的交流与合作能力；

目标 4：具有终身学习能力，能够主动跟踪自动化及其相关领域的国内外发展现状及趋势，不断掌握新知识、新技能，实现职业能力持续发展。

1.2　毕业要求

说明：毕业要求是对自动化专业学生毕业时应该达成的知识结构、能力要求和职业素养的具体描述，应按照国家工程教育专业认证的相关标准进行制定，并能够支撑本专业培养目标的达成，毕业要求应可分解、可落实、可衡量。对于创新型人才，对每个毕业要求应体现创新型人才在毕业时所具备的创新能力。

毕业要求 1：工程知识。系统掌握数学、自然科学、工程基础和自动控制领域的专业知识，能够综合应用上述知识，解决自动化装置与系统中的复杂工程问题。

对创新型人才的要求为：

（1）应具有厚基础、宽前沿的专业知识；

（2）能够利用专业知识综合推演、系统地分析自动化系统的工程问题，并建立系统的数学模型；

（3）能够利用专业知识对系统复杂工程问题解决方案进行多维度的比较和综合。

毕业要求 2：问题分析。具备分析科学问题的能力，能够应用数学、自然科学及自动化工程科学的基本原理与方法，识别、表达、并通过文献研究等方式对自动化领域的复杂工程问题进行分析，以获得有效结论。

对创新型人才的要求为：

能够利用专业知识或通过主动查阅相关文献并学习相关知识，对自动化领域的复杂工程问题进行深入分析；能够对关键问题、关键技术等具有全面的认识和见解，能够比较关键问题与传统经典问题的区别，能够分析关键技术在解决具体问题时的可行性、难点、关键点和局限性。

毕业要求 3：设计 / 开发解决方案。能够针对自动化领域中的复杂工程问题，设计和开发解决方案，设计满足特定需求的自动化系统、装置（部件）或工艺流程，并能够在设计环节中体现创新意识，考虑社会、健康、安全、法律、文化以及环境等因素。

对创新型人才的要求为：

能够针对复杂工程问题的目标和任务，充分结合问题场景，全面考虑各种影响因素，包括成本、经济、社会、健康、安全、法律、文化以及环境等因素，设计出符合要求甚至超出要求的多种解决方案。能够学习并熟练应用相关工具实施所设计方案。

毕业要求 4：研究。掌握面向科学研究的能力，能够运用科学原理和方法对自动化系统开发和运行管理过程中的复杂工程问题进行研究，包括设计实验、建模分析与仿真、解释数据，并通过信息综合得到合理有效的结论。

对创新型人才的要求为：

针对复杂工程问题的一种或者多种解决方案，能够设计实验对所提出的方案参数设置、策略有效性、方案有效性等进行基于数据的分析、解释，并得到合理的结论，提出改进的方向。

毕业要求 5：使用现代工具。具备现代工具的使用能力，能够针对自动化领域的复杂工程问题，开发、选择与使用恰当的技术、资源、现代工程工具和信息技术工具，包括对复杂工程问题的预测与模拟，并能够理解其局限性。

对创新型人才的要求为：

能够熟练使用并不断拓展掌握自动化领域内的多种开发工具，理解这些工具的局限性，在解决复杂问题时，能够选择合适的工具研究问题、设计方案、开发系统；在没有合适的工具可选择时，有创造新工具的意识。

毕业要求 6：工程与社会。能够基于专业工程相关背景知识进行合理分析，评价自动化专业工程实践和复杂工程问题解决方案对社会、健康、安全、法律以及文化的影响，并理解应承担的责任。

毕业要求 7：环境和可持续发展。具有环境和可持续发展的意识，能够理解环境和可持续发展的理念和内涵，能够理解和评价自动化领域复杂工程问题的工程实践对环境、社会可持续发展的影响。

毕业要求 8：职业规范。建立标准的职业规范，树立和践行社会主义核心价值观，具有人文社会科学素养，富有社会责任感，能够在工程实践中理解并遵守工程职业道德和规范，履行责任。

对创新型人才的要求为：

有社会责任和担当，有职业素养。

（1）能够正确评价自动化领域的工程实践或解决方案对社会、健康、安全、法律以及文化的影响；

（2）在工程实践或实施解决方案时，充分考虑环境和可持续发展的因素；

（3）具备社会主义核心价值观，具备人文社会科学素养，具备职业道德和规范。

毕业要求 9：个人与团队。具有人际交往能力，有个人与团队合作意识，能够在多学科背景下的团队中承担个体、团队成员以及负责人的角色。

毕业要求 10：沟通。具有沟通能力，能够就自动化领域复杂工程问题与业界同行及社会公众进行有效沟通和交流，包括撰写报告和设计文稿、陈述发言、清晰表达或回应指令，并具备国际视野，能够在跨文化背景下进行沟通和交流。

毕业要求 11：项目管理。具有项目管理能力，理解并掌握自动化领域项目研发、运行及维护等方面的工程管理原理与经济决策方法，并能在具有多学科环境属性的复杂工程中应用。

对创新型人才的要求为：

（1）具有一定的领导力，能够组织、协调和指挥团队开展工作，能与不同学科成员有效沟通，合作共事；

（2）能就自动化专业复杂工程问题，以口头、文稿、图表等方式，向业界同行和社会公众准确描述解决复杂工程问题的方案、思路等，回应质疑；

（3）具备跨文化交流的语言和书面表达能力，能就专业问题，在跨文化背景下进行基本沟通和交流；

（4）了解自动化领域产品全生命周期、全流程的成本构成，具备工程管理和经济决策的基本知识和应用能力。

毕业要求 12：终身学习。具有自主学习和终身学习的意识，有不断学习和适应自动化工程及相关领域技术和观念发展、变化的能力。

对创新型人才的要求为：

（1）能够关注并实时把握自动化专业及相关领域前沿理论和技术发展动态，具有自主更新知识和技术的能力；

（2）能够不断将最新知识、前沿理论和技术应用到自动化领域复杂工程问题的解决中，具有终身学习、持续自我提升的能力。

1.3　主干学科与相关学科

主干学科：控制科学与工程。

相关学科示例：计算机科学与技术、信息与通信工程、电气工程。

1.4 课程体系与学分结构

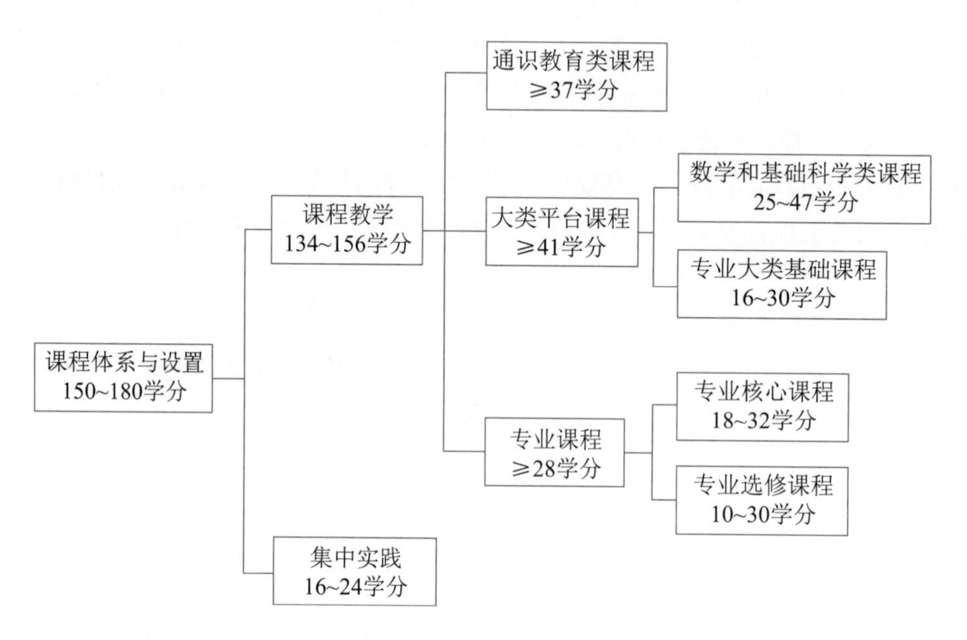

1. 通识教育类课程

说明：通识教育类课程旨在培养学生对社会及历史发展的正确认识，帮助学生确立正确的世界观和方法论，对学生未来成长具有基础性、持久性影响，是综合素质教育的核心内容。该类课程包括思想政治理论、国防教育、体育、外国语言文化、通识教育类核心课程（包括自然科学与技术、世界文明史、社会与艺术、生命与环境、文化传承等）。

此类课程应与毕业要求中的 6 ～ 8 相对应。创新型人才培养方案需要有强调创新意识、创新方法、研究素养等方面的通识课程。

2. 大类平台课程

说明：大类平台课程旨在培养学生具有扎实、深厚的基本理论、基本方法及基本技能，具备今后在自动化领域开展科学研究的基础知识和基本能力。该类课程包括数学和基础科学课程、专业大类基础课程。

此类课程与毕业要求中的 1 ～ 5 对应。自动化创新型人才需要更强调知识的综合和应用。建议设置课程：

1）数学和基础科学课程

建议概率统计与随机过程合并，加强对不确定性事件的理解；加入离散数学，加强对离散量结构及其相互关系的学习。

示例：

序　　号	课 程 名 称	建 议 学 分	建 议 学 时
1	高等数学 / 工科数学分析 / 微积分	10	160
2	线性代数与空间解析几何	4	64
3	概率统计与随机过程	4	64
4	复变函数与积分变换	3	48
5	大学物理	8	128
6	大学物理实验	2	64
7	离散数学	2	32

2）加强专业大类基础课程，注重课程的综合性和实践性

加大电路、模拟电子电路、数字与逻辑设计电路的实践，同时建议根据自动化专业特点优化传统电路和模电内容，提高电子电路的整体设计和分析能力；加强编程基础。

示例：

序　　号	课 程 名 称	建 议 学 分	建 议 学 时
1	学科概论（研讨）	1	16
2	程序设计基础（C 或者 C++）	3	56
3	数据结构与算法	2	32
4	工程制图	3	48
5	电路与模拟电子技术	5.5	88
6	电路与模拟电子技术实验	1.5	48
7	信号分析与处理	3	48

3. 专业课程

说明：专业课程应能覆盖本专业的核心内容，兼具知识的深度和广度。专业课程分为专业核心课程和专业选修课程。

1）专业核心课程

专业核心课程是本专业体现专业特色且相对稳定的课程，该类课程以必修课为主，旨在使学生掌握在自动化领域内的主干知识，培养毕业后可持续发展的能力。学校可依据特色加入 1 ～ 2 门特色核心课程。

创新型人才要求：扎实掌握主干知识，注重知识的应用，能够意识到现有知识的局限，以及未来专业知识或技术的发展趋势。

建议将自动控制原理和现代控制原理整合为控制理论基础，将电机拖动和运动控制整合为电机拖动与运动控制系统。

建议各学校可根据其特色研究方向设定 2 ～ 3 门自动化综合创新实践课，培养学生对复杂自动化系统的探索、研究、设计和开发能力。

示例：

序　号	课程名称	建议学分	建议学时
核心理论课程			
1	控制理论基础	5	80
2	系统建模与动力学分析	3	48
3	模式识别与机器学习	3	48
4	智能传感与检测技术	3	48
5	电机拖动与运动控制系统	4	64
6	数字设计与计算机原理	4	64
7	计算机网络与实时网络控制	4	64
8	人工智能原理	3	48
核心基础实验			
9	控制理论基础实验	1	32
10	智能传感与检测技术实验	0.5	16
11	电机拖动与运动控制系统实验	0.5	16
12	数字设计与计算机原理实验	1	32
核心综合实践（结合学校研究特色，学生选修 2 ～ 3 门）			
13	工业信息处理综合实践	1	32
14	机器视觉与智能检测创新实践	1	32
15	智能机器人实践	1	32
16	工业互联网技术综合实践	1	32
17	嵌入式系统创新实践	1	32
18	多智能体强化学习与博弈对抗	1	32
19	群体智能与无人机系统	1	32

2）专业选修课程

建议设置覆盖自动化主要方向的专业选修课程。创新型人才需要在自动化领域内多个专业方向上具备综合分析、处理（研究、设计）复杂系统中各种问题的技能。专业选修课建议包含控制系统模块、硬件与软件高级模块、智能信息处理模块、机器人模块等。不同学校可根据特色设置不同的专业选修模块。建议在专业选修课程中加入前沿技术研讨模块，以提高学生对前沿技术的把握。

示例：

控制系统模块			
序　　号	课 程 名 称	建 议 学 分	建 议 学 时
1	反馈控制系统设计	2	32
2	电气控制与 PLC	2	32
3	感知与信息估计基础	2	32
4	物联网系统	2	32
5	先进控制方法	2	32
6	计算机控制技术	2.5	40
7	过程控制系统	3	48
硬件与软件高级模块			
序　　号	课 程 名 称	建 议 学 分	建 议 学 时
1	嵌入式系统	2	32
2	FPGA 系统设计	2	32
3	DSP 系统设计	2	32
4	数据库原理与应用	2	32
5	软件工程基础	2	32
智能信息处理模块			
序　　号	课 程 名 称	建 议 学 分	建 议 学 时
1	系统工程原理与方法	2	32
2	智能优化方法与应用	2	32
3	边缘计算与云平台	2	32
4	工业数据采集、处理与应用	2	32
5	智能工厂与智能制造	1	16
机器人模块			
序　　号	课 程 名 称	建 议 学 分	建 议 学 时
1	数字图像与视频处理 / 计算机视觉	2	32
2	智能机器人基础	2	32
3	无人自主系统与 ROS 仿真	2	32
4	工业机器人	2	32
5	智能装备	2	32
前沿技术研讨模块			
序　　号	课 程 名 称	建 议 学 分	建 议 学 时
1	自动化学科前沿	1	16

4. 集中实践

说明：集中实践旨在培养学生工程意识和社会意识，树立学以致用、以用促学、知行合一的认知理念，加强动手能力，熏陶科研素养。集中实践包括基本技能训练（工程训练和电子工艺实习）、专业实习、毕业设计等环节。

创新型人才培养应更注重创新能力的培养，设置的实践课程应更具有综合性、探索性和挑战性的特征。

1.5 专业课程先修关系

示例：

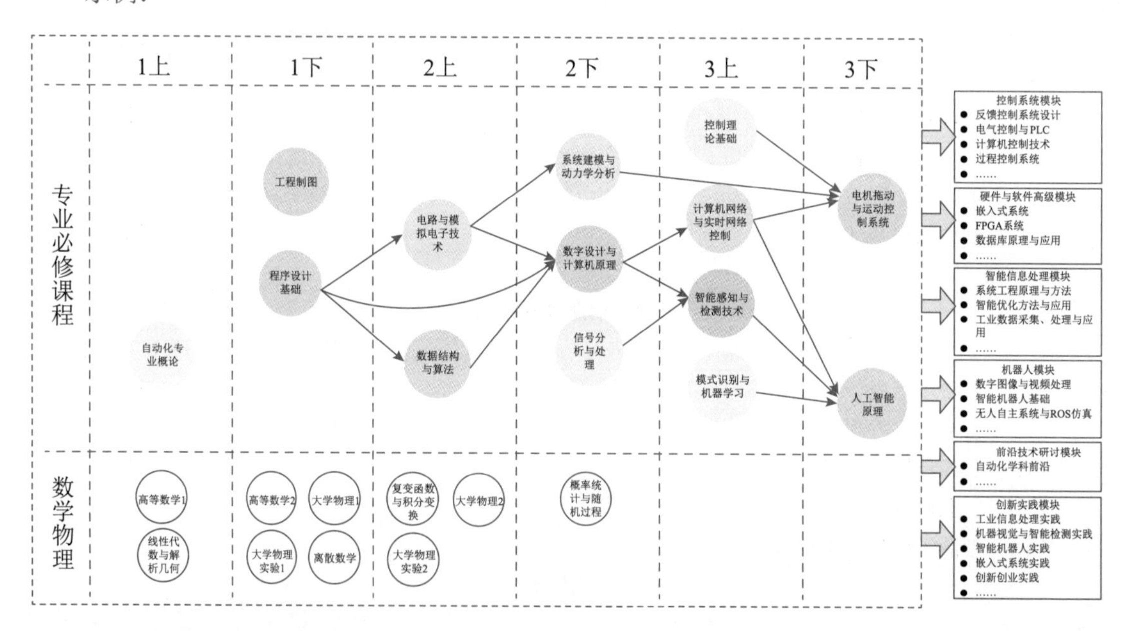

1.6 建议学程安排

1. 第一学年

秋季学期						
序　号	课程名称	学　分	学　时	讲　课	实验 / 其他	说　明
1	思想道德修养与法律基础	3	48	48	0	
2	高等数学 1/ 工科数学 / 微积分	5	80	80	0	可配实验

续表

秋季学期						
序　号	课程名称	学　分	学　时	讲　课	实验 / 其他	说　明
3	线性代数与空间解析几何	4	64	64	0	
4	大学英语	2	32	32	0	
5	军事理论	2	32	32	0	
6	体育 1	1	32	32	0	
7	自动化专业概论	1	16	16	0	
8	军训	2	32	0	32	实践
合计		20				
* 说明：本学期从通识教育类课程选修 1 ～ 2 门，本学期总学分 22 ～ 24 学分						
春季学期						
序　号	课程名称	学　分	学　时	讲　课	实　验	说　明
1	体育 2	1	32	32	0	
2	习近平新时代中国特色社会主义思想概论	2	32	32	0	
3	中国近现代史纲要	2	32	32	0	
4	高等数学 2（工科数学 / 微积分）	5	80	80	0	可配实验
5	离散数学	2	32	32	0	
6	大学英语高级专题	2	32	32	0	
7	大学物理 1	4	64	64	0	
8	大学物理实验 1	1	32	0	32	
9	工程制图	2	32	32	0	
10	程序设计基础	3	56	48	8	
合计		24				
* 说明：本学期从通识教育类课程选修 2 学分，本学期总学分 26 学分						

2. 第二学年

秋季学期						
序　号	课程名称	学　分	学　时	讲　课	实　验	说　明
1	毛泽东思想和中国特色社会主义理论体系概论	2	32	32	0	
2	复变函数与积分变换	3	48	48	0	
3	大学物理 2	3	48	48	0	
4	大学物理实验 2	1	32	0	32	
5	电路与模拟电子技术	5.5	88	88	0	

秋季学期						
序　号	课程名称	学　分	学　时	讲　课	实　验	说　明
6	数据结构与算法	2	40	32	8	
7	体育 3	0.5	32	0	32	
8	数据结构与程序设计专题实验	1	32	0	32	实践
9	工程训练	2	2 周			实践
合计		20				
* 说明：从通识教育类课程中选修 2 ～ 3 分，本学期总学分 22 ～ 23 学分						
春季学期						
序　号	课程名称	学　分	学　时	讲　课	实　验	说　明
1	马克思主义基本原理概论	3	48	48	0	
2	概率统计与随机过程	4	64	64	0	
3	数字设计与计算机原理	4	64	64	0	
4	信号分析与处理	3	48	48	0	
5	系统建模与动力学分析	3	48	48	0	
6	体育 4	1	32	32	0	
7	数字设计与计算机原理实验	1	32	0	32	
合计		19				
* 说明：在通识教育类课程中选修 2 ～ 3 分，本学期总学分 21 ～ 22 学分						

3. 第三学年

秋季学期						
序　号	课程名称	学　分	学　时	讲　课	实　验	说　明
1	控制理论基础	5	80	80	0	
2	智能感知与检测技术	3	48	48	0	
3	计算机网络与实时网络控制	4	64	64	0	
4	模式识别与机器学习	3	48	48	0	
5	智能感知与检测技术实验	0.5	16	0	16	实验
6	计算机网络与实时网络控制实验	0.5	16	0	16	
7	模式识别与机器学习实践	1	32	0	32	
8	反馈控制系统设计与实践（选）	2	32	0	16	
9	系统工程原理与方法（选）	2	32	32	0	
10	智能机器人基础（选）	2	32	32	0	
11	控制理论基础实验	1	32	0	32	
合计（不含选修课程）		18				
* 说明：本学期从专项英语课程中选修 1 ～ 2 学分，从通识教育类课程中选修 2 ～ 3 分，专业选修 4 ～ 6 学分，本学期总学分 23 ～ 27 学分						

续表

春季学期						
序　　号	课程名称	学　　分	学　　时	讲　　课	实　　验	说　　明
1	电机拖动与运动控制系统	4	64	64	0	
2	人工智能原理	3	48	48	0	
3	过程控制系统（选）	2.5	40	40	0	
4	计算机控制技术（选）	2	32	32	0	
5	电气控制与 PLC（选）	2	32	32	0	
6	软件工程基础（选）	2	34	30	4	
7	数据库原理与应用（选）	2	32	32	0	
8	嵌入式系统（选）	2	32	32	0	
9	软件工程基础（选）	2	34	30	4	
10	无人自主系统与 ROS 仿真（选）	2	36	28	8	
11	电机驱动与运动控制系统专题实验	0.5	16	0	16	实践
12	计算机控制技术专题实验（选）	0.5	16	0	16	
13	过程控制系统专题实验（选）	0.5	16	0	16	
14	PLC 控制系统专题实验（选）	0.5	16	0	16	
15	嵌入式系统设计（选）	0.5	16	0	16	
合计（不含选修课程）		7.5				
* 说明：本学期从专项英语课程中选修 1 ～ 2 学分，至本学期末大学英语课程选修总学分不少于 6 学分，在通识教育类课程中选修 2 ～ 3 学分，选修部分专业课 10 ～ 12 学分，本学期总学分 20 ～ 24 学分						

4. 第四学年

秋季学期						
序　　号	课程名称	学　　分	学　　时	讲　　课	实　　验	说　　明
1	感知与信息估计基础（选）	2	32	32	0	各学校根据其特色研究方向设置课程，学生选修
2	物联网系统（选）	2	40	32	8	
3	先进控制方法（选）	2	32	32	0	
4	边缘计算与云平台（选）	2	32	32	0	
5	工业数据采集、处理与应用（选）	2	32	32	0	
6	智能工厂与智能制造（选）	1	16	16	0	
7	数字图像与视频处理 / 计算机视觉（选）	2.5	44	36	8	
8	工业机器人（选）	3	48	48	0	
9	智能优化方法与应用（选）	2	32	32	0	
10	智能装备（选）	1	16	16	0	

续表

秋季学期						
序号	课程名称	学分	学时	讲课	实验	说明
11	FPGA 系统设计（选）	2	32	32	0	
12	DSP 系统设计（选）	2	32	32	0	
13	智能工厂与智能制造（选）	2	32	32	0	
14	智能优化方法与应用（选）	2	32	32	0	
15	自动化学科前沿（选）	1	16	16	0	
16	工业信息处理综合实践	1	32	0	32	各学校根据其特色研究方向设置综合创新实践课，学生选修 2 ～ 3 门
17	机器视觉与智能检测创新实践	1	32	0	32	
18	智能机器人实践	1	32	0	32	
19	工业互联技术综合实践	1	32	0	32	
20	嵌入式系统创新实践	1	32	0	32	
21	创新创业实践	1	32	0	32	
合计（最小选修学分）		10				
* 说明：在通识教育类课程中选修 2 ～ 3 学分，专业选修课中选修满足毕业要求的剩余学分，本学期总学分不少于 10 学分						
春季学期						
序号	课程名称	学分	学时	讲课	实验	说明
1	毕业设计（论文）	10	640	0	640	
2	毕业实习	4	128	0	128	
合计		14				

第2章 自动化专业核心课程教学大纲（本科创新型）

2.1 “程序设计基础”理论课程教学大纲

2.1.1 课程基本信息

<table>
<tr><td rowspan="2">课程名称</td><td colspan="3">程序设计基础</td></tr>
<tr><td colspan="3">Basic Program Design</td></tr>
<tr><td>课程学分</td><td>3</td><td>总学时</td><td>授课 40 学时 + 上机试验 16 学时，共 56 学时</td></tr>
<tr><td>课程类型</td><td colspan="3">■ 专业大类基础课　□ 专业核心课　□ 专业选修课　□ 集中实践</td></tr>
<tr><td>开课学期</td><td colspan="3">□1-1　■1-2　□2-1　□2-2　□3-1　□3-2　□4-1　□4-2</td></tr>
<tr><td>先修课程</td><td colspan="3">无</td></tr>
<tr><td>教材、参考书及其他资料</td><td colspan="3">参考教材：
[1] 谭浩强 . C 程序设计 [M]. 5 版 . 北京：清华大学出版社，2018.
[2] 谭浩强 . C 程序设计学习辅导 [M]. 5 版 . 北京：清华大学出版社，2018.</td></tr>
</table>

2.1.2 课程描述

程序设计基础是自动化专业学生必修的专业大类基础课程。该课程通过全面、深入、系统地介绍程序设计方法和程序设计语言，使学生初步了解计算机，建立起程序设计的概念，通过学习 C 语言编写程序，初步掌握程序设计方法，具备较好的编程能力。

Basic Program Design is a major basic course required by automation students. Through comprehensive, in-depth and systematic introduction of programming methods and programming languages, this course enables students to preliminarily understand computers, establish the concept of programming, and preliminarily master programming methods and have better programming ability by learning C language to write programs.

2.1.3 课程教学目标和教学要求

【教学目标】

（1）系统掌握结构化程序设计方法的特点，初步建立程序设计的概念。掌握C语言的数据类型、常量和变量的概念以及定义形式、运算符、表达式的概念和意义。

（2）熟练掌握程序的三种基本结构，深刻理解顺序、选择、循环三种逻辑在程序设计中的作用和意义。掌握数据输入与输出函数格式；掌握两种分支语句的语法规则和功能，学会用分支方法进行简单分支程序设计，能使用分支语句编写程序；掌握三种循环语句的语法规则和功能，学会用循环方法进行简单循环程序设计，熟悉并掌握常用的几种抽象循环的方法，能使用循环语句编写程序。

（3）建立数据顺序存储的概念，深刻理解数据顺序存储的意义、作用。掌握数组的定义和使用，认识并初步掌握数组程序设计技巧。

（4）掌握函数的定义和函数调用；弄清形式参数和实在参数的结合方式；认识局部变量和全局变量、动态存储变量和静态存储变量的作用和意义；弄清调用函数与被调用函数之间的关系。

（5）掌握指针的概念、指针变量的定义与引用；认识指针的作用和意义；弄清指针与数组的关系；理解使用指针指向数组在程序设计所带来的方便；了解指向函数的指针、返回指针值的函数、多级指针。

（6）掌握结构体的定义和引用以及结构体数组的定义和引用；认识使用指向结构体的指针处理动态数据结构的作用和意义；掌握指向结构体的指针的使用方法。

（7）能够综合运用所学知识，构建复杂程序设计算法，利用VC、DEV或其他C语言开发工具编写和调试程序。

【教学要求】

（1）掌握多种计算机语言，具备较强的软件编程能力。

（2）能够在自动化系统或装置的设计开发过程中，选择与使用恰当信息资源、工程工具和专业模拟软件，对自动化领域复杂工程问题进行分析、计算与设计。

课程目标与专业毕业要求的关联关系			
课程目标	工程知识	使用现代工具	自主学习
1	H		
2	H		
3	H		

续表

课程目标	工程知识	使用现代工具	自主学习
4	H		
5	H		
6	H		
7		H	H

2.1.4 教学内容简介

章节顺序	章节名称	知识点	参考学时
1	程序设计和 C 语言	C 语言历史背景、C 语言的特点，简单的 C 语言程序介绍，运行 C 的步骤和方法	2
2	算法——程序的灵魂	结构化程序设计	2
3	最简单的 C 程序设计——顺序程序设计	数据类型，常量变量，整型和浮点型数据，字符型数据，变量赋值，混合运算，表达式，逗号表达式，数据输入输出概念，字符数据和格式输入输出	4
4	选择结构程序设计	关系运算符，逻辑运算符及其表达式，if 语句和 switch 语句	6
5	循环结构程序设计	循环语句概述以及 while 语句，for 语句，循环嵌套，递归，break 和 continue 语句，循环程序举例	6
6	利用数组处理批量数据	一维数组的定义和引用，二维数组的定义和引用，字符数组及数组应用举例	4
7	用函数实现模块化程序设计	函数的定义，参数和调用，函数嵌套，递归，复杂参数，变量的存储类别	4
8	善于利用指针	指针概念和应用，数组与指针，字符串与指针，函数指针，指针数组等	6
9	用户自己建立数据类型	结构体概念和定义，引用，结构体初始化，结构体数组和指针	6

2.1.5 教学安排详表

序　　号	教学内容	学时分配	教学方式（授课、实验、上机、讨论）	教学要求（知识要求及能力要求）
第 1 章	1.1 计算机程序简介	2	授课	本章重点：C 语言程序的特点、结构、设计方法；

续表

序　　号	教学内容	学时分配	教学方式（授课、实验、上机、讨论）	教学要求（知识要求及能力要求）
第1章	1.2 计算机语言简介	2	授课	能力要求：了解C语言程序的设计方法和步骤
	1.3 C语言的发展及其特点			
	1.4 最简单的C语言程序			
	1.5 运行C程序的步骤与方法			
	1.6 程序设计的任务			
第2章	2.1 程序 = 算法 + 数据结构	2	授课	本章重点：什么是算法，如何设计和描述算法； 能力要求：掌握利用流程图描述算法的方法
	2.2 算法简介			
	2.3 简单的算法举例			
	2.4 算法的特性			
	2.5 怎样表示一个算法			
	2.6 结构化程序设计方法			
第3章	3.1 顺序程序设计举例	2	授课	本章重点：顺序结构的含义，典型的顺序结构程序； 能力要求：掌握典型的顺序结构语句
	3.2 数据的表现形式及其运算			
	3.3 运算符和表达式			
	3.4 C语句	2	授课	
	3.5 数据的输入输出			
第4章	4.1 选择结构和条件判断	2	授课	本章重点：选择结构的含义、关系运算符的用法、典型的选择结构程序； 能力要求：掌握两种选择结构语句，掌握关系运算符合逻辑运算符
	4.2 用if语句实现选择结构			
	4.3 关系运算符和关系表达式	2	授课	
	4.4 逻辑运算符和逻辑表达式			
	4.5 条件运算符和条件表达式			
	4.6 选择结构的嵌套	2	授课	
	4.7 用switch语句实现多分支结构选择			
	4.8 选择结构程序综合举例			
第5章	5.1 为什么需要循环控制	2	授课	本章重点：循环结构的含义、3种循环语句的用法、典型的循环结构程序； 能力要求：掌握3种循环语句，掌握break和continue语句的用法
	5.2 用while语句实现循环			
	5.3 用do…while语句实现循环			
	5.4 用for语句实现循环			
	5.5 循环的嵌套	2	授课	
	5.6 几种循环的比较			
	5.7 改变循环执行的状态			
	5.8 循环程序举例	2	授课	

续表

序　　号	教学内容	学时分配	教学方式（授课、实验、上机、讨论）	教学要求（知识要求及能力要求）
第 6 章	6.1 怎样定义和引用一维数组	2	授课	本章重点：数组的存储结构和适用场景； 能力要求：掌握数组的定义和使用
	6.2 怎样定义和引用二维数组			
	6.3 字符数组	2	授课	
第 7 章	7.1 为什么要使用函数	2	授课	本章重点：函数的概念、使用函数的原因、函数的定义和调用方法、函数的参数传递； 能力要求：熟练掌握函数的定义、调用及其参数的使用
	7.2 怎样定义函数			
	7.3 调用函数			
	7.4 对被调用函数的声明和函数原型			
	7.5 函数的嵌套调用	2	授课	
	7.6 函数的递归调用			
	7.7 数组作为函数参数			
	7.8 局部变量和全局变量			
	7.9 变量的存储方式和生存期			
	7.10 关于变量的声明和定义			
第 8 章	8.1 指针是什么	2	授课	本章重点：指针的含义、指针的定义、利用指针引用变量和数组、指针作为函数参数的使用、利用指针实现动态内存分配； 能力要求：熟练掌握指针的定义和使用
	8.2 指针变量			
	8.3 通过指针引用数组	2	授课	
	8.4 通过指针引用字符串			
	8.5 指向函数的指针	2	授课	
	8.6 返回指针值的函数			
	8.7 指针数组和多重指针			
	8.8 动态内存分配与指向它的指针变量			
	8.9 有关指针的小结			
第 9 章	9.1 定义和使用结构体变量	2	授课	本章重点：结构体的概念、如何定义结构体类型，如何使用结构体变量、结构体数组和结构体指针； 能力要求：熟练使用结构体及结构体数组
	9.2 使用结构体数组			
	9.3 结构体指针	2	授课	
	9.4 用指针处理链表	2	授课	

2.1.6 考核及成绩评定方式

【考核方式】

平时上机作业（包含作业、上机、期中测验）、期末考试。

【成绩评定】

平时上机作业 30%，期末考试 70%。

各考核环节所占分值比例可根据具体情况进行调整，建议值及考核细则如下。

课程目标达成考核与评价方式及成绩评定：

毕业要求指标点	课程目标	考核环节及成绩比例	课程目标考核环节权重	课程目标权重（同一毕业要求指标）
工程知识	课程目标 1	期末考试：10 分	0.1	1
	课程目标 2	期末考试：10 分	0.1	
	课程目标 3	期末考试：20 分	0.2	
	课程目标 4	期末考试：20 分	0.2	
	课程目标 5	期末考试：20 分	0.2	
	课程目标 6	期末考试：20 分	0.2	
使用现代工具	课程目标 7	上机作业：100 分	1	1

上机作业考核与评价标准：

基本要求		评价标准			
		优秀	良好	合格	不合格
上机作业	能够综合运用所学知识，构建复杂程序设计算法，利用 VC、DEV 或其他 C 语言开发工具编写和调试程序	按时交作业；能熟练使用程序设计工具软件，高质量完成所有作业，程序格式清晰、算法简洁高效、程序结构标准规范	按时交作业；能较好使用程序设计工具软件，完成所有作业。程序格式清晰、算法正确、程序结构规范	按时交作业；能正常使用程序设计工具软件，完成所有作业。程序结果基本正确、算法描述正确、程序结构合理	不能按时交作业；或者程序不能正常调试运行；或者大量程序无法运行得到正确结果

大纲制定者：胡怀中、刘静、张爱民

（西安交通大学）

大纲审核者：朱文兴、罗家祥

最后修订时间：2023 年 5 月 24 日

2.2 “数据结构与算法”理论课程教学大纲

2.2.1 课程基本信息

课 程 名 称	数据结构与算法		
	Data Structures and Algorithms		
课 程 学 分	2	总 学 时	32
课 程 类 型	■ 专业大类基础课　□ 专业核心课　□ 专业选修课　□ 集中实践		
开 课 学 期	□1-1　□1-2　■2-1　□2-2　□3-1　□3-2　□4-1　□4-2		
先 修 课 程	程序设计基础		
教材、参考书及其他资料	参考教材： [1] 王红梅，王慧，王新颖 . 数据结构——从概念到 C++ 实现 [M]. 3 版 . 北京：清华大学出版社，2019. [2] 严蔚敏，吴伟民 . 数据结构 [M]. 北京：清华大学出版社，2007. [3] C.A.Shaffer. 数据结构与算法分析 [M]. 张铭，刘晓丹，译 . 北京：电子工业出版社，1998. [4] T.H.Cormen， et al. Introduction to Algorithms [M]. 2nd. MIT Press，2002. [5] 科曼，等 . 算法导论 [M]. 2 版 . 潘金贵，译 . 北京：机械工业出版社，2006.		

2.2.2 课程描述

“数据结构与算法”课程是面向自动化专业本科二年级学生开设的专业大类基础课程。本课程系统地介绍数据结构与算法的基本概念、基本原理和设计方法；其目的是帮助自动化专业学生学习和掌握常见的数据结构及其应用，以及常用的数据处理算法等计算机软件技术基础知识。

通过本课程的学习，学生能够理解数据结构与算法对于程序设计与软件开发的重要性；能够应用常用的数据结构合理组织数据和表示数据，设计有效的数据处理算法求解应用问题，以及分析和评价算法性能；通过本课程的训练，培养学生的数据抽象能力和计算思维能力，提高学生的程序设计能力，为后续课程的学习奠定基础。

Data Structures and Algorithms is a major basic course for sophomores of automation major. The course systematically introduces the basic concepts, basic principles and design methods of data structures and algorithms. The purpose is to help students of automation major to learn and master common data structures and their applications, as well as commonly-used data processing algorithms, which are basic knowledge of computer software technology.

Through the study of this course, students can understand the importance of data structure and algorithm for programming and software development. Also, students can apply common data structures to organize data and represent data reasonably, and design effective data processing algorithms to solve application problems, as well as analyzing and evaluating algorithm performance. The purpose of training in this course is to cultivate ability of data abstraction and computational thinking of students, and to improve their programming ability, which lays a foundation for the follow-up course learning.

2.2.3 课程教学目标和教学要求

【教学目标】

（1）熟练掌握和运用常用数据结构与算法原理和实现方法。

（2）掌握采用数据结构解决实际复杂计算机软件系统问题的思想，能够采用数据结构对软件系统中的数据结构化问题进行原理或过程描述，并具备建立相应软件系统模型的能力。

（3）能够将数据结构与算法的专业知识应用于自动化系统的模型建立、系统的设计与实现，并能对设计结果进行有效验证和改进。

【教学要求】

（1）掌握数据结构与算法方面的基本概念、理论和方法；

（2）能够综合运用数据结构与算法领域基础理论、基本知识和技术手段，具备分析并解决工程技术问题的基本能力；

（3）具有创新意识，掌握基本的创新方法，能够综合运用所学理论和技术手段进行数据结构与算法的设计、开发和集成。

课程目标与专业毕业要求的关联关系			
课程目标	工 程 知 识	使用现代工具	自 主 学 习
1	H		
2	H		
3		H	H

2.2.4 教学内容简介

章 节 顺 序	章 节 名 称	知 识 点	参 考 学 时
1	绪论	数据结构概念 算法及算法评价方法	2

续表

章节顺序	章节名称	知识点	参考学时
2	线性表	线性表的概念及其抽象数据类型 顺序存储结构的特点及其实现 链式存储结构的特点及其实现 顺序表和链表的比较及应用	4
3	栈和队列	栈的概念、特点、存储结构及其实现 队列的概念、特点、存储结构及其实现	3
4	字符串和数组	字符串的概念、存储结构及其操作 数组的概念、存储结构及特殊矩阵的压缩存储方法	3
5	树和二叉树	树的概念、存储结构及遍历操作 二叉树的逻辑结构、基本性质及存储结构 二叉树的前序、中序、后序、层序遍历操作及算法 二叉树的应用：哈夫曼树及哈夫曼编码	5
6	图	图的逻辑结构（图的定义、抽象数据类型及遍历操作） 图的存储结构及其实现（邻接矩阵与邻接表）图的应用：最小生成树和最短路径	6
7	查找技术	基于线性表的查找技术（顺序查找与折半查找） 基于树表的查找技术（二叉排序树概念及基于二叉排序树的查找） 基于散列表的查找技术（散列函数的设计与冲突处理）	4
8	排序技术	排序技术的基本概念与排序算法的性能评价方法 常用排序算法的原理及实现（插入排序、冒泡排序、快速排序、选择排序、归并排序） 各种不同排序方法的适用场合及其比较	5

2.2.5　教学安排详表

序　　号	教学内容	学时分配	教学方式（授课、实验、上机、讨论）	教学要求（知识要求及能力要求）
第 1 章	数据结构概念	1	授课	本章重点：数据结构与算法的基本概念。 能力要求：了解本课程的性质、任务和目的及主要学习内容；掌握数据结构的一些基本概念；具有对算法的时间复杂度和空间复杂度进行分析的能力；了解算法的描述方法
	算法及算法评价方法	1	授课	
第 2 章	线性表的概念及其抽象数据类型	0.5	授课	本章重点：线性表的表示、操作及应用。

续表

序　　号	教学内容	学时分配	教学方式（授课、实验、上机、讨论）	教学要求（知识要求及能力要求）
第 2 章	顺序存储结构的特点及其实现	1.5	授课	能力要求：掌握线性表的基本概念和类型定义；熟练掌握顺序表和单链表上的基本操作方法及其实现；掌握循环链表和双向链表的定义及其插入、删除等操作方法
	链式存储结构的特点及其实现	1.5	授课	
	顺序表和链表的比较及应用	0.5	授课	
第 3 章	栈的概念、特点、存储结构及其实现	2	授课	本章重点：栈和队列的表示、操作及应用。 能力要求：掌握栈和队列的定义；熟练掌握栈和队列的顺序存储表示及链式存储表示及其基本操作和实现
	队列的概念、特点、存储结构及其实现	2	授课	
第 4 章	字符串的概念、存储结构及其操作	1.5	授课	本章重点：字符串和数组的表示、操作及应用。 能力要求：掌握字符串的顺序存储表示、常用操作及算法；掌握特殊矩阵和稀疏矩阵的压缩存储方法
	数组的概念、存储结构及特殊矩阵的压缩存储方法	1.5	授课	
第 5 章	树的概念和存储结构及遍历操作	1	授课	本章重点：树、二叉树的表示、操作及应用。 能力要求：掌握树的定义、存储结构以及树的遍历算法；熟练掌握二叉树的定义、性质、存储结构；熟练掌握二叉树的各种遍历方法及其实现，并具有对二叉树进行遍历的能力；掌握哈夫曼树的构造方法及实现哈夫曼编码的方法
	二叉树的逻辑结构、基本性质及存储结构	1	授课	
	二叉树的前序、中序、后序、层序遍历操作及算法	1	授课	
	二叉树的应用：哈夫曼树及哈夫曼编码	1	授课	
第 6 章	图的逻辑结构（图的定义、抽象数据类型及遍历操作）	1	授课	本章重点：图的表示、操作及应用。 能力要求：掌握图的定义和术语；熟练掌握图的存储结构表示方法；熟练掌握图的深度和广度优先遍历方法及其实现，并具有利用深度优先和广度优先遍历方法对图进行遍历的能力；掌握求解图的最小生成树的算法及其实现；掌握求解图的最短路径的方法并了解其算法实现方法，并具有构造单源点最短路径的能力
	图的存储结构及其实现（邻接矩阵与邻接表）	2	授课	
	图的应用：最小生成树和最短路径	3	授课	
第 7 章	基于线性表的查找技术（顺序查找与折半查找）	1.5	授课	本章重点：常用查找算法的原理与实现方法。

续表

序　号	教学内容	学时分配	教学方式（授课、实验、上机、讨论）	教学要求（知识要求及能力要求）
第 7 章	基于树表的查找技术（二叉排序树概念及基于二叉排序树的查找）	1.5	授课	能力要求：了解查找的基本思想，熟练掌握平均查找长度和最大查找长度的定义和计算方法；熟练掌握基于线性表、树表和散列表的查找原理和方法，并能进行实现
	基于散列表的查找技术（散列函数的设计与冲突处理）	1	授课	
第 8 章	排序的基本概念与排序算法的性能评价方法	0.5	授课	本章重点：常用排序算法的原理与实现方法。 能力要求：理解排序的基本思想和基本概念，掌握稳定性的概念；理解并掌握各种排序方法的基本思想、操作步骤和算法实现方法，并具有时间、空间复杂度分析的能力；能对各种排序方法的使用场合进行比较和分析
	常用的排序算法的原理及实现（插入排序、冒泡排序、快速排序、选择排序、归并排序）	4	授课	
	各种不同排序方法的适用场合及其比较	0.5	授课	

2.2.6　考核及成绩评定方式

【考核方式】

平时成绩、期末考试。

【成绩评定】

平时成绩 40%，期末考试 60%。

各考核环节所占分值比例可根据具体情况进行调整，建议值及考核细则如下。

（1）平时成绩：主要考查依据为课堂表现、课后作业、课外编程设计完成情况。

①课堂表现（课堂问答、课堂练习、考勤等）25%；

②课后作业完成情况 25%；

③课外编程设计完成情况 50%。

（2）期末考试（闭卷）成绩：

①数据结构与算法的基本概念和原理约 20%；

②数据结构的分析、实现与应用约 50%；

③数据处理算法分析、设计与实现约 30%。

大纲制定者：刘海明（华南理工大学）

大纲审核者：罗家祥、朱文兴

最后修订时间：2022 年 8 月 20 日

2.3 “电路与模拟电子技术”理论课程教学大纲

2.3.1 课程基本信息

课 程 名 称	电路与模拟电子技术 Electric Circuit and Analog Electronic Technology		
课 程 学 分	5.5	总 学 时	88
课 程 类 型	■ 专业大类基础课 □ 专业核心课 □ 专业选修课 □ 集中实践		
开 课 学 期	□1-1 □1-2 ☑2-1 □2-2 □3-1 □3-2 □4-1 □4-2		
先 修 课 程	预修要求：普通物理，微积分，线性代数，常微分方程，复变函数		
教材、参考书及其他资料	参考教材： [1] 姚缨英，孙盾，李玉玲 . 电路分析与电子技术基础 I ——电路原理 [M]. 北京：高等教育出版社，2018. [2] 林平，沈红，周箭，等 . 电路分析与电子技术基础 II ——模拟电子技术基础 [M]. 北京：高等教育出版社，2018. [3] 范承志，孙盾，童梅 . 电路原理 [M]. 4 版 . 北京：机械工业出版社，2014. [4] 李玉玲，电路原理学习指导与习题解析 [M]. 北京：机械工业出版社，2004. [5] 郑家龙，陈隆道，蔡忠法 . 集成电子技术基础教程（上册）[M]. 2 版 . 北京：高等教育出版社，2008. [6] 周庭阳，江维澄 . 电路原理 [M]. 杭州：浙江大学出版社，1999. [7] 于歆杰，朱桂萍 . 电路原理 [M]. 北京：清华大学出版社，2007. [8] 童诗白，华成英 . 模拟电子技术基础 [M]. 4 版 . 北京：高等教育出版社，2006. [9] 于歆杰，等译 . 模拟和数字电子电路基础——MIT 电路电子学 [M]. 北京：清华大学出版社，2008. [10] Charles K. Alexander. 电路基础 [M]. 北京：清华大学出版社，2002.		

2.3.2 课程描述

本课程针对电子电气信息工程的基本知识架构，构建电路与模拟电子技术的核心概念和知识框架。通过基本理论和基本分析方法的学习，引导学生掌握电路理论的基本概念、基本定律，掌握模拟信号功能电路与系统的结构特点、工作原理和分析方法，辩证灵活地利用数学手段和工程分析方法进行线性系统和非线性系统中稳态和暂态电路的分析。本课程注重原理解析、科学的思维方法以及工程应用，既强调理论性、逻辑性，更侧重系统性、工程性和时代性。

This course forms the basic knowledge structure of electronic and information engineering. By teaching fundamental theories and analysis technique, this course makes students master core concepts of circuit and electronic technology, build up basic skills of analyzing analog circuits and systems, apply mathematic methods to analyze steady-state and transient. This course is a combination of Electric Circuit and Analog Electronic Technology, attaching some relevant content of engineering analysis and computer aid analysis.

2.3.3　课程教学目标和教学要求

【教学目标】

（1）通过本课程的学习，掌握电路理论基础知识、电气电子电路的基本概念、基本分析与计算方法，对线性和非线性直流电路、正弦与非正弦交流电路的稳态特性、动态电路的暂态特性与变化规律进行分析计算；

（2）掌握电路系统的基本模型与分析方法；

（3）掌握放大电路的分析和计算方法，运算放大器应用，电路系统中反馈、频率特性等基本概念；

（4）掌握信号发生电路、功率放大电路、AC-DC 变换电路的工作原理以及设计和应用，为专业学习提供扎实基础。

【教学要求】

以多媒体结合板书进行课堂授课，有机融入课程思政内容。采用线上线下相结合的方式，课内教师讲授与课外学生自主学习相结合的教学方法，引导学生跳出课本，利用网络信息技术的条件，开拓科学视野，培养自主学习的能力。作业内容包括平时课程习题练习、研究讨论作业等，根据课程内容可以安排单元讨论等方式。

课程目标与专业毕业要求的关联关系		
课程目标	工程知识	研　　究
1	H	H
2	H	H
3	H	
4	H	

2.3.4　教学内容简介

序　　号	章节名称	知识点	参考学时
1	绪论	绪论（课程介绍） 电路基础	5
2	电路分析方法	电路分析方法 —— 等效变换法，电路方程，电路定理	14

续表

序号	章节名称	知识点	参考学时
3	正弦交流电路的稳态分析	正弦交流电路的稳态分析	15
4	电路分析方法	周期性非正弦电路稳态分析方法 傅里叶变换和电路频率特性分析 一阶电路过渡过程分析 二阶电路过渡过程分析 直流非线性电阻电路分析	14
5	半导体基础与FET管	半导体基础、二极管和BJT管工作原理、参数及其电路模型 FET管的工作原理、主要参数及其电路模型	8
6	放大电路的分析	基本放大电路的分析 放大电路的频率响应 集成运算放大器内部功能电路 负反馈放大电路基本概念、分析与稳定性	20
7	信号发生电路、功率变换与稳压电路	正弦波发生电路 函数信号发生电路 功率变换电路 基本整流、滤波和稳压电路	12

2.3.5 教学安排详表

序号	教学内容	学时分配	教学方式（授课、实验、上机、讨论）	教学要求（知识要求及能力要求）
1	绪论（课程介绍）电路基础	5	线上线下结合	本章重点： 1. 电路与电路模型；电荷 – 导体 – 绝缘体；功率和电能；（关联）参考方向；电路 – 串联和并联连接；电信号 – 测量，包括时间平均值以及有效值（RMS）的概念。 2. 欧姆定律；电磁感应定律；全电流定律；电路元件（电阻、电容、电感、独立源、受控源）、元件特性、伏安特性、电路模型。* 双口网络参数。 3. 基尔霍夫定律的引入；网络拓扑；基尔霍夫电流定律（KCL）；基尔霍夫电压定律（KVL）；基尔霍夫定律在求解电路中的应用以及独立的KCL和KVL方程组。 能力要求：掌握电路相关基本概念

续表

序号	教学内容	学时分配	教学方式（授课、实验、上机、讨论）	教学要求（知识要求及能力要求）
2	电路分析方法——等效变换法，电路方程，电路定理	14	线上线下结合	本章重点： 1. 线性无源（含源）电路的等效变换。* 双口网络的连接与等效电路。 2. 支路法、回路法、节点法的引入；主要步骤；特殊情况的处理。 3. 线性电路的齐性原理、叠加原理；替代定理及其应用；电路的 *I-V* 特性；戴维南（诺顿）定理；最大功率输出定理。 能力要求： 1. 掌握电路的等效变换方法； 2. 掌握电路中的基本方程； 3. 掌握电路中的基本定理
3	正弦交流电路的稳态分析	15	线上线下结合	本章重点： 1. 正弦交流信号的相量表示法；稳态响应的相量电路求解法；元件特性的相量形式、KCL/KVL 相量形式；相量图；正弦交流电路阻抗导纳及其等效转换。 2. 正弦交流电路中的功率、功率因数提高、最大功率传输；电路的谐振现象，串联谐振并联谐振混联谐振，频率特性与滤波，通频带概念。 3. 互感耦合电路、变压器。 4. 三相电源、三相负载、三相三线制、三相四线制电路分析与计算方法。 能力要求： 1. 掌握正弦交流电路的表示方法、等效变换； 2. 掌握正弦交流电路中的功率、谐振等在内因素的稳态分析方法； 3. 掌握互感耦合电路、变压器基本概念； 4. 掌握三相电源、三相负载、三相三线制、三相四线制电路分析与计算方法
4	周期性非正弦电路稳态分析方法 傅里叶变换和电路频率特性分析	14	线上线下结合	本章重点： 1. 周期性非正弦电路稳态分析：周期性非正弦信号傅里叶级数展开；频谱特性；周期性非正弦信号的有效值和平均功率；周期性非正弦信号激励下电路的稳态计算。 2. 傅里叶变换和电路频率特性分析：分析非正弦周期信号时，不但要考虑信号本身的特性，还需研究电路特性随频率变化的关系，即需要研究电路的频率特性。频率特性研究包括幅频特性和相频特性。

续表

序号	教学内容	学时分配	教学方式（授课、实验、上机、讨论）	教学要求（知识要求及能力要求）
4	一阶电路过渡过程分析 二阶电路过渡过程分析 直流非线性电阻电路分析	14	线上线下结合	3. 一阶电路过渡过程分析：动态电路基本概念；电路变化规律微分方程的建立；换路定则；一阶电路过渡过程分析，时间常数，零输入响应，零状态响应和全响应；三要素法。 4. 二阶电路过渡过程分析：二阶电路过渡过程分析基本概念。过阻尼、临界阻尼、欠阻尼特性分析。利用经典法计算高阶线性电路过渡过程的求解步骤。 5. 直流非线性电阻电路分析：非线性电路分析的必要性；非线性元件特性方程与特性曲线。非线性电阻电路分析方法——直流工作点分析、小信号分析。实际电路元件特性的分段线性化分析。 能力要求： 1. 掌握周期性非正弦电路稳态分析方法。 2. 掌握傅里叶变换和电路频率特性分析方法。 3. 掌握一阶电路过渡过程分析方法。 4. 掌握二阶电路过渡过程分析方法。 5. 掌握直流非线性电阻电路分析方法
5	半导体基础、二极管和BJT管工作原理、参数及其电路模型 FET管的工作原理、主要参数及其电路模型	8	线上线下结合	本章重点： 1. PN结的形成机理、二极管的伏安特性与参数，整流、限幅、稳压电路的分析与计算；BJT管的工作原理、伏安特性，饱和区、放大区、截止区的等效电路和计算。 2. FET管的工作机理、耗尽型增强型FET管（共6种）的伏安特性与电流方程，描述FET主要参数；截止失真、饱和失真情况；集成电路中电子器件。 能力要求： 1. 掌握PN结的形成机理、二极管的伏安特性与参数，整流、限幅、稳压电路的分析与计算；BJT管的工作原理、伏安特性，饱和区、放大区、截止区的等效电路和计算方法。 2. 掌握FET管的工作机理、主要参数和电路模型
6	基本放大电路的分析	20	线上线下结合	本章重点： 1. 基本放大电路的分析：基本放大电路的静态分析方法：直流通路、折线化模型；基本放大电路的动态分析方法：交流通路、小信号模型。共射、共集、共基基本放大电路和共源、共漏、共栅场效应管放大电路的电压放大倍数、输入输出电阻

续表

序号	教学内容	学时分配	教学方式（授课、实验、上机、讨论）	教学要求（知识要求及能力要求）
6	放大电路的频率响应 集成运算放大器内部功能电路 负反馈放大电路基本概念、分析与稳定性	20	线上线下结合	分析计算，各类放大电路的放大特点。多级放大电路的工作特性以及级间匹配等分析与计算。 2. 放大电路的频率响应：频率响应的 Bode 图表示。半导体晶体管和场效应管的高频小信号模型。放大电路分频段分析法；多级放大电路频率响应特性。 3. 集成运算放大器内部功能电路：运算放大器的内部典型结构及其特点，电流源偏置电路；差分放大电路的工作原理；差模、共模等效电路；差分电路的动态指标计算、共模抑制比等；集成运放的中间级；互补对称式射极跟随器结构，集成运放的特性和主要性能指标。 4. 负反馈放大电路基本概念、分析与稳定性：闭环增益、环路增益、反馈深度的基本概念。反馈放大器基本分类；负反馈对放大电路性能的改善；集成运放构成的各种运算电路（比例运算、求和运算、微分积分运算、对数指数运算、电压电流变换、电流电变换）的分析；分立元件构成的负反馈放大电路的分析；应用 PSPICE 分析实际运算电路的误差。集成运放频率响应特性；负反馈放大电路的稳定性分析；自激振荡的条件、稳定判据和稳定裕度。消除自激振荡的方法。 能力要求： 1. 掌握基本放大电路的分析方法； 2. 掌握放大电路的频率响应方法； 3. 掌握集成运算放大器内部功能电路； 4. 掌握负反馈放大电路基本概念、分析与稳定性
7		12	线上线下结合	本章重点： 1. 正弦振荡器、构成正弦振荡电路基本组成。一个正弦波振荡电路应包括放大环节、正反馈网络、选频网络、稳幅环节四部分。重点分析 RC 正弦波振荡器、LC 正弦波振荡器和石英晶体振荡器的工作原理过程。 2. 采用模拟电路产生正弦波、三角波、锯齿波和脉冲波波形的原理和方法。电压比较器。单限比较器、滞回比较器的工作特点。典型集成比较器

续表

序号	教学内容	学时分配	教学方式（授课、实验、上机、讨论）	教学要求（知识要求及能力要求）
7	正弦波发生电路 函数信号发生电路 功率变换电路 基本整流、滤波和稳压电路	12	线上线下结合	LM311的结构特点和应用。由集成运放组成的非正弦波发生器的原理分析。 3. 功率放大电路的特点和基本类型：甲类单管功率放大器、乙类功率放大器、甲乙类功率放大器。功率放大电路的主要技术指标、分析计算。集成功率放大器的特性。 4. 分析整流、滤波以及线性串联型稳压电路的工作过程和参数指标。三端固定式集成稳压器、三端可调式集成稳压器的典型应用。 能力要求： 1. 掌握RC正弦波振荡器、LC正弦波振荡器和石英晶体振荡器的工作原理过程。 2. 掌握产生正弦波、三角波、锯齿波和脉冲波波形的原理和方法。 3. 掌握功率变换电路的基本原理，功率放大电路的主要技术指标、分析计算。 4. 能够分析整流、滤波以及线性串联型稳压电路的工作过程和参数指标

注：线上教学资源

1. 电路分析基础，中国大学MOOC
2. 电网络分析，中国大学MOOC
3. 电路原理与实验，浙江省精品在线开放课程
4. 学在浙大，courses.zju.edu.cn
5. ftp://10.71.21.18:8021

2.3.6 考核及成绩评定方式

【考核方式】

本课程由期中考试、线上作业、研讨与综合设计项目和期末考试组成。

【成绩评定】

期中考试30%，平时{作业（+线上）+研讨与综合设计项目}30%，期末考试40%。

大纲制定者：姚缨英（浙江大学）

大纲审核者：朱文兴、罗家祥

最后修订时间：2023年5月24日

2.4 “数字设计与计算机原理”理论课程教学大纲

2.4.1 课程基本信息

课程名称	数字设计与计算机原理		
	Digital Design and Computer Principle		
课程学分	4	总学时	64
课程类型	■ 专业大类基础课　□ 专业核心课　□ 专业选修课　□ 集中实践		
开课学期	□1-1　□1-2　□2-1　■2-2　□3-1　□3-2　□4-1　□4-2		
先修课程	程序语言、模拟电路、数据结构		
教材、参考书及其他资料	参考教材： [1] 戴维 • 莫尼 • 哈里斯 . 数字设计和计算机体系结构 [M]. 陈俊颖，译 . 机械工业出版社，2016. [2] 约翰 • F. 韦克利 . 数字设计：原理与实践 [M]. 5 版 . 林生，葛红，金京，译 . 机械工业出版社，2019. [3] S • 帕尔尼卡，Verilog HDL 数字设计与综合 [M]. 夏宇闻，胡燕祥，刁岚松，等译 . 北京：电子工业出版社，2004. [4] 朱正东，伍卫国，张超，等 . 数字逻辑与数字系统 [M]. 北京：电子工业出版社，2015.		

2.4.2 课程描述

“数字设计与计算机原理”课程是面向自动化专业本科二年级学生开设的专业核心课程，目的是让学生掌握数字逻辑与时序电路的分析与设计、ARM 处理器的指令系统及其微结构设计、存储器系统以及基于总线的接口设计技术，为学生构建专用的软硬件系统设计与实现建立基础。

Digital Design and Computer Principle is a core professional course for second-year undergraduate students majoring in automation. It aims to enable students to master the analysis and design of digital logic and sequential circuit, instruction system and its microstructure design of ARM processor, memory system and bus interface design technology. It help students to establish the fundamental skills to design and implement special software and hardware systems.

2.4.3 课程教学目标和教学要求

【教学目标】

课程目标 1：掌握各种数制、组合逻辑电路和时序逻辑电路的基本概念及其分析与设计的方法和步骤，能够进行各种数制转换设计，以及基于卡诺图、真值表、状态图等方法的数字逻辑与时序电路设计。

课程目标 2：能够使用一种 EDA（电子设计自动化）设计开发工具对数字系统进行设计和验证；掌握用硬件描述语言设计数字系统。

课程目标 3：学习处理器指令系统的设计原理、ARM 汇编语言程序设计及其指令集的发展演进，能够分析与研究设计自动化装置与系统所需要的软件系统规格描述与模块组件汇编编程。

课程目标 4：以 ARM 指令系统为例，掌握单周期、多周期以及流水线的 RISC 处理器设计原理，并通过处理器高级微结构的知识扩展，能够分析与研究设计自动化装置与系统所需要的硬件系统的体系结构设计，进行软硬件系统知识与设计能力的自主学习和提高。

课程目标 5：结合存储器系统、I/O 接口系统的结构、原理与应用案例的学些与分析，能够针对实际控制系统装置的软硬件任务划分与组件设计等进行设计研究与实验分析。

【教学要求】

（1）掌握数字逻辑与时序电路的分析与设计、ARM 处理器的指令系统及其微结构设计、存储器系统以及基于总线的接口设计技术；

（2）掌握基本的开发方法，综合运用所学理论和技术手段进行实际控制系统装置的设计研究与实验分析。

课程目标与专业毕业要求的关联关系				
课程目标	工程知识	研　究	使用现代工具	自主学习
1	H			
2			H	
3		H		
4				H
5		H		

2.4.4　教学内容简介

章节顺序	章节名称	知识点	参考学时
1	数字系统概述	数字抽象、二进制、十进制、十六进制、字节和字、二进制加法、有符号的二进制、逻辑门、CMOS 晶体管	2
2	组合逻辑设计	布尔等式、布尔代数；多级组合逻辑设计方法；基于卡诺图的逻辑简化；多路复用模块、译码器模块、组合逻辑中的传播延迟、组合逻辑中的时序毛刺问题	8

续表

章节顺序	章节名称	知识点	参考学时
3	时序逻辑设计	锁存器和触发器；同步时序逻辑电路、同步与异步电路；有限状态机；建立和保持时间约束、时钟抖动、亚稳态、同步器	6
4	SystemVerilog 硬件描述语言	基于 SystemVerilog 的组合逻辑中的按位运算设计、条件赋值、优先级策略、数值表示问题；时序逻辑中的寄存器与锁存器的设计与实现；状态机、数据类型、参数化模块	8
5	数字系统模块	加法器、减法器、比较器、乘法器的设计；定点数系统与浮点数系统；计数器、移位寄存器；随机存储器、寄存器文件、只读存储器；可编程逻辑阵列、现场可编程门阵列	8
6	指令架构	ARM 指令集与汇编语言、程序编译、汇编与装载过程、ARM 与 X86 架构对比分析	10
7	微体系结构	微结构性能分析、单周期处理器、多周期处理器、流水线处理器、高级微结构	10
8	存储系统	存储系统性能分析、高速缓存、虚拟内存	6
9	输入输出系统	内存映射 I/O、嵌入式 I/O 系统、典型微控制器外设、计算机 I/O 系统	6

2.4.5 教学安排详表

序　号	教学内容	学时分配	教学方式（授课、实验、上机、讨论）	教学要求（知识要求及能力要求）
第 1 章	数字抽象 数字系统 逻辑门 CMOS 晶体管	2	授课	了解数字系统的演化；掌握二进制、十六进制等进位计数制；掌握二进制加法及溢出；掌握补码；熟练掌握各种逻辑门
第 2 章	布尔等式与布尔代数 逻辑门设计与多级组合逻辑 卡诺图与逻辑化简 组合逻辑模块与时序	8	授课	掌握逻辑电路的基本术语、布尔等式和布尔代数；掌握逻辑门设计与多级组合逻辑设计方法；掌握基于卡诺图的逻辑简化；熟练掌握常用组合逻辑器件及其应用
第 3 章	锁存器与触发器 同步逻辑设计 有限状态机 时序逻辑的时序	6	授课	熟练掌握主要锁存器和触发器的内部结构、逻辑符号、次态真值表和次态方程；重点掌握同步逻辑设计方法；掌握有限状态机；掌握时序逻辑电路中时间约束、亚稳态、同步器相关概念

续表

序　号	教学内容	学时分配	教学方式（授课、实验、上机、讨论）	教学要求（知识要求及能力要求）
第 4 章	语法介绍及结构化模块	8	授课	掌握 SystemVerilog 的语法、仿真与综合方法、模块化设计方法；重点掌握组合电路基本模块以及时序逻辑的实现；能完成测试用例的设计与实现
	组合逻辑 SystemVerilog 实现			
	时序逻辑 SystemVerilog 实现			
	状态机 SystemVerilog 实现及 SystemVerilog 模块设计			
第 5 章	算术电路	8	授课	重点掌握加法器、减法器、比较器、算术逻辑单元的设计；掌握移位器、乘法器及除法器的设计；掌握定点数系统与浮点数系统的基本概念；掌握存储阵列和逻辑阵列
	数值系统			
	存储阵列			
	逻辑阵列			
第 6 章	ARM 指令集与汇编语言	4	授课	掌握指令系统分类，ARM 的编程模型、寻址方式以及算术、数据传送及控制指令的使用与汇编程序设计，了解程序编译、汇编与装载过程，了解典型处理器架构
	编译、汇编与装载过程	2		
	ARM 与 X86 架构对比分析	2		
第 7 章	微结构性能分析	1	授课	掌握微体系结构性能分析方法，通过单周期、多周期与流水线处理的设计对比，掌握不同处理器设计差异与性能优缺点，进一步了解高级微结构设计技术
	单周期处理器	1		
	多周期处理器	2		
	流水线处理器	2		
	高级微结构	2		
第 8 章	存储系统性能分析	2	授课	掌握存储系统性能分析方法、高速缓存架构与虚拟内存设计技术，能对比分析不同架构对性能的影响
	高速缓存	4		
	虚拟内存	2		
第 9 章	内存映射 I/O	2	授课	掌握内存映射 I/O 操作方法，掌握典型嵌入式、微控制器和计算机 I/O 与外设的原理与操作方法，能进行编程
	嵌入式 I/O 系统	2		
	典型微控制器外设	2		
	计算机 I/O 系统	2		

2.4.6 考核及成绩评定方式

【考核方式】

平时作业、期末考试。

【成绩评定】

平时作业 40 %。

期末考试 60 %。

各考核环节所占分值比例可根据具体情况进行调整，建议值及考核细则如下。

1. 课程目标达成考核与评价方式及成绩评定

课程目标	考核环节	课程目标考核环节权重	课程目标权重（同一毕业要求指标的）
课程目标 1	平时作业 30 分	0.4	1
	期末 30 分	0.6	
课程目标 2	平时作业 20 分	0.4	1
	期末 20 分	0.6	
课程目标 3	平时作业 15 分	0.4	1
	期末 15 分	0.6	
课程目标 4	平时作业 15 分	0.4	1
	期末 15 分	0.6	
课程目标 5	平时作业 20 分	0.4	1
	期末 20 分	0.6	

2. 考核与评价标准

平时作业考核与评价标准。

基本要求		评价标准			
		优秀	良好	合格	不合格
平时作业	掌握各种数制、组合逻辑和时序逻辑电路的基本概念及其分析与设计的方法和步骤（支撑毕业要求 A3）	按时交作业；基本概念正确，解题步骤清楚；答题正确	按时交作业；基本概念正确，解题步骤清楚；答题基本正确	按时交作业；基本概念理解有误，解题步骤基本清楚	不能按时交作业；或者基本概念不清楚
	掌握 SystemVerilog 的基本语法，组合逻辑实现，时序逻辑实现，状态机实现及模块设计（支撑毕业要求 E2）	按时交作业；基本概念正确，解题步骤清楚；答题正确	按时交作业；基本概念正确，解题步骤清楚；答题基本正确	按时交作业；基本概念理解有误，解题步骤基本清楚	不能按时交作业；或者基本概念不清楚
	掌握指令系统设计原理、架构演进和 ARM 汇编程序设计（支撑毕业要求 D2）	按时交作业；基本概念正确，解题步骤清楚；答题正确	按时交作业；基本概念正确，解题步骤清楚；答题基本正确	按时交作业；基本概念理解有误，解题步骤基本清楚	不能按时交作业；或者基本概念不清楚

续表

基本要求		评价标准			
		优　秀	良　好	合　格	不合格
平时作业	掌握计算机微结构的单周期、多周期和流水线实现原理、时序与性能分析（支撑毕业要求 L2）	按时交作业；概念正确；解题思路清晰，分析清楚；绘图清晰规范	按时交作业；概念正确；编程思路清晰；分析清楚；过程不完整	按时交作业；概念正确；解题思路基本清楚，过程不完整	不按时交作业；概念不清楚；结果错误，字迹潦草
	掌握计算机分层存储器系统、总线以及常用外设接口原理（支撑毕业要求 D3）	按时交作业；概念正确；解题思路清晰；设计正确，计算过程完整	按时交作业；概念正确；解题思路清晰；计算过程不完整	按时交作业；概念清楚；解题思路基本清楚，过程不完整	不能按时交作业；或者概念不清楚

大纲制定者：梅魁志、段战胜、孙宏滨、吕红强、张爱民（西安交通大学）
大纲审核者：朱文兴、罗家祥
最后修订时间：2023 年 5 月 25 日

2.5 “信号分析与处理”理论课程教学大纲

2.5.1 课程基本信息

课程名称	信号分析与处理		
	Signal Analysis and Proceeding		
课程学分	3	总学时	48
课程类型	□ 专业大类基础课　■ 专业核心课　□ 专业选修课　□ 集中实践		
开课学期	□1-1　□1-2　□2-1　■2-2　□3-1　□3-2　□4-1　□4-2		
先修课程	微积分、线性代数、常微分方程、复变函数、电路原理		
教材、参考书及其他资料	[1] 赵光宙 . 信号分析与处理 . [M]. 3 版 . 北京：机械工业出版社，2019. [2] 吴湘淇 . 信号、系统与信号处理 [M]. 北京：电子工业出版社，2009. [3] 陈后金，胡健，薛健 . 信号与系统 [M]. 3 版 . 北京：清华大学出版社，2018. [4] 吴大正 . 信号与线性系统分析 [M]. 4 版 . 北京：高等教育出版社，2005. [5] 西蒙 • 赫金 . 信号与系统 [M]. 2 版 . 北京：电子工业出版社，2013. [6] 管致中 . 信号与线性系统 [M]. 北京：高等教育出版社，2011. [7] 奥本 • 海姆 . 信号与系统 [M]. 2 版 . 北京：电子工业出版社，2013.		

2.5.2　课程描述

“信号分析与处理”是电气工程与自动化类专业的重要专业理论课程。教学内容包括连续时间信号的分析与处理，离散信号的分析，信号通过线性系统分析与处理，模拟和数字滤波器设计。

Signal Analysis and Proceeding is an important specialty theory course for electrical engineering and automation specialty. It is especially to study the basic concept, principle, technology and method. The students are required not only to understand the content of continuous signal analysis, discrete signal analysis, but also to master the basic theory and design method of analog filter and digital filter.

2.5.3　课程教学目标和教学要求

【教学目标】

（1）在时域、频域以及复频域中完成对连续时间信号以及离散信号的分析，可将实际的复杂物理信号分解为若干基本信号的叠加，完成对信号的描述与分析；培养学生运用微积分、线性代数、复变函数、三角函数等高等数学知识，解决工程领域复杂工程问题的能力。在课程思政方面，通过理解信号分析与处理技术的发展历程与典型应用案例，尤其是中国在 DSP 芯片技术和 5G 通信技术应用，提升学生科研的紧迫感和责任感，激发学生的学习兴趣和科技自信。

（2）掌握线性时不变系统的分析方法，可利用线性常微分方程、线性差分方程以及离散域 z 变换等数学和工程数学知识进行求解。学生可以通过数学建模的方式分析系统的稳定性，完成各类响应问题的求解，提高对工程领域复杂工程问题的分析能力。在课程思政方面，了解离散信号处理技术和信号处理系统在现代通信技术方面的应用案例和先进水平，增进学生学习的积极性和科技报国热情。

（3）促使学生基于科学原理，采用合理的实验设计与数据记录，通过信息综合得到有效的实验结论，印证课堂教学中的理论基础知识。具体表现为：①信号分析与处理实验基础知识，包括实验预备知识、常用电子仪器介绍、常用电子元器件资料、电子测量技术、实验调试与故障检测技术等内容；②信号分析与处理基础性硬件实验，包括信号的采样与恢复、有源和无源滤波器等实验；③基于 LabVIEW（MATLAB）的信号分析与处理虚拟仿真实验，包括 DFT、FFT、IIR/FIR 滤波器等实验。在课程思政方面，通过以激励学生探索未知、追求真理、勇攀科学高峰的责任感和使命感的实践实验项目、实践思政素材库和实践交流模式等实践教学平台，注重科学思维方法的训练和科技伦理的教育，培养学生精益求精的大国工匠精神。

（4）学生在掌握了基本概念与方法后，可以基于LabVIEW（MATLAB）的信号分析与处理编程基础知识，在计算机上利用较为常见的几种仿真工具软件，解决更大运算量的信号分析与处理问题。

（5）提升学生对于信号分析与处理这门课程的兴趣，了解信号分析与处理在嵌入式系统开发、谐波分析、音频视频处理、故障识别与诊断等方面的应用现状与发展趋势。在课程思政方面，让学生认识到现代科学技术是以信息技术为基础的特点，激发学生在信息科技领域实现科技报国的决心和热情，树立正确的专业定位和发展导向。

【教学要求】

（1）以主讲教师授课为主，结合学生讨论、实验教学等多种形式进行；

（2）让学上掌握信息处理方面的基本理论和技术；

（3）让学生综合运用自动化领域基础理论、基本知识和技术手段，分析并解决工程技术问题的基本能力；

（4）培养学生创新意识，掌握基本的创新方法，能够综合运用所学理论和技术手段进行自动控制系统的设计、开发和集成。

课程目标与专业毕业要求的关联关系				
课程目标	工程知识	研　　究	使用现代工具	自主学习
1	H			
2		H		
3		H		
4			H	
5				L

2.5.4　教学内容简介

章节顺序	章节名称	知识点	参考学时
1	绪论	信号分析与处理基础知识：信号的定义和分类；信号分析与处理的关系	3
2	连续时间信号分析	连续信号的时域描述和分析 频域分析（傅里叶级数和傅里叶变换） 频域分析（傅里叶变换的性质）	7
3	离散时间信号分析	连续信号的离散化和采样定理；离散信号的时域分析 离散信号的频域分析	16

续表

章节顺序	章节名称	知识点	参考学时
3	离散时间信号分析	DFT 和 FFT 离散信号的 z 变换分析	16
4	信号处理基础	系统及其性质 信号的线性系统处理：时域分析法，频域分析法 信号的线性系统处理：复频域分析法	6
5	滤波器	滤波器的基本概念及其分类 模拟滤波器设计 数字滤波器设计	13
6	研讨	综合性研讨	3

2.5.5 教学安排详表

序号	教学内容	学时分配	教学方式（授课、实验、上机、讨论）	教学要求（知识要求及能力要求）
1	信号分析与处理基础知识：信号的定义和分类；信号分析与处理的关系	3	讲授	本章重点：介绍数字信号处理技术在自动化系统中的应用，与传统模拟技术相比具有的特点。 能力要求：了解信号处理系统的组成和采用数字信号处理的优点，了解信号处理的发展趋势；理解信号处理系统的实现方法，信息获取、处理和利用的过程；掌握连续时间信号、离散时间信号、能量信号和功率信号、确定性信号和随机信号的定义；了解 MATLAB 软件
2	连续信号的时域描述和分析	2	讲授	本章重点：连续时间信号的时域分解、卷积、相关；利用傅里叶级数分解周期信号；利用傅里叶积分分析非周期信号的连续频谱；利用卷积和卷积定理了解时域和频域特性间的内在关系。 能力要求：了解连续时间信号时域特征，了解傅里叶级数和傅里叶变换的性质；理解信号时域分解，理解周期信号和非周期信号频域分析过程；掌握基本信号和基本运算、连续信号的卷积和相关运算；结合连续信号产生、傅里叶变换等掌握 MATLAB 软件的使用
	频域分析（傅里叶级数和傅里叶变换）	3	讲授	
	频域分析（傅里叶变换的性质）	2	讲授	

续表

序号	教学内容	学时分配	教学方式（授课、实验、上机、讨论）	教学要求（知识要求及能力要求）
3	连续信号的离散化和采样定理；离散信号的时域分析	3	讲授	本章重点：采样定理及实现，离散卷积，离散时间信号的 z 变换，离散时间系统的系统函数和离散系统的频率响应，z 变换与拉普拉斯变换、傅里叶变换之间的关系；DFT 及其特性；DFT、DTFT 以及 z 变换之间的关系，频域采样定理；DFT 在应用中的问题，包括混叠现象、频谱泄漏、栅栏效应及频率分辨率；按时间抽取基 -2 FFT 算法。 能力要求：了解序列的表示和基本运算，了解采样方式；掌握周期序列周期的判断；理解采样定理，掌握采样过程和采样信号的频谱特性；掌握序列的离散卷积和相关，掌握离散时间系统，理解系统的因果性和稳定性。了解与离散信号产生、卷积等有关的 MATLAB 函数。了解快速傅里叶变换（FFT）算法的基本原理；理解利用 FFT 进行快速卷积和快速相关运算的过程；掌握离散傅里叶变换（DFT）及其特性，DFT、DTFT（序列的傅里叶变换）以及 z 变换之间的关系，频域采样定理。掌握运用 DFT 计算连续信号的频谱时混叠、泄漏以及栅栏效应产生的原因与解决方法。灵活运用 FFT 算法。了解与傅里叶变换有关的 MATLAB 函数
	实验一：信号的采样与恢复	3	实验	
	离散信号的频域分析	2	讲授	
	DFT 和 FFT	3	讲授	
	实验二：DFT 和 FFT	3	实验	
	离散信号的 z 变换分析	2	讲授	
4	系统及其性质	2	讲授	本章重点：系统及其性质、时域分析法、频域分析法、复频域分析法。 能力要求：了解系统的基本性质，能够利用时域、时域分析法、频域分析法、复频域分析法分析系统
	信号的线性系统处理：时域分析法，频域分析法	2	讲授	
	信号的线性系统处理：复频域分析法	2	讲授	
5	滤波器的基本概念及其分类	1	讲授	本章重点：Butterworth 模拟滤波器设计，双线性变换设计 IIR 数字滤波器，预畸变；线性相位条件，线性相位 FIR 滤波器的幅度特性，窗函数法设计 FIR 数字滤波器
	实验三：无源滤波器和有源滤波器	4	实验	

续表

序号	教学内容	学时分配	教学方式（授课、实验、上机、讨论）	教学要求（知识要求及能力要求）
5	模拟滤波器设计	3	讲授	能力要求：了解模拟滤波器设计方法，IIR、FIR 滤波器的设计方法；理解 IIR 和 FIR 滤波器的异同；掌握滤波器的性能指标；常用模拟低通滤波器特性；从模拟滤波器低通原型到各种数字滤波器的频率变换、从低通数字滤波器到各种数字滤波器的频率变换；线性相位 FIR 滤波器的特点，线性相位条件。分别利用双线性变换、窗口法设计 IIR、FIR 数字滤波器。了解与数字滤波器设计有关的 MATLAB 函数
	实验四：幅度调制与解调	3	实验	
	数字滤波器设计	2	讲授	
6	研讨	3	讲授	本章重点：信号处理方法在频率、幅值和相位测量中的应用。 能力要求：了解信号处理方法在工程应用中的举例

2.5.6　考核及成绩评定方式

【考核方式】

笔试＋平时作业＋实验。

【成绩评定】

成绩评定方式：期末考试 60%。有纸化闭卷考试。

作业＋实验 40%。

期末考试卷面各部分分数分布与学时比例大致相当。共有 6 个考核点：

考核点 1：信号定义与时域计算；

考核点 2：傅里叶级数与傅里叶变换性质；

考核点 3：采样定理与误差分析；

考核点 4：离散信号频谱分析；

考核点 5：线性时不变系统分析；

考核点 6：理想滤波器与数字滤波器设计。

大纲制定者：齐冬莲（浙江大学）

大纲审核者：朱文兴、罗家祥

最后修订时间：2023 年 5 月 30 日

2.6 “控制理论基础”理论课程教学大纲

2.6.1 课程基本信息

课程名称	控制理论基础		
	Fundamentals of Control Theory		
课程学分	5	总学时	80
课程类型	□ 专业大类基础课 ■ 专业核心课 □ 专业选修课 □ 集中实践		
开课学期	□1-1 □1-2 □2-1 ■2-2 □3-1 □3-2 □4-1 □4-2		
先修课程	高等数学、线性代数与空间解析几何、复变函数与积分变换、大学物理、电路、模拟电子技术		
教材、参考书及其他资料	参考教材： [1] 胥布工，莫鸿强，谢巍 . 自动控制原理 [M]. 2 版 . 北京：电子工业出版社，2016. [2]GeneF.Franklin，等 . 动态系统的反馈控制 [M]. 4 版 . 朱齐丹，等译 . 北京：电子工业出版社，2004. [3] 高国燊，余文烋，陈来好 . 自动控制原理 [M]. 4 版 . 广州：华南理工大学出版社，2011. [4] 刘豹，唐万年 . 现代控制理论 [M]. 3 版 . 北京：机械工业出版社，2012.		

2.6.2 课程描述

本课程是高等院校本科自动化专业一门重要的学科基础课程，介绍了后续课程将要应用和发展的、有关控制的基本概念、基本原理和基本方法；其目的是帮助自动化专业及相关专业的本科生理解如何从控制的角度出发描述对象和 / 或系统的动态行为，理解前馈、反馈的原理及其作为工具如何改变对象和 / 或系统的动态行为以及如何处理不确定性，掌握控制系统建模、分析和设计的基本方法。

This course is an important disciplinary basic course for automation major in university. It introduces the basic principles and methods that will be applied and further developed in the latter courses related to control. The aim is to help the undergraduate majoring in automation or the related to understand the dynamic behaviors of objects/systems from the point of control, understand the control principle and how to use feedback control and feedforward control to change the dynamic behaviors of objects/systems and to deal with uncertainty, and mater the basic methods to modelling, analyzing and designing systems.

2.6.3　课程教学目标和教学要求

【教学目标】

通过该课程的学习，可以了解面向控制的建模方法和控制系统的基本构成，掌握控制系统（特别是反馈控制系统）工作原理和系统性能分析方法，掌握控制系统的基本设计方法，从而奠定较全面扎实的理论基础，同时也培养终身学习的意识和习惯。

（1）掌握自动控制理论的基本概念、基本原理和基本方法。理解如何从控制的角度出发描述对象和 / 或系统的动态行为；理解前馈及反馈控制的基本原理及其作为工具如何改变对象和 / 或系统的行为，以及如何处理不确定性；了解控制系统建模、分析和设计的基本方法。

（2）能够结合机理或根据阶跃响应、频率响应建立对象模型；能够运用根轨迹分析法、频域分析法、状态空间法等方法分析时间连续控制系统的性能；能够运用时域、频域方法进行自动控制系统的校正设计。

（3）能够体会控制工程师作为“系统集成者”角色的重要意义，自觉培养主动沟通和组织协调的能力；了解新时代控制理论发展的机遇及挑战，培养主动学习、终身学习的意识和习惯。

【教学要求】

结合实际案例，系统地进行讲解自动控制原理中的理论知识、基本方法。针对课程多学科应用背景的特点，教学过程中应突出控制方法的通用性，始终强调动态和反馈两大核心概念，引导学生养成动态而非静态地分析系统行为的习惯，并培养学生同时从时域和频域两方面分析和设计控制系统的能力。

课程目标与专业毕业要求的关联关系			
课程目标	工 程 知 识	开发 / 设计解决方案	自 主 学 习
1	H		
2		H	
3			L

2.6.4　教学内容简介

章 节 顺 序	章 节 名 称	知 识 点	参 考 学 时
1	绪论	自动控制的基本原理 自动控制系统的组成、分类、应用实例，控制系统的设计概述 自动控制简史及思政教学	3

续表

章节顺序	章节名称	知识点	参考学时
2	系统模型	动态过程的微分方程、传递函数及状态空间描述 系统模型图（结构图、信号流图） 线性化及（时间、幅值）无因次化	10
3	系统响应	基于拉普拉斯变换的动态响应分析 时域性能指标 零、极点分布与系统性能（含零点和非主导极点的影响） 稳定性 根据实验数据建立模型	11
4	反馈系统的基本特性	典型控制系统的结构及其传递函数 反馈控制系统的特性（抗扰和跟踪性能） PID 控制器 稳态性能与系统型次	6
5	根轨迹法	根轨迹的基本概念 根轨迹草图绘制规则 根轨迹分析方法（开环零、极点对根轨迹的影响） 根轨迹设计方法	9
6	频率响应法	频率特性的基本概念、图示法 系统的开环频率特性 奈奎斯特稳定判据 稳定裕度 闭环频率特性与系统性能指标 频率特性设计法 基于灵敏度的性能指标	18
7	状态空间法	状态空间及线性变换的基本概念 状态方程及线性变换 全状态反馈的控制规律设计 极点配置方法 观测器设计 参考输入的引入 积分控制 李雅普诺夫稳定性	18
8	控制系统的设计：原理与实例研究	控制系统设计概要 控制系统实例介绍	3
9	课程设计	模型建立 控制器设计	2

2.6.5　教学安排详表

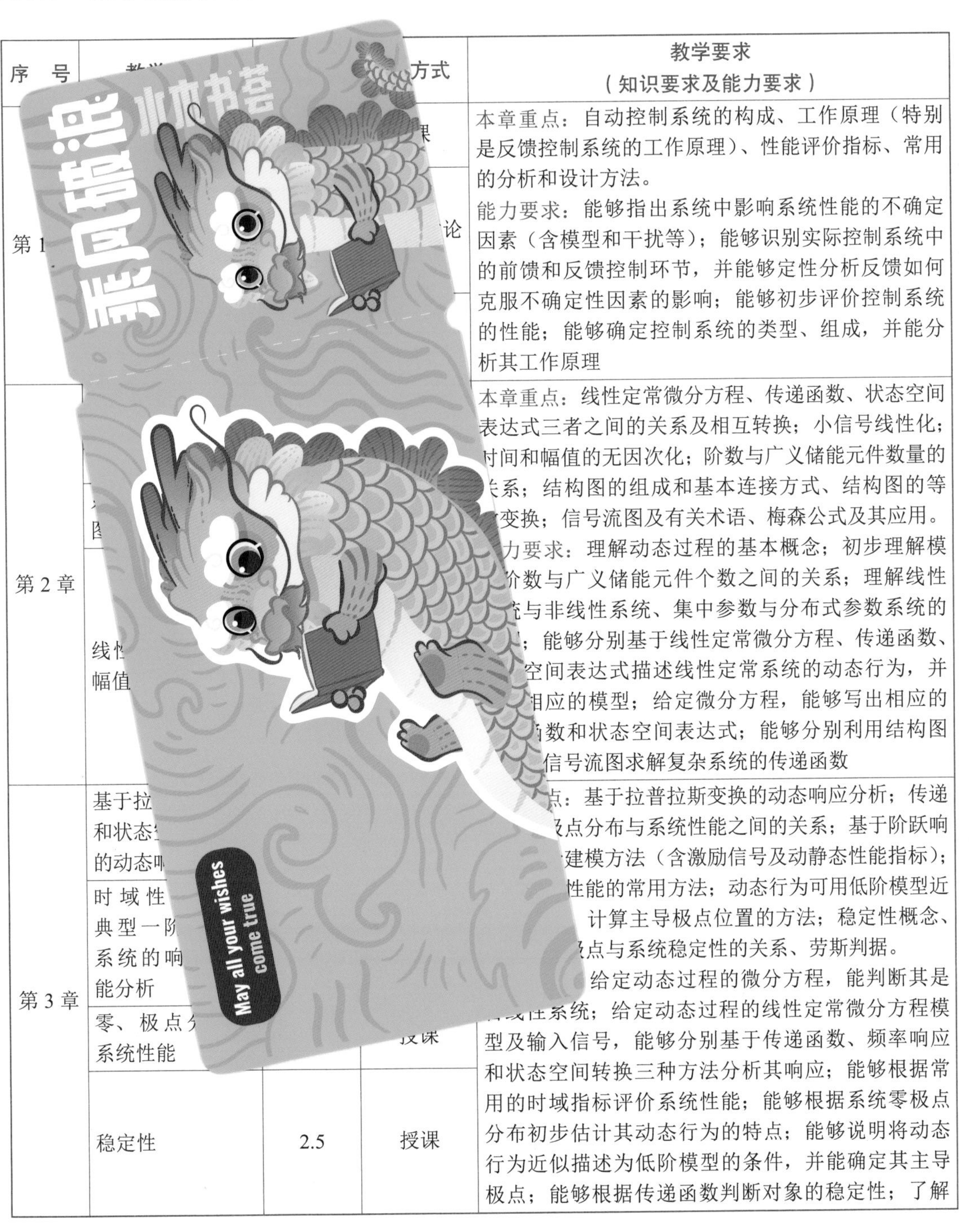

序　号	教学…		…方式	教学要求 （知识要求及能力要求）
第 1…			…课 …论	本章重点：自动控制系统的构成、工作原理（特别是反馈控制系统的工作原理）、性能评价指标、常用的分析和设计方法。 能力要求：能够指出系统中影响系统性能的不确定因素（含模型和干扰等）；能够识别实际控制系统中的前馈和反馈控制环节，并能够定性分析反馈如何克服不确定性因素的影响；能够初步评价控制系统的性能；能够确定控制系统的类型、组成，并能分析其工作原理
第 2 章	… 图… 线性… 幅值…			本章重点：线性定常微分方程、传递函数、状态空间表达式三者之间的关系及相互转换；小信号线性化；…时间和幅值的无因次化；阶数与广义储能元件数量的…关系；结构图的组成和基本连接方式、结构图的等…变换；信号流图及有关术语、梅森公式及其应用。 …力要求：理解动态过程的基本概念；初步理解模…阶数与广义储能元件个数之间的关系；理解线性…统与非线性系统、集中参数与分布式参数系统的…；能够分别基于线性定常微分方程、传递函数、…空间表达式描述线性定常系统的动态行为，并…相应的模型；给定微分方程，能够写出相应的…函数和状态空间表达式；能够分别利用结构图…信号流图求解复杂系统的传递函数
第 3 章	基于拉…和状态…的动态响…			…点：基于拉普拉斯变换的动态响应分析；传递…极点分布与系统性能之间的关系；基于阶跃响…建模方法（含激励信号及动静态性能指标）；…性能的常用方法；动态行为可用低阶模型近…计算主导极点位置的方法；稳定性概念、…极点与系统稳定性的关系、劳斯判据。 …给定动态过程的微分方程，能判断其是…线性系统；给定动态过程的线性定常微分方程模型及输入信号，能够分别基于传递函数、频率响应和状态空间转换三种方法分析其响应；能够根据常用的时域指标评价系统性能；能够根据系统零极点分布初步估计其动态行为的特点；能够说明将动态行为近似描述为低阶模型的条件，并能确定其主导极点；能够根据传递函数判断对象的稳定性；了解
	时域性…典型一阶…系统的响…能分析			
	零、极点分…系统性能		授课	
	稳定性	2.5	授课	

续表

序　号	教学内容	学时分配	教学方式	教学要求 （知识要求及能力要求）
第 3 章	根据实验数据建立模型	1	授课	根据实验数据建模的常用方法；能够设计实验以分析给定对象 / 系统的动态行为，并建立其低阶模型
第 4 章	典型控制系统的结构及其传递函数	0.5	授课	本章重点：反馈对改善系统性能的作用、单回路反馈系统设计的一般性原则；基于灵敏度计算分析控制系统的工作原理；无差度的概念、系统型别的判断准则；稳态误差的计算方法和提高稳态精度的常用措施。 能力要求：能够基于灵敏度计算确定实际系统中的关键环节，并能够分析已有控制系统的工作原理；给定一复合控制系统，能够解释其设计思路和依据；能够判断控制系统型次，计算其稳态误差，并能够提出提高稳态精度的思路；能够简单分析 PID 控制对改善系统性能所起的作用
	反馈控制系统的特性（抗扰能力、跟踪能力）	2	授课	
	PID 控制器	1	授课、讨论	
	稳态跟踪与系统型次	2.5	授课、讨论	
第 5 章	根轨迹的基本概念	0.5	授课	本章重点：根轨迹的定义、根轨迹绘制的基本法则；根轨迹的绘制、基于根轨迹的分析和设计。 能力要求：能够绘制系统根轨迹，并能够借助根轨迹分析复杂系统的性能；能够应用根轨迹法设计超前、滞后、滞后 – 超前等校正环节以改善系统性能
	根轨迹草图绘制	2	授课	
	根轨迹分析方法（开环零极点对系统根轨迹的影响）	2	授课、讨论	
	根轨迹设计方法（含超前、滞后校正等）	4.5	授课、讨论	
第 6 章	频率特性的基本概念	2	授课、讨论	本章重点：频率特性的基本概念、频率特性与传递函数之间的关系；开环系统频率特性的绘制；最小和非最小相位系统的概念；奈奎斯特稳定判据及其应用；基于开环频率特性（以开环相位裕度和截止频率为主要指标）的性能分析；频率响应设计方法。 能力要求：能够通过实验建立（多时间尺度）对象的频率特性模型；能够将开环传递函数分解为典型环节并绘制相应的开环频率特性；能够根据开环频率特性判断系统的稳定性，并分析系统性能；能够根据闭环频率特性分析系统性能；能够应用频率响应法设计超前、滞后、滞后 – 超前等校正环节以改善系统性能
	频率特性及图示法	4	授课、讨论	
	奈奎斯特稳定判据	2.5	授课	
	稳定裕度分析法	2.5	授课	
	闭环频率特性与系统性能指标	1	授课	
	频率特性设计法	5.5	授课、讨论	
	基于灵敏度的性能指标	0.5	讨论	
第 7 章	状态空间及线性变换	1	授课	本章重点：状态空间表达式的线性变换；系统的能控性和能观测性的定义与判据；状态空间模型与传递函数的关系；系统模态及系统结构分解；传递函

续表

序　号	教学内容	学时分配	教学方式	教学要求（知识要求及能力要求）
第7章	传递函数的最小状态空间实现（含能控标准型、模态标准型、能观测标准型）	3	授课、讨论	数的状态空间最小实现（含能控标准型、模态标准型及能观测标准型）；系统零、极点的确定；状态空间设计法（含极点配置、观测器设计、系统综合、参考输入设计等）；李雅普诺夫稳定性定义及判据。 能力要求：能够判断系统的能控性和能观测性；能够将状态空间表达式变换为约当标准型和能控标准型；给定传递函数或微分方程，能够写出状态空间约当标准型和能控标准型最小实现的表达式；给定状态空间表达式和输入，能够分析其动态响应；能够确定系统模态；能够实现系统的结构分解；能够采用状态空间设计法设计控制器和观测器，并能够实现控制系统的综合；能够判断系统的李雅普诺夫稳定性；了解参考输入的设计思路；了解积分控制和鲁棒跟踪的基本概念
	状态响应与系统模态、能控性及能观测性的定义与判据	3.5	授课、讨论	
	极点配置方法	3.5	授课、讨论	
	观测器设计	2	授课、讨论	
	补偿器设计	1.5	授课	
	参考输入的引入	1	授课	
	积分控制	1	授课	
	李雅普诺夫稳定性	1.5	授课	
第8章	控制系统设计概要	0.5	授课	本章重点：案例分析；强调控制系统设计过程中客观规律性与主观能动性之间的辩证关系。突出实际工程系统的复杂性，强调不同学科技术人员合作的意义，鼓励学生培养主动沟通的意识和能力。 能力要求：能够掌握实际系统的设计原理和方法，并根据这些原理进行系统实例研究和设计
	控制系统实例分析与讨论	2.5	授课、讨论	
第9章	课程设计	2	授课、讨论	能力要求：模型建立（其中最好能包括非最小相位环节），采用根轨迹法、频率特性法及状态空间法设计校正环节

2.6.6 考核及成绩评定方式

【考核方式】

平时作业，课程设计，期末考试。

【成绩评定】

平时成绩25%，课程设计15%，期末考试（闭卷）60%。

大纲制定者：莫鸿强（华南理工大学）

大纲审核者：罗家祥、朱文兴

最后修订时间：2023年5月26日

2.7 “智能感知与检测技术”理论课程教学大纲

2.7.1 课程基本信息

课程名称	智能感知与检测技术		
	Intelligent Sensing and Detection Technology		
课程学分	3	总学时	48
课程类型	□ 专业大类基础课 ■ 专业核心课 □ 专业选修课 □ 集中实践		
开课学期	□1-1 □1-2 □2-1 □2-2 ■3-1 □3-2 □4-1 □4-2		
先修课程	概率统计与随机过程，电路与模拟电子技术，信号分析与处理		
教材、参考书及其他资料	参考教材： [1] 韩九强，张新曼，刘瑞玲 . 现代测控技术与系统 [M]. 北京：清华大学出版社，2007. [2] 韩九强，胡怀中，张新曼，等 . 机器视觉技术及应用 [M]. 北京：高等教育出版社，2009. [3] 钟德星，韩九强，张新曼，等 . 机器视觉技术及应用 [M]. 2 版 . 北京：高等教育出版社，2023.		

2.7.2 课程描述

“智能感知与检测技术”是工科高等学校自动化专业的一门专业核心课，课程面向自动化专业本科三年级学生开设，目的是让学生掌握感知与检测技术的基本思想、基本概念和基本方法，从而为进一步深入学习其他专业课程奠定基础。

主要任务是使学生掌握现代感知与检测技术中的工程基础知识和分析方法，包括误差分析、测量不确定度、测试系统的静态特性与动态特性、多种电类传感器、数字式传感器、光纤传感器、新型检测技术；此外，本课程还涉及机器视觉技术，机器视觉应用。

Intelligent Sensing and Detection Technology is a professional core course of automation major in engineering colleges and universities. The course is open to the third year undergraduate students of automation major. The purpose is to enable students to master the basic ideas, basic concepts and basic methods of detection technology, so as to lay a foundation for further studying other professional courses.

The main task of this course is to enable students to master the basic engineering knowledge and analysis methods in modern detection technology, including error analysis, measurement uncertainty, static and dynamic characteristics of test system, various electrical sensors, digital sensors, optical fiber sensors and new detection technologies; In addition, this course also involves machine vision technology and the application of machine vision.

2.7.3　课程教学目标和教学要求

【教学目标】

（1）掌握现代感知与检测技术中常用的传感器基本原理、核心敏感元件、典型测量电路，能够用于推演和分析自动化装置与系统中涉及的检测环节。

（2）掌握现代感知与检测技术中的工程基础知识和分析方法，能够利用它们识别和判断自动化领域复杂工程问题中感知与检测技术相关的关键环节。

（3）能够运用现代感知与检测技术工程基础知识的科学原理和数学模型方法，正确描述自动化领域复杂工程问题中涉及的检测技术问题。

（4）学习了解现代感知与检测技术中常用的检测技术、数据处理方法，能够针对目标与任务的特定需求，完成检测装置和检测流程的设计。

（5）学习了解现代感知与检测技术常用的工程工具和模拟仿真软件的使用原理和方法，并理解其局限性。

（6）培养学生团队合作意识，能够理解团队中每个角色的作用，对给定的复杂检测任务能够相对独立地提出问题的解决方案，并能够组织完成关键技术攻关任务，合作开展工作。

【教学要求】

通过对现代感知与检测基本理论和技术的讲解，锻炼学生综合运用现代感知与检测领域基础理论、基本知识和技术手段，分析并解决工程技术问题的基本能力；让学生具有创新意识，掌握基本的创新方法，能够综合运用所学理论和技术手段进行现代检测系统的设计、开发和集成。

课程目标与专业毕业要求的关联关系				
课程目标	工程知识	问题分析	设计 / 开发解决方案	个人与团队
1	H			
2		H		
3			M	
4				L

2.7.4　教学内容简介

章节顺序	章节名称	知识点	参考学时
1	绪论	传感技术五大发展趋势	2
2	检测技术理论基础	误差分析；测试系统的静态特性与动态特性	6
3	应变式传感器	电阻应变式传感器原理，测量电路	4

续表

章节顺序	章节名称	知识点	参考学时
4	电感式与电容式传感器	电感式与电容式传感器原理，测量电路	4
5	压电式与磁敏式传感器	压电式与磁敏式传感器，测量电路，霍尔式传感器应用	4
6	光电式与热电式传感器	光电式与热电式传感器，测量电路，光电效应及器件	4
7	数字式传感器	光栅数字传感器，感应同步器，光电编码器和容栅传感器	4
8	光纤传感器与辐射式传感器	光纤传感器原理及应用，辐射式传感器原理	4
9	其他传感器介绍	超声波传感器，声表面波传感器，图像传感器	4
10	图像检测技术	机器视觉技术，机器视觉应用	4
11	新型感知与检测技术	传感器技术发展趋势及 MEMS 传感器；基于无线通信的测试技术；卫星定位导航系统原理及应用	4
12	检测技术团队作业汇报	个人与团队；分工完成作业和设计	4

2.7.5 教学安排详表

序号	教学内容	学时分配	教学方式（授课、实验、上机、讨论）	教学要求（知识要求及能力要求）
第 1 章	绪论	1	课堂讲授	本章重点：本课程的基本概念和主要内容，以及转化的思想，传感技术发展趋势。 能力要求：能够推演分析自动化装置与系统中涉及的检测环节
	传感技术发展趋势	1	课堂讲授	
第 2 章	误差分析处理	2	课堂讲授	本章重点：掌握误差分析处理的基础知识，测量不确定度的分析方法，测试系统的静态特性和动态特性；了解传感器基本知识。 能力要求：能够处理测量误差，计算测量不确定度，分析测试系统的静态特性和动态特性
	测量不确定度与数据表述	1	线上自学	
	测试系统的静态特性	1	线上自学	
	测试系统的动态特性	1	线上自学	
	传感器概述	1	线上自学	
第 3 章	电阻应变式传感器原理	2	课堂讲授	本章重点：掌握电阻应变式传感器原理，了解电阻应变式传感器应用。 能力要求：能够推演分析自动化装置与系统中涉及的检测环节
	电阻应变式传感器应用	2	课堂讲授	

续表

序　　号	教学内容	学时分配	教学方式（授课、实验、上机、讨论）	教学要求（知识要求及能力要求）
第4章	电感式传感器	2	线上自学	本章重点：掌握电感式、电容式传感器原理，了解电感式、电容式传感器应用。 能力要求：能够推演分析自动化装置与系统中涉及的检测环节
	电容式传感器	2	线上自学	
第5章	压电式传感器	2	课堂讲授	本章重点：掌握压电式、磁敏式传感器原理，了解压电式、磁敏式传感器应用。 能力要求：能够识别和判断自动化领域复杂工程问题中检测技术相关的关键环节
	磁敏式传感器	2	课堂讲授	
第6章	光电式传感器	2	线上自学	本章重点：掌握光电式、热电式传感器原理，了解光电式、热电式传感器应用。 能力要求：能够正确描述自动化领域复杂工程问题中涉及的检测技术问题
	热电式传感器	2	线上自学	
第7章	光栅数字传感器	1	课堂讲授	本章重点：掌握数字式传感器原理，了解数字式传感器应用。 能力要求：能够正确描述自动化领域复杂工程问题中涉及的检测技术问题
	感应同步器	1	课堂讲授	
	光电编码器和容栅传感器	2	课堂讲授	
第8章	光纤传感器	2	线上自学	本章重点：掌握光纤、辐射式传感器原理，了解光纤、辐射式传感器应用。 能力要求：能够正确选用光纤、辐射式传感器，完成传感器在检测装置中的设计及应用
	辐射式传感器	2	线上自学	
第9章	超声波传感器	1	课堂讲授	本章重点：了解其他类型传感器的原理及应用。 能力要求：能够正确选用上述传感器，针对特定需求，完成检测流程的设计
	声表面波传感器	1	课堂讲授	
	图像传感器原理	1	课堂讲授	
	图像传感器应用	1	课堂讲授	
第10章	机器视觉技术	2	课堂讲授	本章重点：了解机器视觉技术的原理及应用。 能力要求：能够掌握基础的计算机视觉技术，熟悉 Open CV 等软件工具包
	机器视觉应用	2	课堂讲授	
第11章	传感器技术发展趋势及 MEMS 传感器	1	线上自学	本章重点：了解传感器技术发展趋势及 MEMS 传感器，基于无线通信的测试技术，卫星定位导航系统。

续表

序　号	教学内容	学时分配	教学方式（授课、实验、上机、讨论）	教学要求（知识要求及能力要求）
第 11 章	基于无线通信的测试技术	1	线上自学	能力要求：能够正确描述涉及的现代检测技术问题。了解相应的工程工具和专用软件
	卫星定位导航系统原理	1	线上自学	
	卫星定位导航系统应用	1	线上自学	
第 12 章	检测技术团队作业汇报	4	实验教学 互动讨论	本章重点：团队合作对复杂检测问题进行分析。 能力要求：能够合作完成调研报告，制作汇报 PPT，开展检测技术特定问题的分析和交流

2.7.6　考核及成绩评定方式

【考核方式】

平时考核（平时作业、平时表现）；MOOC 线上学习（周作业、综合测验、期末考试）；学术汇报；期末考试。

【成绩评定】

各考核环节所占分值比例可根据具体情况进行调整，考核细则如下。

平时作业考核与评价标准：

基本要求		评价标准			
		优　秀	良　好	合　格	不合格
平时作业	掌握现代检测技术中常用的传感器基本原理、核心敏感元件、典型测量电路	按时交作业；基本概念正确，解题步骤清楚，推演分析合理；绘图清晰规范	按时交作业；基本概念正确，解题步骤基本清楚，推演分析比较合理；绘图比较规范	按时交作业；基本概念理解有误，解题步骤基本清楚，推演分析基本合理；绘图基本规范	不能按时交作业；或者基本概念不清楚、推演分析不合理；绘图不规范
	掌握现代检测技术中的工程基础知识和分析方法	按时交作业；基本概念正确，解题步骤清楚；绘图清晰规范	按时交作业；基本概念正确，解题步骤基本清楚；绘图比较规范	按时交作业；基本概念理解有误，解题步骤基本清楚；绘图基本规范	不能按时交作业；或者基本概念不清楚、绘图不规范

续表

基本要求		评价标准			
		优　秀	良　好	合　格	不合格
平时作业	熟练运用多种检测技术和检测装置，能够正确描述自动化领域复杂工程问题中涉及的检测技术问题	按时交作业；概念正确；方案设计思路清晰；计算结果正确，绘图清晰规范	按时交作业；概念正确；方案设计思路清晰；计算结果正确，绘图清晰比较规范	按时交作业；概念清楚；方案设计思路较清晰；解题步骤基本清楚，绘图比较规范	不能按时交作业；或者方案设计概念不清楚、论述不清楚；绘图错误
	掌握常用的检测技术、数据处理方法	按时交作业；概念正确；解题思路清晰；计算结果正确，字迹工整	按时交作业；概念正确；解题思路比较清晰；计算结果正确,字迹比较工整	按时交作业；概念清楚；解题思路比较清晰；解题步骤基本清楚，字迹比较工整	不能按时交作业；或者概念不清楚、论述不清楚；字迹潦草
	运用MALTAB软件对检测系统进行建模、分析和设计	按时交作业；概念正确；编程思路清晰；计算结果正确，字迹工整；计算结果正确，绘图清晰规范	按时交作业；概念正确；编程思路清晰；计算结果正确，字迹比较工整；计算结果正确，绘图清晰比较规范	按时交作业；编程思路清晰；字迹比较工整；编程步骤基本清楚，绘图清晰比较规范	不按时交作业；概念不清楚；计算结果错误，字迹潦草，绘图错误

MOOC线上学习考核与评价标准：

基本环节		评分标准			
		优　秀	良　好	合　格	不合格
MOOC线上学习	周作业	按时交周作业；基本概念正确；解题步骤清楚；绘图清晰规范	按时交周作业；基本概念比较正确；解题步骤较清楚；绘图清晰比较规范	按时交周作业；基本概念正确；解题步骤基本清楚；绘图基本清晰规范	不按时提交周作业；概念不清楚；计算结果错误，字迹潦草，绘图错误
	章节测验	按时参加章节测验，基本概念正确，解题步骤清楚；计算结果正确；绘图清晰规范	按时参加章节测验，基本概念清楚，解题步骤比较清楚；计算结果正确；绘图清晰规范	按时参加章节测验，基本概念清楚，解题步骤比较清楚；计算结果正确；绘图比较清晰规范	不按时参加章节测验；概念模糊；计算结果错误，绘图错误

基本环节		评分标准			
		优　秀	良　好	合　格	不合格
	期末考试	参加MOOC线上期末考试，解题步骤清楚；计算结果正确；绘图清晰规范，且成绩达到90分以上	参加MOOC线上期末考试，解题步骤清楚；计算结果正确；绘图比较清晰规范，且成绩达到80～90分	参加MOOC线上期末考试，解题步骤清楚；计算结果正确；绘图比较清晰规范，且成绩达到60～80分	未参加MOOC线上期末考试，成绩低于60分

学术汇报考核与评价标准：

基本环节		评分标准			
		优　秀	良　好	合　格	不合格
学术汇报	培养学生团队合作意识，理解团队中每个角色的作用，对给定的检测任务能够提出问题的解决方案，合作开展工作	按时交报告PPT；正确提出问题解决方案；团队合作分工合理；答辩讲述清楚；回答问题正确；报告制作清晰规范	按时交报告PPT；正确提出问题解决方案；团队合作分工合理；答辩讲述比较清楚；报告制作清晰规范	按时交报告PPT；正确提出问题解决方案；团队合作分工比较合理；报告制作基本清晰规范	不按时提交报告PPT；问题解决方案不清楚；团队合作分工不合理；报告制作不清晰不规范

大纲制定者：钟德星、张爱民（西安交通大学）
大纲审核者：罗家祥、朱文兴
最后修订时间：2022年8月20日

2.8 “系统建模与动力学分析”理论课程教学大纲

2.8.1 课程基本信息

课程名称	系统建模与动力学分析		
	System Modelling and Dynamics Analysis		
课程编号	AUTO440405		
课程学分	3	总学时	48
课程类型	□专业大类基础课　■专业核心课　□专业选修课　□集中实践		
开课学期	□1-1　□1-2　□2-1　□2-2　■3-1　□3-2　□4-1　□4-2		
先修课程	高等数学、线性代数、大学物理、电路、信号分析与处理、工程制图		

续表

教材、参考书及其他资料	参考教材： [1] 连峰，兰剑，王立琦，等 . 系统分析与建模 [M]. 西安：西安交通大学出版社，2021. [2] [美] 绪方胜彦 . 系统动力学 [M]. 北京：机械工业出版社，1983. [3] 哈尔滨工业大学理论力学教研室 . 理论力学 [M]. 8 版 . 北京：高等教育出版社，2016. [4] 杨耕，罗应立 . 电机与运动控制系统 [M]. 2 版 . 北京：清华大学出版社，2014.

2.8.2　课程描述

本课程主要任务是使学生掌握机械、电、电机、液压和气动这五大类系统的建模方法。具体包括：用于机械系统建模的静力学、运动学、动力学理论和方法；用于电系统建模的基尔霍夫定律；用于电机系统建模的电磁定律、电机的机械特性和负载特性；用于液压系统建模的连续性方程、欧拉运动方程和伯努利方程；用于气动系统建模的理想气体状态方程、声速 / 亚声速气体流动方程等。本课程还通过综合示例，培养学生灵活运用上述知识分析和建立实际系统数学模型的能力。

The main task of this course is to enable students to master the modeling methods of mechanical, electrical, motor, hydraulic and pneumatic system. Specifically, the following contents are included: statics, kinematics, dynamics theory and methods for mechanical system modeling; Kirchhoff's law for electrical system modeling; Electromagnetic laws for motor system modeling, mechanical and load characteristics of motors; Continuity equation, Euler equation of motion and Bernoulli equation for hydraulic system modeling; Ideal gas law for pneumatic system modeling, sonic/subsonic velocity gas flow equation. The course also cultivates students' capability of using the above-mentioned knowledge flexibly to analyze and build mathematical models of practical systems by synthesizing examples.

2.8.3　课程教学目标和教学要求

【教学目标】

（1）培养学生掌握机械系统、电系统、电机系统、液压系统和气动系统五类实际工程中常用物理系统的组成、结构和基本工作原理，熟悉建立各类系统数学模型的方法和一般步骤。

（2）培养学生熟练掌握各类系统中的基本理论知识和物理性质，例如理论力学基本知识、电路基本定律、电磁学基本理论、液体和气体流动的基本定律等，并能将其正确运用于各类系统的推演和分析。

（3）培养学生具备根据上述各类系统的工作原理和基本定律，建立对应系统数学模型的能力。

（4）培养学生具备灵活运用上述知识，对实际工程中应用的混合物理系统进行综合建模并求解的能力。

【教学要求】

本课程系统地讲解几类典型物理系统的基本建模方法，使自动化专业本科生能够针对具体研究对象，利用相应的基本原理、定理和定律，建立研究对象的数学模型。

课程目标与专业毕业要求的关联关系			
课程目标	工 程 知 识	问 题 分 析	研　　究
1	H		
2		H	
3		H	
4			H

2.8.4　教学内容简介

章 节 顺 序	章 节 名 称	知 识 点	参 考 学 时
1	绪论	系统和数学模型的概念； 建立数学模型的基本方法和步骤	2
2	机械系统（上）	静力学基本知识； 力系的简化与平衡； 运动学基本知识； 三种运动与运动的合成	8
3	机械系统（下）	机械系统基本元件、摩擦和滚动； 达朗贝尔原理；	10
3	机械系统（下）	虚位移原理（虚功原理）； 功和能量法； 拉格朗日运动方程； 机械系统综合示例	10
4	电系统	电路基本定律及建模方法； 相似系统； 运算放大器（模拟计算机）	4

续表

章节顺序	章节名称	知识点	参考学时
5	电机系统	电磁学基本理论； 电机系统结构与基本工作原理； 建立电机系统数学模型； 电机运行特性、机械特性和负载特性； 电机系统综合示例	8
6	液压系统	液压系统结构与基本工作原理； 液压流体的性质与流体流动基本定律； 液压流体通过小孔的流通； 建立液压系统数学模型； 液压系统综合示例	8
7	气动系统	气动系统结构与基本工作原理； 气体通过小孔的流动； 建立气动系统数学模型； 气动系统综合示例	6
8	综合与总结	知识点梳理与归纳； 典型例题讲解	2

2.8.5　教学安排详表

序　号	教学内容	学时分配	教学方式（授课、实验、上机、讨论）	教学要求（知识要求及能力要求）
第 1 章	系统的概念；数学模型的定义和建立数学模型的一般步骤	1	授课、讨论	本章重点：理解系统和模型的概念。 能力要求：掌握建立数学模型的一般步骤；了解系统分析、设计和综合的概念
	系统分析、设计和综合的概念及基本步骤	1	授课、讨论	
第 2 章	静力学基础知识：力系、约束、力矩、力偶	2	授课	本章重点：掌握理论力学中静力学和运动学的基本知识。 能力要求：能够对复杂的力系进行简化并建立平衡方程；能够根据运
	力系的简化与平衡	2	授课	
	运动学基础知识：位置、速度和加速度的矢量表示	2	授课	
第 2 章	运动的合成与速度、加速度合成定理	2	授课	动合成法则计算复杂相对运动下研究对象的速度和加速度

续表

序　号	教学内容	学时分配	教学方式（授课、实验、上机、讨论）	教学要求（知识要求及能力要求）
第 3 章	机械系统的基本元件、摩擦和滚动	1	授课、讨论	本章重点：掌握理论力学中动力学的基本知识，具体包括摩擦和滚动、达朗贝尔原理、虚位移原理、功和能量法、拉格朗日运动方程等。 能力要求：能够利用上述知识建立较复杂机械系统的数学模型；能够理解综合示例中的数学模型建立方法
	达朗贝尔原理	2	授课	
	虚功原理、功和能量法	3	授课	
	拉格朗日运动方程	2	授课	
	机械系统综合示例	2	授课、讨论	
第 4 章	电系统的基本元件和定律、相似系统	2	授课、讨论	本章重点：掌握电路基本定律和相似性原理。 能力要求：能够建立电系统的数学模型；能够找到与机械系统、液压系统、气动系统相似的电系统
	运算放大器（模拟计算机）	2	授课	
第 5 章	电磁学基本理论	1	授课、讨论	本章重点：理解电机系统的构造和工作原理；掌握电机的基本方程、运行原理和机械特性。 能力要求：能够利用电磁学基本理论建立直流电动机的数学模型
	电机系统结构与基本工作原理	1	授课	
	建立电机系统数学模型	2	授课	
	电机运行特性、机械特性和负载特性	2	授课	
	电机系统综合示例	2	授课、讨论	
第 6 章	液压系统结构与基本工作原理	1	授课、讨论	本章重点：理解液压系统的组成、性质和工作原理；掌握阻性、容性、感性元件的建模方法。 能力要求：能够利用液压流体流动的基本定律建立液压系统的数学模型
	液压流体的性质与流体流动基本定律	1	授课	
	液压流体通过小孔的流通	2	授课	
	建立液压系统数学模型	2	授课	
	液压系统综合示例	2	授课、讨论	
第 7 章	气动系统结构与基本工作原理	1	授课、讨论	本章重点：理解气动系统的组成、性质和工作原理；理解气体通过小孔的声速流动、亚声速流动。 能力要求：能够利用气体的热力学性质建立气动系统的数学模型
	气体通过小孔的流动	2	授课	
	建立气动系统数学模型	2	授课	
	气动系统综合示例	1	授课、讨论	
第 8 章	综合与总结	2	授课、讨论	本章重点：掌握本课程主要知识点。 能力要求：能够利用所学知识对各类系统进行分析和建模

2.8.6　考核及成绩评定方式

【考核方式】

平时作业，期末考试。

【成绩评定】

平时作业 30 %；期末考试 70 %。

各考核环节所占分值比例可根据具体情况进行调整。

大纲制定者：闫涛、连峰、张爱民（西安交通大学）

大纲审核者：罗家祥、朱文兴

最后修订时间：2023 年 5 月 24 日

2.9　“计算机网络与实时网络化控制系统”理论课程教学大纲

2.9.1　课程基本信息

<table>
<tr><td rowspan="2">课程名称</td><td colspan="3">计算机网络与实时网络化控制系统</td></tr>
<tr><td colspan="3">Computer Network and Real-time Networked Control Systems</td></tr>
<tr><td>课程学分</td><td>4</td><td>总学时</td><td>64</td></tr>
<tr><td>课程类型</td><td colspan="3">□ 专业大类基础课　■ 专业核心课　□ 专业选修课　□ 集中实践</td></tr>
<tr><td>开课学期</td><td colspan="3">□1-1　□1-2　□2-1　□2-2　■3-1　□3-2　□4-1　□4-2</td></tr>
<tr><td>先修课程</td><td colspan="3">微机原理、数字电子技术、自动控制原理</td></tr>
<tr><td>教材、参考书及其他资料</td><td colspan="3">参考教材：
[1] 冯博琴，陈文革 . 计算机网络 [M]. 3 版 . 北京：高等教育出版社，2016.
[2] 秦元庆，周纯杰，王芳 . 工业控制网络技术 [M]. 北京：机械工业出版社，2021.
[3] 王海 . 工业控制网络 [M]. 北京：化学工业出版社，2018.
[4] 刘海平 . 工业制造网络化技术 [M]. 北京：人民邮电出版社，2021.
[5] 张凤登 . 分布式实时系统 [M]. 北京：科学出版社，2014.
[6] C.M. Krishna, Kang G. Shin. 实时系统（Real-time Systems）[M]. 戴琼海，译 . 北京：清华大学出版社，2004.
[7] 刘云生 . 实时数据库系统 [M]. 北京：科学出版社，2012.</td></tr>
</table>

2.9.2　课程描述

本课程是高等学校本科自动化专业学科专业领域的重要课程，本课程以计算机网络存在的两种最重要的形式（互联网和实时网络化控制系统）为对象，以网络分层协议结构为主线，覆盖因特网基本组成和各层主要功能与任务，以及实现实时网络化控制的网络技术的工作原理；重点讲述互联网中以太网、TCP/IP、HTTP、DNS 等协议族，实时网络化中的 RS-485、CAN、实时以太网、Modbus、CANopen、802.11、802.15、OPC UA 等协议族，以及这些协议构成通信系统和网络化控制系统的组网技术和针对不同具体需求的实现方法。

The course of Computer Network and Real-time Networked Control Systems is an important specialized course of the major of automation. This course deals with the two important forms of computer network, internet and real-time networked control system, covers the basic structure and the function and task of each layer, and the network principle of real-time network implementing. The course emphasizes the internet protocols including Ethernet, TCP/IP, HTTP, DNS, etc, real-time network protocols including RS-485, CAN, real-time Ethernet, Modbus, CANopen, 802.11, 802.15 and OPC UA, the networking techniques based on these protocols to build communication system and networked control systems, and the implementation schemes for different requirements.

2.9.3 课程教学目标和教学要求

【教学目标】

（1）掌握计算机网络技术中的基本原理、基础理论和分析方法，能够利用它们设计并实现自动化系统的网络通信模块。

（2）掌握计算机网络技术中局域网、城域网、广域网和互联网的关键技术，能够针对具体案例中的网络通信模块，分析其对整体系统性能的影响，并优化通信方案。

（3）掌握网络技术中常用的测试技术、先进的测试软件，能够对自动化系统中复杂的网络问题设计测试方案、搭建测试系统、采集实验数据，并能根据实验过程的数据对现象进行解释、评价系统性能、解决问题。

（4）能够了解网络化控制系统的典型拓扑结构和典型实现技术，能够掌握实时系统的主要特征和实现技术，并借助文献资料研究实际实时系统的特性；能够根据控制网络分析和评价方法，分析典型的有线控制网络和无线控制网络的特点和性能。

（5）能够了解串行通信、RS-485 总线和 Modbus 协议等基本原理，掌握串行通信编码和串行通信接口电路；能够通过查找资料，深入了解现场总线和 CAN 总线原理及其应用层协议，能够设计 CAN 总线的典型实现方式；了解工业以太网协议类型、EtherCAT 和 TSN 工作原理；深入了解 802.11 和 802.15.4 协议工作原理及其在 ZigBee、Thread、WirelessHART、ISA100.11a 和 WIA 中的应用；能够掌握网络化控制系统的几个典型应用，能够设计实际系统的网络控制方案。

（6）能够了解网络化控制系统中系统集成技术、EPON 技术、OPC 技术、实时操作系统和实时数据库技术；了解 LPWAN 物联网协议、NB-IoT 和 LoRa；了解工业控制系统信息安全技术。

【教学要求】

通过本课程的教学，要求学生掌握互联网的组成原理、分层协议、实时通信机制、网络化控制系统的典型结构和系统集成方法，从而奠定较全面、较扎实的网络技术基础和实际应用能力。

课程目标与专业毕业要求的关联关系				
课程目标	工程知识	问题分析	设计 / 开发解决方案	研究
1	H			
2		H		
3				H
4	H			
5			H	
6			H	

2.9.4 教学内容简介

章节顺序	章节名称	知识点	参考学时
1	引论	计算机网络的产生和发展、计算机网络的概念、计算机网络的功能和组成、计算机网络的分类	2
2	数据通信基础知识	数据通信系统组成及特征、数据编码技术、多路复用技术、数据交换技术、差错控制及检错	6
3	计算机网络体系结构	OSI 参考模型和 TCP/IP 体系结构组成及各层基本功能、数据链路层的停等协议、网络层的路由协议	8
4	计算机局域网络技术	局域网特征及关键技术、局域网的体系结构及各层功能、介质访问控制方法、局域网扩展方法	4
5	计算机广域网络技术	广域网特征及体系结构、公共传输系统（电话系统、xDSL、HFC）、分组交换网络	1
6	常用网络设备	网卡、集线器、交换机、路由器的组成及工作原理、网络互联的概念及互联层次	5
7	网络互联与因特网基础	网络互联基本概念、因特网体系结构、因特网接入技术、因特网的链路层与网络层、因特网传输层协议	6
8	实时网络化控制系统概述	控制系统结构的发展和演化、实时系统的基本概念 网络化控制系统的典型结构 网络化控制系统的关键技术	3
9	现场总线、RS-485 与 Modbus 网络	现场总线基本概念 串行通信接口、串行通信编码 RS-485 总线和 Modbus 协议	5

续表

章节顺序	章节名称	知识点	参考学时
10	CAN 总线	CAN 总线技术规范 CAN 总线的数据帧结构、实时性和实现方法 CAN 应用层协议	4
11	工业以太网	工业以太网的类型和协议栈 ProfiNET，EPA，EtherCAT Modbus/TCP 协议	5
12	时间敏感网络	TSN 系列标准 TSN 时钟同步 TSN 容错性和系统鲁棒性	3
13	工业无线网络	802.11 和 802.15.4 协议 ZigBee，Thread 协议，WirelessHART 协议，ISA100.11a，WIA LPWAN 物联网协议，NB-IoT 和 LoRa	6
14	工业网络集成技术	工业控制系统网络集成分类，实时数据库，实时操作系统，DDS 技术 EPON 技术、OPC 技术	4
15	工业控制系统信息安全	工业控制系统信息安全特点 工业控制系统信息安全防护标准 工业控制系统信息安全防护技术	2

2.9.5 教学安排详表

序号	教学内容	学时分配	教学方式（授课、实验、上机、讨论）	教学要求（知识要求及能力要求）
第 1 章	计算机网络的产生和发展、计算机网络的概念		授课、讨论	本章重点：计算机网络的发展过程、计算机网络的概念、计算机网络的组成、计算机网络的分类。 能力要求：能够分辨计算机网络与相似系统的差异，能够分别计算机网络的类别
	计算机网络的功能和组成计算机、网络的分类	1	授课	
第 2 章	数据通信的基本概念	0.5	授课	本章重点：计算机通信中基本概念、通信方式、同步技术中位同步、字符同步、多路复用技术中 TDM、FDM、WDM 和 CDMA、分组交换、循环冗余编码 CRC。 能力要求：能够应用恰当的数字通信技术组建计算机网络
	信道及其主要特性	0.5	授课	
	传输介质	1	授课	
	数据编码	1	授课	
	多路复用技术	1	授课	
	数据交换技术	1	授课	
	差错控制及检错	1	授课	

续表

序　号	教 学 内 容	学时分配	教学方式（授课、实验、上机、讨论）	教学要求（知识要求及能力要求）
第 3 章	网络体系结构概念	1	授课	本章重点：体系结构涉及的基本概念、层次化体系结构原理、OSI/RM、TCP/IP、物理层功能、数据链路层功能（流量控制协议）、网络层功能（路由算法）、传输层功能（端口）。 能力要求：能够分析实际网络互联系统的体系结构，能够实现重要层的核心算法
	开放系统互联参考模型	0.5	授课	
	OSI 各层概述	6	授课	
	TCP/IP 体系结构	0.5	授课	
第 4 章	局域网概述	0.5	授课	本章重点：局域网的特点及关键技术、局域网的体系结构、CSMA/CD。 能力要求：能够按照需求构建局域网
	介质访问控制方法	1.5	授课	
	传统以太网	1.5	授课	
	局域网扩展	0.5	授课、实验	
第 5 章	广域网概述	0.5	授课	本章重点：广域网特点、广域网应用场合、xDSL 定义、2B1Q 调制方法、ADSL 原理、广域网的通信服务类型。 能力要求：能够按照需求选择有效的广域网接入技术
	公共传输系统	0.5	授课	
第 6 章	网络接口卡	1	授课、实验	本章重点：网络接口卡功能、结构和特点，集线器功能、结构和特点，网桥，以太网交换机功能、结构和特点，路由器功能、结构和特点。 能力要求：能够按照需求选择有效的联网设备
	中继器和集线器	0.5	授课、实验	
	网桥和以太网交换机	1.5	授课、实验	
	路由器	1.5	授课、实验	
	网关	0.5	授课	
第 7 章	网络互联基本概念	0.25	授课、讨论	本章重点：网络互联的概念及互联层次、TCP/IP 体系结构、IP 地址、子网、子网掩码、IP 和 TCP 协议详细内容、ARP 协议功能及工作过程。 能力要求：能够按照需求选择有效的因特网接入技术实现终端设备入网
	因特网体系结构	0.25	授课	
	因特网接入技术	0.5	授课、实验	
	因特网的链路层与网络层	3	授课、实验	
	因特网传输层协议	2	授课、实验	
第 8 章	控制系统结构的发展和演化、实时系统的基本概念	1	授课	本章重点：实时系统基本概念；网络化控制系统的拓扑结构、分层结构；硬件组成、通信技术、实时操作系统和编程技术。 能力要求：了解控制系统的发展趋势，掌握实时系统的基本概念；掌握网络化控制系统的拓扑结构、分层结构；了解网络化控制系统的关键技术：硬
	网络化控制系统的典型结构	1	授课	

续表

序　号	教 学 内 容	学时分配	教学方式（授课、实验、上机、讨论）	教学要求（知识要求及能力要求）
第 8 章	网络化控制系统的关键技术	1	授课	件组成、通信技术、实时操作系统和编程技术
第 9 章	串行通信接口、串行通信编码	1	授课	本章重点：串行通信编码和串行通信接口电路、RS-485 总线和 Modbus 协议。 能力要求：掌握串行通信编码和串行通信接口电路；熟悉 RS-485 总线和 Modbus 协议
	RS-485 总线	1	授课	
	Modbus 协议	3	授课	
第 10 章	CAN 总线技术规范	1	授课	本章重点：CAN 总线的拓扑结构和协议类型、CAN 总线的数据帧结构、实时性和应用层协议。 能力要求：掌握 CAN 总线的拓扑结构和协议类型；掌握 CAN 总线的数据帧结构、实时性和应用层协议；学会 CAN 总线的典型实现方式
	CAN 总线的数据帧结构、实时性和实现方法	1	授课	
	CAN 应用层协议	2	授课	
第 11 章	工业以太网的类型和协议栈	1	授课	本章重点：EtherCAT，Modbus/TCP 协议。 能力要求：掌握工业以太网的类型和 EtherCAT 协议栈；熟悉 Modbus/TCP 协议。
	ProfiNet，EPA，EtherCAT	2	授课	
	Modbus/TCP 协议	2	授课	
第 12 章	TSN 系列标准	1	授课	本章重点：TSN 系列标准、TSN 时钟同步。 能力要求：掌握 TSN 时钟同步机制
	TSN 时钟同步	1	授课	
	TSN 容错性和系统鲁棒性	1	授课	
第 13 章	802.11，802.15.1，802.15.4 协议	2	授课	本章重点：各无线网络协议。 能力要求：熟悉 802.11 和 802.15.4 协议；熟悉 ZigBee、WirelessHART 协议和 WIA-PA 标准；熟悉 LPWAN 物联网协议，NB-IoT 和 LoRa
	ZigBee，Thread，Wireless HART，ISA100.11a，WIA 标准	2	授课	
	LPWAN 物联网协议，NB-IoT 和 LoRa	2	授课	
第 14 章	工业控制系统网络集成分类，实时操作系统，实时数据库，DDS 技术	1	授课	本章重点：EPON 技术、OPC 技术。 能力要求：掌握采用 EPON 技术实现网络集成，采用 OPC 技术实现数据集成的系统设计方法
	EPON 技术	1	授课	
	OPC 技术	2	授课	
第 15 章	工业控制系统信息安全特点	0.5	授课	本章重点：工业控制系统。 能力要求：工业控制系统信息安全防护技术。
	工业控制系统信息安全防护标准	0.5	授课	
	工业控制系统信息安全防护技术	1	授课	

2.9.6　考核及成绩评定方式

【考核方式】

平时成绩 10%。

实验 30%。

期末考试 60%。

【成绩评定】

1. 平时作业和课堂表现

（1）通过平时作业、课堂练习等体现的能力达成情况 70%；

（2）课堂表现 30%。

基本要求		评价标准			
		优　秀	良　好	合　格	不合格
平时作业	掌握计算机网络技术中的基本原理、基础理论和分析方法（支撑毕业要求 A3）	按时交作业；基本概念正确，解题步骤清楚；绘图清晰规范	按时交作业；基本概念正确，解题步骤基本清楚；绘图比较规范	按时交作业；基本概念理解有误，解题步骤基本清楚；绘图基本规范	不能按时交作业；或者基本概念不清楚、绘图不规范
	掌握计算机网络技术中局域网、城域网、广域网和互联网的关键技术（支撑毕业要求 B2）	按时交作业；概念正确；编程思路清晰；计算结果正确	按时交作业；概念正确；编程思路比较清晰；计算结果正确	按时交作业；概念清楚；编程思路较清晰；解题步骤基本清楚	不能按时交作业；或者概念不清楚、论述不清楚
	运用 WireShark 软件对 TCP、IP 协议工作时数据进行记录并验证协议内容（支撑毕业要求 E3）	按时交作业；概念正确；解题思路清晰；计算结果正确，字迹工整	按时交作业；概念正确；解题思路较清晰；计算结果正确，字迹比较工整	按时交作业；概念清楚；解题思路比较清晰；解题步骤基本清楚，字迹比较工整	不能按时交作业；或者概念不清楚、论述不清楚；字迹潦草
	掌握多台网络主机互相访问方法、掌握网络信息发布技术（支撑毕业要求 I1）	按时交作业；概念正确；解题思路清晰；计算结果正确，字迹工整，绘图清晰规范	按时交作业；概念正确；解题思路比较清晰；计算结果正确，字迹比较工整，绘图清晰规范	按时交作业；概念正确；解题思路清晰；字迹比较工整；解题步骤基本清楚，绘图清晰规范	不能按时交作业；概念不清楚；计算结果错误，字迹潦草，绘图错误
	掌握网络化控制系统的典型结构，RS-485 和 CAN 总线组网原理（支撑毕业要求 A3）	按时交作业；基本概念正确，解题步骤清楚；绘图清晰规范	按时交作业；基本概念正确，解题步骤基本清楚；绘图比较规范	按时交作业；基本概念理解有误，解题步骤基本清楚；绘图基本规范	不能按时交作业；或者基本概念不清楚、网络结果图不规范

续表

基本要求		评价标准			
		优　秀	良　好	合　格	不合格
平时作业	掌握工业以太网、时间敏感网络和工业无线网络的基本概念和关键技术（支撑毕业要求B2）	按时交作业；概念正确；技术原理思路清晰；计算结果正确	按时交作业；概念正确；技术原理思路比较清晰；计算结果正确	按时交作业；概念清楚；技术原理思路比较清晰；解题步骤基本清楚	不能按时交作业；或者概念不清楚、论述不清楚
	掌握多台网络设备的有线和无线联网和集成技术以及安全技术（支撑毕业要求I1）	按时交作业；概念正确；解题思路清晰；方案合理，字迹工整；技术思路清晰，绘图清晰规范	按时交作业；概念正确；解题思路比较清晰；方案合理，字迹比较工整；技术思路比较清晰，绘图清晰规范	按时交作业；概念正确；解题思路尚清晰；字迹比较工整；解题步骤基本清楚，绘图基本规范	不按时交作业；概念不清楚；方案结果错误，字迹潦草，绘图错误

2. 实验

项目1：按照需求构建局域网。

项目2：按照需求选择有效的联网设备。

项目3：按照需求选择有效因特网接入技术实现终端设备入网。

项目4：按照需求构建有线Modbus/RS-485主从网络或者Modbus/TCP网络。

项目5：按照需求构建无线Thread网络。

3. 期末考试（闭卷）

（1）计算机网络的基本概念和理论算法。

（2）信号传输方式、数字编码方式；数据同步、差错控制；计算机网络体系结构。

（3）局域网、广域网和互联网的基本概念和核心技术。

（4）网络化控制系统的典型拓扑结构和分层结构。

（5）串行通信、RS-485总线和Modbus协议；CAN总线系统的拓扑结构和具体协议；CAN总线的典型实现方式。

（6）工业以太网，EtherCAT，Modbus/TCP协议；TSN网络技术。

（7）802.11和802.15.4协议；Thread协议和WirelessHART协议；LPWAN物联网协议，NB-IoT和LoRa。

（8）系统集成技术，EPON技术和OPC技术；工业控制系统信息安全。

大纲制定者：杨静（西安交通大学）、
李向阳（华南理工大学）

大纲审核者：张爱民、罗家祥、朱文兴

最后修订时间：2023年5月14日

2.10 “模式识别与机器学习”理论课程教学大纲

2.10.1 课程基本信息

<table>
<tr><td rowspan="2">课程名称</td><td colspan="3">模式识别与机器学习</td></tr>
<tr><td colspan="3">Pattern Recognition and Machine Learning</td></tr>
<tr><td>课程学分</td><td>3</td><td>总学时</td><td>48</td></tr>
<tr><td>课程类型</td><td colspan="3">□ 专业大类基础课 ■ 专业核心课 □ 专业选修课 □ 集中实践</td></tr>
<tr><td>开课学期</td><td colspan="3">□1-1 □1-2 □2-1 □2-2 ■3-1 □3-2 □4-1 □4-2</td></tr>
<tr><td>先修课程</td><td colspan="3">高等数学、线性代数、概率论与数理统计、高级语言程序设计</td></tr>
<tr><td>教材、参考书及其他资料</td><td colspan="3">参考教材：
[1] 张学工，汪小我 . 模式识别 [M]. 4 版 . 北京：清华大学出版社，2021.
[2] 周志华 . 机器学习 [M]. 北京：清华大学出版社，2016.
[3]Cristopher M. Bishop. Pattern Recognition and Machine Learning [M]. Springer, 2006.
[4]Aurelien Geron. Hands-On Machine Learning with Scikit-Learn & TensorFlow [M]. Oreilly，2019.</td></tr>
</table>

2.10.2 课程描述

随着人工智能技术的推进，模式识别课程越来越重要，既可作为必修课也可以作为选修课。通过本课程的学习，将使学生掌握模式识别的基本概念、基本原理和基本方法，特别是回归、分类、聚类、特征表示等常用算法的主要思想和应用方法。教学内容重点：线性回归、支持向量机、决策树、贝叶斯分类器、K 均值聚类、神经网络、深度学习、特征选择和特征提取的原理和应用。

With the development of artificial intelligence technology, the course of pattern recognition is becoming more and more important. It can be used as a compulsory course or an elective course. Through the study of this course, students will master the basic concepts, principles and methods of pattern recognition and machine learning, especially the main ideas and application methods of common algorithms such as regression, classification, clustering and feature representation. Teaching contents：the principles and applications of linear regression, support vector machine, decision tree, Bayesian classifier, K-means clustering, neural network, deep learning, principal component analysis and dimension reduction, feature selection and feature extraction.

2.10.3 课程教学目标和教学要求

【教学目标】

（1）要求学生掌握模式识别与机器学习的分类、回归、聚类、特征提取和表示等经典算法；

（2）掌握模式识别算法涉及的基本概念、基本原理和基本方法，深入理解影响算法性能的参数设置；

（3）通过 MATLAB、Python、VsCode、Pycharm 等软件工具，能运用这些算法解决具体工程问题；

（4）充分培养学生理论与实际相结合的能力，培养学生分析解决实际问题的能力和动手实践能力，进而培养学生解决复杂工程问题的能力。

【教学要求】

以理论为基础，以应用为目标，充分培养学生理论与实际相结合的能力，培养学生分析解决实际问题的能力和动手实践能力，进而培养学生解决复杂工程问题的能力。

课程目标与专业毕业要求的关联关系			
课程目标	工 程 知 识	使用现代工具	自 主 学 习
1	H		
2	H		
3		H	
4			L

2.10.4 教学内容简介

章节顺序	章节名称	知 识 点	参考学时
1	绪论	模式识别的定义及相关概念 分类任务的类别 模式识别系统流程与设计准则	2
2	贝叶斯决策理论	最小错误率和最小风险贝叶斯决策 分类器、判别函数与判定面 正态分布下的统计决策和贝叶斯决策	6
3	概率密度函数的估计	最大似然估计 贝叶斯估计和贝叶斯学习 概率密度估计的非参数方法	4
4	线性学习机器与线性分类器	线性判别函数与判定面 基于 Fisher 准则的线性判别器	6

续表

章节顺序	章节名称	知识点	参考学时
4	线性学习机器与线性分类器	感知器准则函数最小化 线性 SVM 分类器 多分类问题	6
5	典型的非线性分类器	基于距离的分段线性判别函数 神经网络节点与多层神经网络 反向传播算法与应用 核函数与带有核函数的 SVM	6
6	非参数学习机器与集成学习	近邻法、快速搜索近邻法 决策树与集成学习	4
7	统计学习理论概要	机器学习问题的提法 学习过程的一致性 函数集的容量与 VC 维数	2
8	特征选择、提取与降维表示	特征的可分性判据、特征选择方法 基于类别可分性判据的特征提取 主成分分析 K-L 变换 带有核函数的 PCA、IsoMap、LLE 等特征提取方法	4
9	非监督学习与聚类	基于模型的额聚类方法 动态聚类方法 分级聚类	3
10	深度学习	深度学习神经网络及训练 经典的深度学习网络	6
11	模式识别系统评价	训练错误率、测试错误率、交叉评价、ROC、AUC 等模式识别方法和系统评价方法	1
12	课外实践	应用所学算法实现手写数字识别或其他识别问题	4

2.10.5　教学安排详表

序号	教学内容	学时分配	教学方式（授课、实验、上机、讨论）	教学要求（知识要求及能力要求）
1	模式识别的定义及相关概念	1	授课	本章重点：对特征的理解，模式识别概念的理解。 能力要求：了解模式识别的定义及相关概念，分类任务涉及的环节，了解模式识别系统的处理流程和设计准则
	分类任务的类别	0.5	授课	
	模式识别系统流程与设计准则	0.5	授课	
2	最小错误率和最小风险贝叶斯决策	3	授课	本章重点：对贝叶斯决策的理解，最小风险贝叶斯决策，正态分布下的贝叶斯决策方法。

续表

序号	教学内容	学时分配	教学方式（授课、实验、上机、讨论）	教学要求（知识要求及能力要求）
2	分类器、判别函数与判定面	1	授课	能力要求：能够利用最小错误率和最小风险贝叶斯决策方法对相关问题进行分类决策；了解正态分布概率密度函数的定义和性质；了解分类器设计及判别函数与判别面的相关概念
	正态分布下的统计决策和贝叶斯决策	2	授课	
3	最大似然估计	1	授课	本章重点：最大似然估计方法、贝叶斯估计的原理和思想；概率密度的非参数估计方法的原理和思想。 能力要求：能够利用最大似然估计、贝叶斯估计方法对未知参数进行估计，能够了解贝叶斯学习的基本概念；能够利用非参数估计方法估计概率密度中的未知参数
	贝叶斯估计和贝叶斯学习	1.5	授课	
	概率密度估计的非参数方法	1.5	授课	
4	线性判别函数与判定面	0.5	授课	本章重点：基于 Fisher 准则的线性判别器、感知器判别函数、线性 SVM 判别方法。 能力要求：能够掌握线性判别函数的模型，能够利用基于 Fisher 准则的线性判别器、感知器判别函数、线性 SVM 判别方法和多分类方法进行分类
	基于 Fisher 准则的线性判别器	1.5	授课	
	感知器准则函数最小化	1.5	授课	
	线性 SVM 分类器	2	授课	
	多分类问题	0.5	授课	
5	基于距离的分段线性判别函数	1	授课	本章重点：反向传播算法、核函数。 能力要求：掌握多层神经网络的结构，以及如何利用反向传播算法实现对神经网络权重的调整；能够分析神经网络性能的影响因素，能够利用核函数提升 SVM 的非线性分类能力
	神经网络节点与多层神经网络	1.5	授课	
	反向传播算法与应用	2.5	授课	
	核函数与带有核函数的 SVM	1	授课	
6	近邻法、快速搜索近邻法	1	授课	本章重点：决策树基本原理。 能力要求：能够实现近邻法和快速搜索近邻法；能够利用决策树的基本原理和集成学习的基本思想对数据进行分类
	决策树与集成学习	3	授课	
7	统计学习理论概要	2	授课	本章重点：函数集的容量与 VC 维。 能力要求：能够理解经验风险最小化存在的问题、理解学习过程的一致性问题以及 VC 维的概念
8	特征的可分性判据、特征选择方法	1	授课	本章重点：每种特征提取方法的原理和实现。
	基于类别可分性判据的特征提取	1	授课	

续表

序号	教学内容	学时分配	教学方式（授课、实验、上机、讨论）	教学要求（知识要求及能力要求）
8	主成分分析	1	授课	能力要求：理解特征的可分性判据，基于 J2 准则的特征提取、PCA 和 K-L 变换的特征提取方法；能够利用 J2 准则、PCA 和 K-L 变换对特征进行提取
	K-L 变换	1	授课	
	带有核函数的 PCA、IsoMap、LLE 等特征提取方法	0	自学	
9	基于模型的聚类方法	1	授课	本章重点：K 均值算法。 能力要求：理解无监督模式识别的基本概念，能够利用 K 均值算法和层次聚类法的基本原理进行分类
	动态聚类方法	1.5	授课	
	分级聚类	0.5	授课	
10	深度学习神经网络及训练	3	授课	本章重点：深度学习的网络结构、组成和训练方法。 能力要求：能够利用深度学习的经典模型进行简单分类
	经典的深度学习网络	3	授课	
11	训练错误率、测试错误率、交叉评价、ROC、AUC 等模式识别方法和系统评价方法	1	授课	本章重点：理解评价方法的联系。 能力要求：掌握评价模式识别方法和系统的常用指标
12	课外实践	4	实践	能力要求：设计并编程实现手写数字识别等模式识别问题的分类方法

2.10.6　考核及成绩评定方式

【考核方式】

平时成绩，考试成绩。

【成绩评定】

平时成绩 30%，考试成绩 70%。

平时成绩中的 20% 主要反映学生的课堂表现；80% 为课外作业和实践，主要考查学生对已学知识掌握的程度以及自主学习的能力，以及运用算法编程解决实际问题的能力。

考试成绩的 100% 考核学生对基本概念、基本方法、基本理论等方面掌握的程度，及学生运用所学理论知识解决模式识别问题的能力。

大纲制定者： 罗家祥（华南理工大学）
大纲审核者： 朱文兴
最后修订时间： 2022 年 8 月 24 日

2.11 “电机拖动与运动控制系统”理论课程教学大纲

2.11.1 课程基本信息

课程名称	电机拖动与运动控制系统		
	Motor and Motion Control System		
课程学分	4	总学时	64
课程类型	□ 专业大类基础课 ■ 专业核心课 □ 专业选修课 □ 集中实践		
开课学期	□1-1 □1-2 □2-1 □2-2 □3-1 ■3-2 □4-1 □4-2		
先修课程	大学物理、电路、电力电子技术、自动控制原理		
教材、参考书及其他资料	参考教材： [1] 杨耕，罗应立 . 电机与运动控制系统 [M]. 2 版 . 北京：清华大学出版社，2016. [2] 李发海 . 电机与拖动基础 [M]. 4 版 . 北京：清华大学出版社，2016. [3] 吴玉香，李艳，等 . 电机及拖动 [M]. 2 版 . 北京：化学工业出版社，2016. [4] 陈伯时 . 电力拖动自动控制系统——运动控制系统 [M]. 3 版 . 北京：机械工业出版社，2003. [5] 尔桂花 . 运动控制系统 [M]. 北京：清华大学出版社，2002. [6]Stephen D. Umans. Fitzgerald & Kingsley's Electric Machinery[M]. 7th. McGraw-Hill Education，2013.		

2.11.2 课程描述

本课程是高等学校本科自动化专业学科基础课程，介绍以电机为核心的能量变换装置原理及外特性和运动控制系统的原理与设计。前者主要内容包括：常用的交流和直流电机的基本结构、工作原理、电机模型、外特性与运行特性。后者主要内容包括：运动控制系统的典型组成，稳态、动态特性分析，调速系统设计及其在相关邻域的应用等。通过学习使学生掌握电力拖动与运动控制系统的基本理论和基本知识，具备必要的工程技术基础和专业知识，了解运动控制的前沿发展现状和趋势。

This course is a basic course for undergraduate automation specialty in colleges and universities. It introduces the principle and external characteristics of energy conversion device with motor as the core and the principle and design of motion control system. The former mainly includes the basic structure, working principle, motor model, external characteristics and operating characteristics of commonly used AC and DC motors. The latter mainly includes: typical composition of motion control system, analysis of steady-state and dynamic characteristics, design of speed control system and its application in relevant neighborhood. Through learning, students can master the basic theory and knowledge of electric drive and motion control system, have the necessary engineering technology foundation and professional knowledge, and understand the frontier development status and trend of motion control.

2.11.3　课程教学目标和教学要求

【教学目标】

（1）掌握典型交、直流电动机结构，能够基于电、磁、机械基本原理，分析电力拖动系统中的力矩平衡关系、电路平衡关系和功率转换关系，建立电机模型。

（2）能够分析复杂电力拖动系统的特性，包括起动、制动与调速过程中的工作点变化情况以及电流、转矩、转速等关键变量的变化情况。

（3）掌握运动控制系统的基本组成和工作原理，能够根据工程需要，建立合适的控制系统模型。

（4）掌握直流电动机单 / 双闭环调速系统基本原理；交流异步电动机恒压频比控制调速系统基本原理；矢量控制调速系统原理。

（5）与工程实际相结合，掌握对系统的稳态分析、动态分析和设计的基本方法，理解系统的过渡过程的分析，了解运动控制系统的发展方向。

【教学要求】

通过本课程教师的讲解和学生对本课程的学习，让学生能够掌握机 - 电能量转换原理、电机模型与外特性，掌握运动控制系统的基本思想，掌握分析典型运动控制系统的理论和方法，理解系统的过渡过程的分析，了解运动控制系统的发展方向。

课程目标与专业毕业要求的关联关系		
课程目标	工程知识	研　究
1	H	
2		H
3	H	
4	H	
5		H

2.11.4　教学内容简介

章节顺序	章节名称	知识点	参考学时
1	机电能量转换基础	电磁感应定律与电磁力定律、磁路欧姆定律和铁磁材料性能、机电能量转换原理及其在交直流电动机、变压器中的应用	4

续表

章节顺序	章节名称	知识点	参考学时
2	直流电动机原理与工作特性	直流电动机的运行原理与平衡方程式、机械特性。拖动系统与负载，电机起动、调速、电动运行、制动等各种状态下，工作点的分析与计算、功率传递特点	12
3	直流电动机调速系统	可控直流电源、直流调速系统、反馈控制系统的分析与设计，双闭环系统的组成与静特性、数学模型、稳态分析、工程设计方法	16
4	三相交流电动机原理	交流电动机的旋转磁场的形成原理，交流电动机的磁动势与电动势。异步电动机的原理及特性。三相异步电动机的四象限运行的工作点分析与功率关系分析。同步电动机的基本原理	16
5	交流异步电动机恒压频比控制	交流调速系统的原理与分类、PWM 变频控制方法，恒压频比控制的基本原理	8
6	具有转矩闭环的异步电动机调速系统	异步电动机的动态数学模型、坐标变换、按转子磁链定向的矢量控制系统基本原理	8

2.11.5 教学安排详表

序号	教学内容	学时分配	教学方式（授课、实验、上机、讨论）	教学要求（知识要求及能力要求）
第 1 章	电机及运动控制系统发展概况	1	授课	本章重点：电磁感应定律与电磁力定律及其在交直流电动机、变压器中的应用。 能力要求：掌握课程的主要目的和任务，了解电机发展历史，了解电机驱动系统在各行业的应用；掌握电磁学相关理论，掌握电机运动控制系统的基本要求、研究方法和内容
	机电能量转换基础	3	授课	
第 2 章	直流电动机的基本原理	2	授课	本章重点：直流电动机的运行原理与平衡方程式，机械特性表达式与机械特性曲线之间的关系；直流电动机拖动系统起动、调速、电动运行、制动等各个状态下工作点的分析与计算。 能力要求：掌握直流电动机的基本原理与运行特性，掌握电力系统的构成，拖动系统稳定运行的充要条件；掌握直流电动机起动与调速的原理；直流电动机拖动系统的四象限运行工作点的分析与计算
	直流电动机的运行特性	2	授课	
	负载转矩特性及电力拖动系统稳定运行条件	2	授课	
	他励直流电动机的降压起动与电枢回路串电阻起动	1	授课	
	他励直流电动机的调速	2	授课	
	他励直流电动机的制动	2	授课	
	直流电动机的四象限运行及应用分析	1	授课	
第 3 章	可控直流电源	2	授课	本章重点：直流可控电压源，直流调速系统的稳态、动态分析与设计；双闭环直流调速系统的分析与工程设计方法。
	调速指标和开环系统问题	2	授课	

续表

序　号	教学内容	学时分配	教学方式（授课、实验、上机、讨论）	教学要求（知识要求及能力要求）
第 3 章	转速负反馈单闭环直流调速系统	3	授课	能力要求：熟悉可控直流电压源，掌握直流调速系统分析与设计方法，掌握转速、电流双闭环直流调速系统的控制规律、性能特点及工程设计方法
	双闭环直流调速系统的组成及静特性	2	授课	
	双闭环直流调速系统的起动和抗扰特性	2	授课	
	双闭环直流调速系统的工程设计方法	5	授课	
第 4 章	交流电动机绕组的磁动势	3	授课	本章重点：交流电动机的旋转磁动势形成原理，异步电动机的电磁关系与等效电路。三相异步电动机转矩实用表达式与机械特性，起动方法与制动运行分析。同步电动机的基本工作原理。 能力要求：掌握交流电动机的共同问题——磁动势与电动势的形成原理，在此基础上进行三相异步电动机电磁关系与等效电路的分析。掌握三相异步电动机的基本工作原理、工作特性与参数测定方法。掌握异步电动机电磁转矩的实用表达式及机械特性、起动方法及制动原理，会分析三相异步电动机的各种稳态运行工作点
	三相交流电动机绕组的电动势	1	授课	
	三相异步电动机的电磁关系	2.5	授课	
	三相异步电动机的功率和转矩、工作特性与参数测定	2	授课	
	三相异步电动机的机械特性	2.5	授课	
	三相异步电动机的起动	2	授课	
	三相异步电动机的制动	1.5	授课	
	同步电动机的基本工作原理	1.5	授课	
第 5 章	交流调速系统的特点、类型与基本原理	1	授课	本章重点：异步电动机恒压频比调速方式及其特性，PWM 变频电源。 能力要求：异步电动机的恒压频比调速在基频以上、以下的控制方式，不同规律进行电压与变频协调控制时的机械特性
	PWM 变频电源及控制方法	2	授课	
	基于感应电动机稳态模型的恒压频比控制策略	2	授课	
	基频以下电压－频率协调控制的机械特性	2	授课	
	基频以上恒压变频的机械特性	1	授课	
第 6 章	用于系统分析的坐标变换	2	授课	本章重点：三相交流电动机的坐标变换、异步电动机的动态模型、矢量控制系统的基本原理。 能力要求：掌握异步电动机的动态数学模型，了解异步电动机矢量控制的基本原理
	异步电动机的动态数学模型	2	授课	
	异步电动机的矢量控制原理	4	授课	

2.11.6 考核及成绩评定方式

【考核方式】

本课程考核成绩由平时成绩和期末考试成绩构成。

【成绩评定】

（1）平时成绩：30%。

①通过平时作业、课堂练习等体现的能力达成情况；

②课堂表现。

（2）期末考试：70%。

大纲制定者：李艳、许玉格（华南理工大学）

大纲审核者：罗家祥、朱文兴

最后修订时间：2022 年 8 月 27 日

2.12 “人工智能原理”理论课程教学大纲

2.12.1 课程基本信息

<table>
<tr><td rowspan="2">课程名称</td><td colspan="3">人工智能原理</td></tr>
<tr><td colspan="3">Principle of Artificial Intelligence</td></tr>
<tr><td>课程学分</td><td>3</td><td>总学时</td><td>48</td></tr>
<tr><td>课程类型</td><td colspan="3">□ 专业大类基础课 ■ 专业核心课 □ 专业选修课 □ 集中实践</td></tr>
<tr><td>开课学期</td><td colspan="3">□1-1 □1-2 □2-1 □2-2 □3-1 ■3-2 □4-1 □4-2</td></tr>
<tr><td>教材、参考书及其他资料</td><td colspan="3">参考教材：
[1] 蔡自兴，刘丽珏，蔡竞峰，等 . 人工智能及其应用 [M]. 6 版 . 北京：清华大学出版社，2020.
[2][美] 斯图尔特·罗素，彼得·诺维格 . 人工智能：现代方法 [M]. 4 版 . 张博雅，陈坤，田超，等译 . 北京：人民邮电出版社，2022.
[3] 王万良 . 人工智能及其应用 [M]. 3 版 . 北京：高等教育出版社，2016.</td></tr>
</table>

2.12.2 课程描述

人工智能原理是一门综合性前沿学科，也是高等学校本科自动化专业一门重要的基础课程。通过对人工智能原理课程的学习，使学生掌握人工智能技术的基本原理、方法及应用；了解盲目搜索策略、启发式搜索策略、谓词逻辑与归结原理、知识表示、不确定性推理方法和知识发现等目前人工智能的主要研究领域的原理、方法和技术；通过对推理方法和进化计算的分析、解剖，进一步深入掌握人工智能的主要技术，解决人工智能的一些实际问题；增强学生的逻辑思维，为今后在各自领域开拓高水平的人工智能技术应用奠定基础。

As an integrative and advanced subject which is developing rapidly, the subject of artificial intelligence is an important disciplinary basic course for intelligent science and technology major in university. Through this course, the students can grasp the basic principles, methods, research and application areas of artificial intelligence, and improve their understanding on the principles, methods and techniques of the main research fields of artificial intelligence at present, such as blind search strategy, heuristic searching strategy, the predicate logic and the attribution principle, knowledge representation, uncertainty reasoning method and knowledge discovery. Besides, by analyzing and dissecting reasoning methods and evolutionary computation, students can master the major intelligent techniques, and have the ability to use them to solve some real-world problems. Learning this course can also strengthen the students' logical thinking ability and experimental ability, which build wide and solid theory foundation for developing advanced AI technology in the future.

2.12.3　课程教学目标和教学要求

【教学目标】

课程目标 1：了解人工智能的发展概况，理解人工智能的基本思想，熟练掌握有关知识表示、搜索策略、知识推理、专家系统、计算智能和机器学习的代表性方法。

课程目标 2：对于面临的实际问题，通过提炼和分析，能够判别是否适合采用人工智能方法进行处理，并能够正确界定属于搜索、推理、优化、学习等人工智能领域中的哪类问题。

课程目标 3：对实际问题进行界定后，能够选择合适的人工智能算法和工具软件，并结合领域知识，形成综合的解决方案。

课程目标 4：在熟练掌握课程基本内容的基础上，保持科研好奇心，能够对现有人工智能方法进行思辨性讨论，并给出改进建议。

课程目标 5：正确认知人工智能对人类经济、社会和文化的影响，树立积极的学习观和科学观。

【教学要求】

（1）掌握人工智能的基本理论和技术；

（2）综合运用人工智能的基本理论和技术，具备分析并解决自动化领域的工程技术难题的基本能力；

（3）具有创新意识，掌握基本的创新方法，能够综合运用所学理论和技术手段进行智能系统的研究、设计、开发。

课程目标与专业毕业要求的关联关系						
课程目标	工程知识	问题分析	设计/开发解决方案	研究	使用现代工具	工程与社会
1	H					
2		H				
3			H		M	
4				M		
5						H

2.12.4 教学内容简介

章节顺序	章节名称	知识点	参考学时
1	绪论	人工智能的定义和发展、人工智能认知观、人工智能的应用领域、人工智能伦理和安全性	2
2	知识表示	状态空间表示、问题规约表示、谓词逻辑表示、语义网络表示、框架表示	6
3	搜索策略	搜索问题定义、盲目搜索、启发式搜索	4
4	推理方法	确定性推理，包括自然演绎推理、归结演绎推理；不确定性推理，包括不确定性度量、概率推理、主观贝叶斯方法、模糊推理	8
5	专家系统	专家系统概述、专家系统结构、专家系统的设计、专家系统实例	6
6	计算智能	计算智能概述、遗传算法、蚁群算法、粒子群算法、差分进化算法	8
7	机器学习	机器学习主要策略和基本结构、归纳学习、决策树学习、神经网络学习、强化学习、深度学习	10
8	智能规划	规划问题定义、任务规划、路径规划	4

2.12.5　教学安排详表

序号	教学内容	学时分配	教学方式（授课、实验、上机、讨论）	教学要求（知识要求及能力要求）
第 1 章	人工智能的定义和发展、人工智能认知观、人工智能的应用领域、人工智能伦理和安全性	2	授课	了解人工智能的基本概念和发展简史，树立正确认知
第 2 章	状态空间表示、问题规约表示、谓词逻辑表示、语义网络表示、框架表示、本体技术、过程表示	6	授课	掌握状态空间表示、问题规约表示、谓词逻辑表示，熟悉语义网络表示、框架表示、本体技术、过程表示
第 3 章	搜索问题定义、盲目搜索、启发式搜索	4	授课	能够正确定义搜索问题，熟练使用代表性的盲目搜索和启发式搜索算法
第 4 章	确定性推理，包括推理的逻辑基础、自然演绎推理、归结演绎推理； 不确定性推理：不确定性度量、概率推理、主观贝叶斯方法、模糊推理	8	授课	熟悉确定性推理的自然演绎推理、归结演绎推理；掌握不确定性度量方法，能够恰当选择和应用不确定推理方法
第 5 章	专家系统概述、专家系统结构、专家系统的设计、一个专家系统实例	6	授课	了解专家系统基本概念和工作原理，掌握专家系统结构，能够初步设计专家系统，并学习专家系统实例
第 6 章	计算智能概述、遗传算法、蚁群算法、粒子群算法、差分进化算法	8	授课	掌握所列 4 种典型算法，能够指出其适用问题和优缺点；理解计算智能内涵和算法设计共性原则
第 7 章	机器学习的主要策略和基本结构、归纳学习、决策树学习、神经网络学习、强化学习、深度学习	10	授课	熟悉机器学习方法的核心思想和分类，掌握基本神经网络，理解强化学习和深度学习的内涵
第 8 章	规划问题定义、任务规划、路径规划	4	授课	掌握典型规划问题，结合这类问题，理解人工智能的应用

2.12.6　考核方式及成绩构成

平时考核（包括平时作业、平时表现）30%；期末考试成绩 70%。

平时成绩和课堂表现 30%。

（1）通过对不同算法的性能进行分析，找到恰当的问题解决方案 70%；

（2）其他 30%。

期末考试成绩：

（1）能够运用知识表述人工智能专业的复杂工程问题 30%；

（2）能够根据实际问题，分析不同算法的性能，找出恰当的问题解决方案 40%；

（3）能够根据实际问题，提出两种算法，并对其性能进行比较 20%；

（4）分析人工智能产品新技术，浅谈人工智能对人类社会影响 10%。

大纲制定者：任志刚、曹建福（西安交通大学）

大纲审核者：朱文兴、罗家祥

最后修订时间：2023 年 4 月 22 日

第3章

自动化专业培养方案调研报告（本科创新型）

3.1 调研思路

随着信息技术和人工智能技术的不断发展，自动化领域的技术正发生着重大变革。自动化领域不再是传统的自动化装置或系统，已经演变为涵盖计算机技术、控制技术、网络技术、通信技术以及传感器和执行器等为核心的系统化、智能化、综合性的自动（智能）系统。自动化领域涉及航空航天、工业、农业、服务业的大多数国民经济领域，特别是在航空航天、智能制造、农业、物流、机器人等领域。自动化专业可追溯到20世纪50年代开设的自动控制专业，其培养方案随着时代的发展不断变化。当前，信息技术与人工智能技术快速发展，大大拓展了人们认识、实践和活动的范围，人类正在进入“人－机－物”三元融合的万物智能时代，使自动化专业的内涵发生了极大变化，创新型人才已成为我国科技创新发展的迫切需求。

为了理清各学校在自动化专业人才培养方案的新特点和新特色，确立了如下调研思路：

1. 调研范围

自动专业通常在国外不单独开设，而是被包含在电子信息工程。重点调研了麻省理工、哈佛大学等国际一流大学的相关专业，对相关课程设置进行对比分析。国内的自动化专业发展较早，最早可追溯到20世纪50年代。不同学校的自动化专业发展均带有行业背景，呈现出不同特色。重点调研了多所知名高校的自动化专业。

2. 调研内容

各学校培养方案中的课程设置情况，重点关注基础课程和核心课程设置。通过分析课程的覆盖面、选修课程的方向、实践课程，总结各校在自动化人才课程设置上的创新特色。

3. 调研形式

采取了两种形式，一是直接对比各学校自动化专业的培养方案，对比美国学校相关专业的课程设置情况；二是形成问卷调查，广泛调研行业、学生和教师认为的自动化创新人才培养中的不足，共收集学生和教师问卷调查236份，收集企业问卷27份。

3.2 调研对象

1. 国外调研对象

国外与自动化相近的专业为电气工程与计算机。调研对象选择了美国如下一流学校的相关专业。

（1）麻省理工学院：电气工程与计算机、电子科学与工程。

（2）斯坦福大学：电气工程。

（3）加州大学伯克利分校：电气工程与计算机。

2. 国内调研对象

充分考虑国内控制学科实力、学校传统背景、地区情况等因素，调研的学校如下：

研究型大学	区　域
清华大学	北京
北京航空航天大学	北京
北京理工大学	北京
哈尔滨工业大学	东北
东北大学	东北
大连理工大学	东北
上海交通大学	华东
东南大学	东部
浙江大学	东部
华中科技大学	中部
西安交通大学	西北
西北工业大学	西北
华南理工大学	南部

调研对象说明：均为工科实力较强或行业特色院校；涵盖东北、华南、华东、西北等不同地域高校。

3.3 国外自动化相关专业调研情况分析

1. 麻省理工学院：电气工程与计算机、电子科学与工程

电气工程（Electrical Engineering）在 MIT 起步较早，最初相关课程在物理系开设，电气工程学位于 1882 年正式出现，而电气工程系直到 1902 年才正式成立。1975 年，该系基于计算机方面所占研究的比重迅速上升，把系名改为 Electrical Engineering and Computer Science（EECS）。

当今，EECS 正“聚焦于”电路设计、人工智能、机器人技术等对人类社会进步产生重大影响的领域。本科专业包括电子科学与工程、电气工程与计算机科学、计算机科学与工程、计算机科学和分子生物学、计算机科学、经济学和数据科学。其中，电气工程与计算机科学与自动化专业相近。

MIT 电气工程包含四大方向，其中电路方向与自动化专业相关，该方向是分析与搭建用于分析与处理信号、信息和电力的装置或系统。例如承载声音、语言或其他信息的数字、模拟信号的处理、模拟与数字系统设计、计算机系统结构与软 / 硬件系统设计、VLSI 系统的设计与分析、电路理论、电气与电力电子系统、仪表与控制等。该方向又可以分为 5 个子方向：信号处理、通信、控制，能源和电力系统，电路与系统，数字设计和计算机体系结构，计算机辅助设计与数值方法。

对比我国当前自动化专业，与 MIT 的两个子方向，即信号处理、通信、控制，以及电路与系统比较接近。MIT 电气工程与计算机专业课程设置与上述方向相关的部分课程如下：

模　　块	课程名称（英文）	课程名称（中文）
基础模块	● Introduction to Computer Science Programming in Python ● Introduction to Low-level Programming in C and Assembly ● Discrete Mathematics and Proof for Computer Science ● Introduction to Algorithms	● 计算机科学 Python 编程入门 ● C 语言和汇编语言 ● 计算机科学中的离散数学和证明 ● 算法导论
系统设计	● Computation Structures ● Electrical Circuits: Modeling and Design of Physical Systems ● Dynamical System Modeling and Control Design	● 计算结构 ● 电路：物理系统的建模与设计 ● 动态系统建模与控制设计
系统设计实验	● Engineering for Impact ● Select four subjects, including two subjects each in two different tracks	● 工程影响因素 ● 选择 2 个方向，每个方向分别修 2 门课程
方向：嵌入式系统	● Mobile and Sensor Computing ● Digital Systems Laboratory ● Microcomputer Project Laboratory (CI-M) ● Engineering Interactive Technologies	● 移动和传感器计算 ● 数字系统实验 ● 微机项目实验 (CI-M) ● 工程交互技术
方向：装置、电路与系统	● Analog Electronics Laboratory (CI-M) ● Introduction to Electronic Circuits ● Digital Systems Laboratory	● 模拟电子实验 (CI-M) ● 电子电路导论 ● 数字系统实验

续表

模　块	课程名称（英文）	课程名称（中文）
方向：通信网络	● Principles of Digital Communication ● Signal Processing	● 数字通信原理 ● 信号处理
方向：系统科学	● Signal Processing ● Signals, Systems and Inference ● Networks ● Introduction to Statistical Data Analysis ● Introduction to Machine Learning ● Representation, Inference, and Reasoning in AI ● Robotics：Science and Systems (CI-M) ● Robotic Manipulation (CI-M) ● Optimization Methods ● Advances in Computer Vision (CI-M)	● 信号处理 ● 信号、系统和推理 ● 网络 ● 统计数据分析入门 ● 机器学习导论 ● AI 中的表示、推理和推理 ● 机器人：科学与系统 (CI-M) ● 机器人操作 (CI-M) ● 优化方法 ● 计算机视觉 (CI-M) 的最新进展

2. 斯坦福大学：电气工程

斯坦福大学电气工程有5个研究方向：物理技术与科学（Physical Technology & Science）、硬件 / 软件系统（Hardware/Software Systems）、信息系统及科学（Information Systems & Science）、生物医学（Biomedical）、能源（Energy）。其中，与自动化专业相关的方向为信息系统及科学、硬件 / 软件系统。

信息系统及科学：通过开发数学模型、算法和分析工具，聚焦物理和虚拟大型数据集提取知识，研究通信、信息处理、存储和决策。包括控制与优化（Control & Optimization）、信息理论与应用（Information Theory & Applications）、通信系统（Communications Systems）、社会网络（Societal Networks）、信号处理与多媒体（Signal Processing & Multimedia）、生物医学成像（Biomedical Imaging）、数据科学（Data Science）等。

硬件 / 软件系统：提供网络、硬件和软件架构，设计大型软件系统。开发应用于计算和通信系统的方法和模型。包括高能效硬件系统（Energy-Efficient Hardware Systems）、软件定义网络（Software Defined Networking）、移动网络（Mobile Networking）、分布式系统（Distributed Systems）、编程环境（Programming Environments）、计算机安全（Security）、数据科学（Data Science）、集成电路及电力电子（Integrated Circuits & Power Electronics）等。

我国自动化专业与斯坦福的控制与优化、信息理论与应用方向最相关。这两个方向的核心课程如下：

课　程	课程名称（英文）	课程名称（中文）
数学与科学模块 - 数学 （28 学分）	● Calculus (or 10 units AP/IB Calculus credit) ● Vector Calculus for Engineers ● Ordinary Differential Equations for Engineers ● Linear Algebra and Differential Calculus of Several Variables ● Ordinary Differential Equations with Linear Algebra ● Mathematical Foundations of Computing ● Introduction to Matrix Methods (Preferred)(Formerly EE 103/CME 103) ● Linear Algebra and Matrix Theory ● Probabilistic Systems Analysis (may petition to use CS 109 instead)	● 微积分（或 10 个 AP/IB 微积分学分） ● 矢量微积分 ● 常微分方程 ● 线性代数和多变量微分计算 ● 普通微分方程与线性代数 ● 计算数学基础 ● 矩阵方法介绍 ● 线性代数和矩阵理论 ● 概率系统分析
数学与科学模块 - 科学	● Mechanics ● Mechanics ● Modern Physics for Engineers	● 机械工程 ● 机械工程 ● 现代物理学
社会技术 （3 学分）	● Techniques of Failure Analysis (for senior engineering students only) ● Technology and Inequality ● Ten Things：An Archaeology of Design ● Ethics in Bioengineering ● Legal & Ethical Principles in Design, Construction, and Project Delivery ● Equitable Infrastructure Solutions ● ENGR & Sustainable Development ● Engineering the Roman Empire ● Digital Media in Society ● Virtual People ● Computers, Ethics and Public Policy (No longer offered but counts if already taken) ● Ethics, Public Policy, & Technological Change (Prerequisite：CS 106A or AX) ● Ethics, Public Policy, & Technological Change (EPHYS majors only) Enrollment limited to 100 (Prerequisite：CS 106A or AX) ● Algorithmic Fairness ● Social Computing ● Solving Social Problems with Data ● Technology Entrepreneurship	● 失效分析技术（仅限高年级工科学生） ● 技术与不平等 ● 十件事：设计考古学 ● 生物工程伦理 ● 公平基础设施方案 ● ENGR 与可持续发展 ● 罗马帝国工程 ● 虚拟人物 ● 信任与安全工程 ● 计算机、伦理和公共政策 ● 道德、公共政策和技术变革 ● 伦理、公共政策与技术发展 ● 算法公平性 ● 社会计算 ● 用数据解决社会问题 ● 科技创业 ● 生物伦理学基础

续表

课　程	课程名称（英文）	课程名称（中文）
社会技术（3 学分）	● Foundations of Bioethics (BMC, BME, CS-CompBio, & ME majors only) ● Technology in National Security ● Ethics and Equity in Transportation Systems ● Security in a Changing World ● Ethics on the Edge：Business, NPOs, Gov't, & Individuals (must take for a letter grade) ● The Public Life of Science and Technology	● 国家安全技术 ● 交通系统中的伦理与公平 ● 变化世界中的国际安全 ● 边缘伦理：商业、非营利组织、政府和个人 ● 科技大众生活
工程课题－工程基础（2 课程，8 学分）	● Introduction to Engineering Analysis ● Introduction to Solid Mechanics ● Dynamics ● Introduction to Chemical Engineering ● Engineering of Systems ● Introductory Electronics A ● Introductory Electronics B ● An Intro to Making：What is EE ● Intro to Electromagnetics and Its Applications ● Intro to Materials Science, Nanotechnology Emphasis ● Intro to Materials Science, Energy Emphasis ● Intro to Materials Science, Biomaterials Emphasis ● Foundational Biology for Engineers ● Engineering Economics and Sustainability ● Introduction to Optimization ● Modern Physics for Engineers ● Information Science and Engineering ● Programming Methodology ● Programming Abstractions ● Enrichment Adventures in Programming Abstractions ● Introduction to Bioengineering ● Environmental Science and Technology	● 工程分析简介 ● 固体力学概论 ● 动力学性 ● 化学工程简介 ● 系统工程 ● 电子学入门 A ● 电子学入门 B ● 制作介绍：什么是 EE ● 电磁学及其应用介绍 ● 材料科学概论，纳米技术的重点 ● 材料科学介绍，能源重点 ● 材料科学概论，着重生物材料 ● 工程师的生物学基础 ● 工程经济学和可持续发展 ● 优化简介 ● 现代工程师的物理学 ● 信息科学与工程 ● 编程方法学 ● 编程抽象 ● 生物工程简介 ● 环境科学与技术
工程课题－核心课程（至少 18 学分）	● Introduction to Electromagnetics and Its Applications ● The Electrical Engineering Profession ● Circuits ● Signal Processing and Linear Systems I ● Digital Systems Design	● 电磁学及其应用简介 ● 电气工程专业 ● 电路 ● 信号处理和线性系统 ● 数字系统设计

续表

课　程	课程名称（英文）	课程名称（中文）
工程核心－领域课程－至少 15 学分，4 门课程：1 门 WIM/ 设计，1～2 门必修课和 2 门学科领域选修课－硬件和软件领域	● Digital Systems Architecture ● Computer Systems from the Ground Up ● Computer Organization and Systems ● Digital Systems Design Lab (WIM/Design) ● Green Electronics (Design) ● Internet Principles and Protocols ● Engineering a Smart Object - Adding Connectivity and Putting it ALL Together (Design) ● Digital Signal Processing (Design) ● Digital Signal Processing (WIM/Design) ● Virtual Reality (Design) ● Virtual Reality (WIM/Design) ● Software Project (WIM/Design)	● 数字系统架构 ● 从头开始的计算机系统 ● 计算机组织和系统 ● 数字系统设计实验 ● 绿色电子（设计） ● 互联网原理和协议 ● 设计智能对象 ● 数字信号处理（设计） ● 数字信号处理（WIM/ 设计） ● 虚拟现实（设计） ● 虚拟现实（WIM/ 设计） ● 软件项目（WIM/ 设计）
工程核心 - 领域课程 - 至少 15 学分，4 门课程：1 门 WIM/ 设计，1～2 门必修课和 2 门学科领域选修课 - 信息系统与科学领域	● Signal Processing and Linear Systems II ● Analog Communications Design Laboratory (WIM/ Design) ● Green Electronics (WIM/Design) ● Introduction to Digital Image Processing (WIM/ Design) ● Three-Dimensional Imaging (Design) ● Digital Signal Processing (Design) ● Digital Signal Processing ● Virtual Reality (Design) ● Virtual Reality (WIM/Design) ● Analog Communications Design Laboratory (WIM/ Design) ● Green Electronics (WIM/Design) ● Introduction to Digital Image Processing (WIM/ Design) ● Three-Dimensional Imaging (Design) ● Digital Signal Processing (Design) ● Digital Signal Processing ● Virtual Reality (Design) ● Virtual Reality (WIM/Design)	● 信号处理和线性系统 II ● 模拟通信设计实验室（WIM/ 设计） ● 绿色电子（WIM/ 设计） ● 数字图像处理简介（WIM/ 设计） ● 三维成像（设计） ● 数字信号处理（设计） ● 数字信号处理 ● 虚拟现实（设计） ● 虚拟现实（WIM/ 设计） ● 模拟通信设计实验室（WIM/ 设计） ● 绿色电子（WIM/ 设计） ● 数字图像处理简介（WIM/ 设计） ● 三维成像（设计） ● 数字信号处理（设计） ● 数字信号处理 ● 虚拟现实（设计） ● 虚拟现实（WIM/ 设计）

3. 加州大学伯克利分校：电气工程与计算机

伯克利电气工程与计算机科学专业 (EECS)，隶属于工程学院，仅将计算机科学和电气工程的基础知识结合在一起。在加州大学伯克利分校学习计算机科学的学生有两个不同的专业选择：EECS 专业获得科学学士学位 (BS)，由文学与科学学院授予文学学士学位 (BA)。

这两个专业的本质区别在于 EECS 项目需要更多的数学和科学知识，而 CS 项目需要更多的非技术或广度课程。其主要课程设置如下：

课　程	课程名称（英文）	课程名称（中文）
数学	● Calculus A ● Calculus B ● Multivariable Calculus ● Discrete Mathematics and Probability Theory	● 微积分 A ● 微积分 B ● 多变量微积分 ● 离散数学与概率论
低级别核心课程（5 门）	● Designing Information Devices and Systems Ⅰ ● Designing Information Devices and Systems Ⅱ ● The Structure and Interpretation of Computer Programs ● Data Structures or Data Structures and Programming Methodology ● Great Ideas of Computer Architecture (Machine Structures) or Machine Structures (Lab-Centric)	● 信息设备与系统设计Ⅰ ● 信息设备与系统设计Ⅱ ● 计算机程序的结构与解释 ● 数据结构或数据结构与编程方法学 ● 计算机体系结构的伟大思想（机器结构）或计算机结构（以实验为中心）
高级别选修（20 学分）	● Feedback Control Systems ● Integrated-Circuit Devices ● Linear Integrated Circuits ● Microfabrication Technology ● Mechatronic Design Laboratory ● User Interface Design and Development ● Computer Security ● Operating Systems and System Programming ● Programming Languages and Compilers ● Software Engineering ● Introduction to Software Engineering ● Software Engineering Team Project ● Software Engineering ● Designing, Visualizing and Understanding Deep Neural Networks ● Foundations of Computer Graphics ● Introduction to Database Systems ● Introduction to Database Systems ● Special Topics (Section 26: Intro to Computer Vision and Computational Photography) ● Deep Reinforcement Learning, Decision Making, and Control ● Introduction to Robotics ● Robotic Manipulation and Interaction ● Introduction to Embedded and Cyber Physical Systems ● Introduction to Digital Design and Integrated Circuits and Application Specific Integrated Circuits Laboratory	● 反馈控制系统 ● 集成电路器件 ● 线性集成电路 ● 微加工技术 ● 机电一体化设计实验室 ● 用户界面设计与开发 ● 计算机安全 ● 操作系统和系统编程 ● 编程语言与编译器 ● 软件工程 ● 或软件工程概论 ● 或软件工程团队项目 ● 或软件工程 ● 深度神经网络设计、可视化和理解 ● 计算机图形学基础 ● 数据库系统概论 ● 或数据库系统介绍 ● 特殊专题（计算机视觉与计算摄影） ● 深度强化学习、决策与控制 ● 机器人导论 ● 机器人操作与交互

续表

课　程	课程名称（英文）	课程名称（中文）
高级别选修（20 学分）	● Introduction to Digital Design and Integrated Circuits and Field-Programmable Gate Array Laboratory	● 嵌入式和网络物理系统简介 ● 数字设计与集成电路导论、专用集成电路实验 ● 数字设计与集成电路导论、现场可编程门阵列实验

3.4 培养方案调研分析

1. 培养目标

学校名称	培养目标
清华大学（2018 级）	具备在自动化专业取得职业成功的科学和技术素养； 具有批判性思维、创新精神和实践能力，善于沟通和协作； 有志趣且有能力成功地进行本专业或其他领域的终身学习； 有社会责任感和国际胜任力，成为领军人才
浙江大学（2020 级）	通过各种教育教学实践活动，本专业旨在培养服务于国民经济建设和社会进步发展需要，具有健全的人格、良好的人文社会科学素质和职业道德素养、较强的社会责任感和担当意识，掌握扎实的自然科学基础知识、工程基础知识、自动化及相关领域专业知识与工程技术，具备在自动化及相关领域提出问题、分析问题和解决问题的工程实践能力，具备在自动化及相关领域针对复杂工程问题设计和开发解决方案的能力，具有良好的独立工作能力、团队合作能力和组织管理协作能力，具有跟踪和发展自动化及相关领域新理论、新知识和新技术的能力，具备国际视野和创新精神，在自动化及相关领域具有国际竞争力的高素质创新人才和未来领导者。毕业后 5 年左右，学生在从事的自动化及相关领域中成为工程应用的技术骨干或科学研究的中坚力量
华中科技大学（2022 级）	本专业培养人格健全，责任感强，具备基本科学和工程技术素养、具有数学物理和电工电子基础知识，掌握信息与自动控制技术、计算机软硬件知识和控制系统设计、分析、开发和应用技能，在自动化专业具有交叉学科专业知识、专业特长和创新实践能力的综合型工程技术人才，以及能从事理论研究、科技开发与组织管理的高素质复合型人才。学生毕业后，可从事自动化、智能制造与服务等相关领域的科学研究、技术开发、应用维护及管理工作，并具备在工作中继续学习、不断更新知识的能力。经过实践锻炼后，能成为控制科学与工程或相关领域具有家国情怀和国际视野、引领未来和造福人类的领军人才
哈尔滨工业大学（2019 级）	秉承“规格严格、功夫到家”的校训，立足航天、服务国防，面向国际科技前沿和国家重大需求，迎接全球性重大挑战，着力培养信念执着、品德高尚，肩负社会责任，恪守工程伦理，具备宽厚的知识基础、扎实的专业技能，具备解决复杂工程问题的能力，胜任跨学科、跨行业、跨文化的沟通协作，在网络和智能时代能够引领自动化及相关领域发展的杰出人才

续表

学校名称	培养目标
西安交通大学（2019级）	本专业坚持立德树人、致力于培养适应社会主义现代化建设需要，掌握扎实的数学、自然科学基础理论和自动化专业知识，具有健全人格、人文情怀、社会责任感，具备终身学习能力、沟通能力、创新意识和国际视野，且能在自动化、智能化系统及相关工程技术应用领域的研究、开发和管理等工作中起引领作用的优秀人才。本专业预期学生毕业5年后，达到以下目标： 目标1：具备宽厚的自然科学基础和工程基础，掌握系统的自动化专业知识，具有对自动化、智能化及相关领域工程项目的设计和开发能力； 目标2：具有对工程领域中复杂系统的分析、控制、优化、管理和决策能力，并能够在解决复杂工程问题时，自觉有效地考虑环境、安全、法律法规、文化等非技术因素； 目标3：具有现代工业社会的价值观念和强烈的社会责任感、职业责任感，熟悉自动化及其相关行业的发展现状及趋势，具有较强的自主学习、终身学习能力和创新意识； 目标4：能够有效沟通，在团队中起到组织协调作用，并且具有国际视野和跨文化的交流、竞争与合作能力

2. 课程体系设置

数理基础调研：

学校名称	课程名称及学分
清华大学（2022级）	微积分A（1）5 微积分A（2）5 线性代数4 离散数学3 随机数学与统计5 大学物理B（1）4 大学物理B（2）4
浙江大学（2020级）	微积分（甲）Ⅰ5 微积分（甲）Ⅱ5 线性代数3.5 常微分方程1 复变函数与积分变换1.5 概率论与数理统计2.5 大学物理（甲）Ⅰ4 大学物理（甲）Ⅱ4
华中科技大学（2022级）	微积分（一）上5.5 微积分（一）下5.5 线性代数2.5 概率论与数理统计2.5 复变函数与积分变换2.5

续表

学 校 名 称	课程名称及学分
华中科技大学 （2022 级）	大学物理（一）4 大学物理（二）4 计算方法（二）2 运筹学（一）2
哈尔滨工业大学 （2019 级）	微积分 B（1）5 微积分 B（2）5 概率论与数理统计 3 复变函数与积分变换 3 大学物理 B（1）4 大学物理 B（2）4
西安交通大学 （2019 级）	高等数学Ⅰ-1 6.5 高等数学Ⅰ-2 6.5 线性代数与解析几何 4 复变函数与积分变换 3 概率统计与随机过程 4 离散数学Ⅱ3 大学物理Ⅱ-1 4 大学物理Ⅱ-2 4
上海交通大学 (IEEE 试点班) （2022 级）	数学分析Ⅰ或Ⅱ6 或 4 数学分析Ⅰ或Ⅱ6 或 4 线性代数 3 离散数学 3 概率统计 3 计算导论 4 线性优化与凸优化 3 大学物理（1）5 大学物理（2）5
华南理工大学 （2023 级）	微积分Ⅱ（一）5 微积分Ⅱ（二）5 线性代数与解析几何 3 概率论与数理统计 3 复变函数与积分变换 3 大学物理Ⅲ（1）4 大学物理Ⅲ（2）4
山东大学 （2020 级）	高等数学（1）5 高等数学（2）5 概率统计 3

续表

学校名称	课程名称及学分
山东大学 （2020级）	复变函数与拉普拉斯变换 运筹学 2 大学物理Ⅱ（1）3 大学物理Ⅱ（2）3

调研情况小结：根据调研结果，对数理基础课程的设置建议如下。

类　别	建议课程名称及学分
数学类	微积分Ⅱ（一）5 微积分Ⅱ（二）5 线性代数 3 概率论与数理统计 3 复变函数与积分变换 3
物理	大学物理Ⅲ（1）4 大学物理Ⅲ（2）4
视情况选择开设	随机过程 2 离散数学 3 运筹学 2 计算导论 4

3. 专业基础及核心课程（必修）

学校名称	课程名称及学分
清华大学 （2020级）	工程图学基础 2 计算机语言与程序设计 3 电路原理 C 3 数字电子技术基础 3 模拟电子技术基础 4 数字电子技术实验 1 数据结构 3 信号与系统分析 4 自动控制理论（1）4 自动控制理论（2）2 运筹学 3 智能传感与检测技术 2 人工智能原理 2 模式识别与机器学习 2
浙江大学 （2020级）	工程图学 2.5 电路与模拟电子技术 5.5

续表

学 校 名 称	课程名称及学分
浙江大学 （2020 级）	电路与模拟电子技术实验 1.5 自动化导论 1 信号分析与处理 3 嵌入式系统 4 系统建模与仿真 3 自动控制理论（甲）3.5 现代控制理论 2.5 传感与检测 3 人工智能与机器学习 3.5 运动控制 2.5 过程控制 2.5 机器人建模与控制 2.5 计算机控制设计与实践 3.5
华中科技大学 （2022 级）	工程制图（一）2.5 C 语言程序设计 3.5 电路理论（三）4 电路测试实验 1 数字电路与逻辑设计 3.5 模拟电子技术（二）3.5 电子线路设计、测试与实验（一）1 电子线路设计、测试与实验（二）1 信号分析 2 数据结构 2.25 微机原理 3 计算机网络 2.5 自动控制原理（一）3.5 自动控制原理（二）2.5 传感技术 2.25 计算机控制技术 1.5 电机拖动基础 3 功率电子技术与运动控制 4 过程控制系统 2.5
哈尔滨工业大学 （2019 级）	C 语言程序设计 A 3 电路 E（1）2 电路 E（4）2.5 电路实验 E（1）0.5 电路实验 E（4）0.5 模拟电子技术基础 B 3.5

续表

学 校 名 称	课程名称及学分
哈尔滨工业大学 （2019 级）	模拟电子技术实验 1 理论力学 C 2 电路实验 A（2）0.5 系统建模与仿真基础 2 数字电子技术基础 A 3.5 数字电子技术实验 0.5 自动控制理论（1）6 自动控制实践（1）5 机械原理 B 2 机械基础实验（机械原理）0.5 自动控制理论（2）4 自动控制实践（2）5 导航制导与控制模块 AS33101 导航原理 2 AS33102 飞行力学 2 检测技术与自动化装置模块 AS33103 信号检测技术基础 2 AS33104 数字信号处理 2 控制理论与控制工程模块 AS33105 系统辨识基础 2 AS33106 最优控制基础 2 系统工程与仿真模块 AS33107 系统工程基础 2 AS33108 博弈论基础 2 机器人与智能系统模块 AS33109 机器人学基础 2 AS33110 智能控制基础 2
西安交通大学 （2019 级）	工程制图 2 电路 4 模拟电子技术 3 自动化专业概论 1 数据结构与算法Ⅱ3 自动控制原理Ⅰ-1 3 现代控制理论 2 系统建模与动力学分析 3 运动控制系统 2.5 数字信号处理（含信号与系统）3.5 数字设计与计算机原理 4

续表

学校名称	课程名称及学分
西安交通大学 （2019 级）	人工智能原理 3 智能检测技术 2 计算机网络原理与应用 2
上海交通大学 (IEEE 试点班) （2022 级）	电路理论 3 程序设计原理与方法 4 数字电子技术 2 模拟电子技术 2 电子电路系统实验 3 数据结构 4 人工智能理论及应用 3 机器学习 3 信号与系统（含复变函数）4 数字信号处理技术与应用 3 数字图像处理与模式分析 4 计算机视觉 2 限选 5 学分： 算法设计与分析 3 计算机组成 4 计算机网络 4 操作系统 3 信息论 2 专业方向类： 控制理论 3 机器人学 2 工程实践与科技创新Ⅲ -F 2 机器人综合实践 2 网络系统与控制 3 工业互联网 2 移动机器人 2 网络优化 3
华南理工大学 （2023 级）	工程制图 2 自动化专业概论 1 电路Ⅱ 4 电路实验 0.5 模拟电子技术基础 3 数字电子技术Ⅱ 4 数字电子技术实验 0.5 C++ 语言与程序设计 3.5

续表

学 校 名 称	课程名称及学分
华南理工大学 （2023 级）	数据结构与算法 I 2 计算机网络与通信技术 2 控制理论基础 5 控制理论基础实验 1 信号分析与处理 2 电机及拖动基础 2.5 电机及拖动基础实验 0.5 传感器与检测技术 2.5 传感器与检测技术实验 0.5 ARM 微控制系统原理 2.5 电力电子技术 2.5 嵌入式系统（I）3.0 运动控制系统 2.5 运动控制系统实验 0.5 计算机控制技术 2.5 过程控制系统与仪表 3.0 过程控制系统实验 0.5
山东大学 （2020 级）	工程制图 3 面向对象的程序设计 2 微机原理与接口技术 3 自动控制原理 5 电力电子技术 3 自动检测技术 3 电机与拖动 4 信号分析与处理 3 智能通信与网络 2 运动控制系统 3 现代控制理论 3 电力系统基础 2 单片机应用系统设计实践 1 运动控制系统综合课程设计 2 毕业设计 14 毕业实习 2

调研情况小结：

（1）大部分学校仍然采用控制理论、信号、硬件、网络、检测、过程控制、运动控制构建核心课程；

（2）人工智能、系统建模得到部分学校的重视，已加入学生必修课；

（3）模拟电子技术、数字电子技术在不同学校的设置学分各有不同，从 2 学分到 4 学分均有分布。

3.5　问卷调研分析

1. 教师、学生问卷调查情况

序　　号	问　　题	调 查 结 果	初 步 结 论
1	目前全国自动化专业培养方案存在的最主要问题	● 45.76% 认为内容陈旧，与自动化领域的实际需求和前沿技术脱节严重； ● 30.51% 认为自动化领域理论和技术发展陷入瓶颈，缺少可以纳入培养计划的新内容	课程内容亟待更新
2	自动化专业最需要增加的数学基础课程	● 47.46% 认为应当加入：控制科学的数学基础； ● 43.64% 认为应当加入：最优化方法	加强数学基础
3	自动化专业最需要增加的计算机语言类课程前三	● Python（55.08%）； ● C++（48.31%）； ● MATLAB（42.8%）	加强 Python
4	自动化专业最需要增加的实践类课程前三	● 智能制造 + 工业软件类（39.83%）； ● 机器学习类（29.66%）； ● 工业大数据 + 工业互联网 + 云控制（29.66%）	加强工业软件类
5	自动化专业最需要增加的人工智能类课程前三	● 机器学习 + 深度学习 + 强化学习（53.39%）； ● 人工智能数学基础 + 人工智能导论（44.07%）； ● 图像处理 + 计算机视觉 + 虚拟现实 + 增强现实（35.17%）	加强机器学习基础
6	自动化专业最需要增加的核心课程前三	● 数据结构 + 算法原理（40.68%）； ● 智能控制方法（36.02%）； ● 工业互联网 + 大数据 + 云计算（33.05%）	加强算法基础
7	目前自动化专业毕业生普遍最缺乏的知识、能力与意识前三	● 设计开发解决方案的能力（52.97%）； ● 问题分析能力（40.25%）； ● 工程知识（35.17%）	提高学生设计、开发方案、问题分析能力
8	自动化专业毕业生普遍最缺乏的专业知识与能力前三	● 实践动手能力（46.61%）； ● 计算机编程与软件开发能力（42.8%）； ● 科研潜力与创新思维（39.41%）	提高学生实践能力

从上面的调查情况可以看出，在知识方面应增加关于人工智能、工业互联网技术等最新知识；在能力培养方面，开发能力、创新能力、解决复杂问题的能力是人才培养的重点。

2. 企业问卷调查情况

序　号	问　题	调查结果	初步结论
1	企业用到了哪些相关系统	● 数据采集、处理与分析系统（88.89%）； ● 先进传感器（74.07%）； ● 工业互联网系统（62.96%）	加强工业互联技术
2	对自动化人才进行哪些系统的研究、开发、设计或者应用需求前三	● 数据采集、处理与分析系统（77.78%）； ● 先进传感器（44.44%）； ● 数据库 + 云计算 + 边缘计算等系统（44.44%）	加强传感器、工业互联技术
3	企业对自动化人才还需要进行哪方面的二次培训前三	● 算法 + 数据库 + 计算知识（66.67%）； ● 嵌入式开发知识（62.96%）； ● 通信、网络开发知识（55.56%）； ● 软件开发知识（55.56%）	加强算法与数据库、嵌入式、工业互联技术、软件工程
4	自动化专业应该扩充的知识	● 数据结构 + 算法原理、工业互联网 + 大数据 + 云计算（51.85%）； ● 工业数据采集（51.85%）； ● 处理与分析 + 模式识别（51.85%）	加强工业互联技术、智能信息处理
5	贵企业认为目前自动化专业毕业生普遍最缺乏的专业能力	● 综合解决问题的能力（59.26%）； ● 系统分析与设计能力（55.56%）； ● 实践动手能力（48.15%）	加强学生对复杂工程问题的解决能力

从上面的调查情况可以看出，企业期望加强学生关于开发的相关知识，加强工业互联技术、智能信息处理、嵌入式系统开发、数据库等相关知识，加强学生解决复杂问题、系统分析和设计等能力的培养。针对现有课程体系，建议：

（1）改革计算机网络相关课程，加强工业互联技术知识学习；

（2）增加模式识别与机器学习课程，加强智能信息处理知识学习；

（3）改革微型计算机、单片机与嵌入式系统课程，采用产业最新技术，加强嵌入式系统知识学习与实践；

（4）加强实践课程建设，提高学生实践能力、系统分析与设计能力，以及对复杂工程问题的解决能力。

中篇

自动化专业（本科复合型）

第4章 自动化专业培养方案（本科复合型）

专业名称：自动化　　专业代码：080801　　专业门类：工学
标准学制：四年　　授予学位：工学学士　制定日期：2022.08
适用类型：本培养方案适用于复合型自动化专业的工业控制与智能化、智能机器人、智能感知系统等方向的本科教学。

4.1 培养目标

说明：培养目标要体现培养德智体美劳全面发展的社会主义建设者和接班人的总要求，要能清晰反映毕业生可服务的主要专业领域、职业特征，以及毕业后经过5年左右的实践能够承担的社会与专业责任等能力特征概述（包括专业能力与非专业能力、职业竞争力和职业发展前景）。培养目标也要包括本专业人才培养定位类型的描述，要与学校人才培养定位、专业人才培养特色、社会经济发展需求相一致。

示例：

培养德智体美劳全面发展，具有家国情怀、人文素养和国际视野，富有创新精神、自主学习和实践能力，具备自动化相关领域的基础理论和相关技能，能够分析解决该领域复杂工程问题，具有引领科技创新、行业发展、社会进步潜力的厚基础、强能力、高素质的复合型高级工程技术人才。

本专业预期学生毕业5年后，达到以下目标。

目标1：能够综合利用专业理论、工程知识和技术手段，研究与解决自动化相关领域的复杂工程问题。

目标2：能够学习自动化及相关领域的前沿技术，综合运用多学科知识和现代工具，从事本领域相关产品研发、生产或进行相关理论研究，能够在工程实践中体现创新性，成为单位的工程技术和业务骨干。

目标3：熟悉自动化及相关领域的技术标准和政策法规，具备良好的社会责任感和职业道德，能够利用相关知识合理分析与评价自动化相关领域的工程方案对社会环境及可持续性发展的影响。

目标 4：具有工程项目管理、技术经济分析和市场分析能力，能够根据工程任务选择合理的工作方法、技术手段或工具，制定工作计划并组织实施。

目标 5：具有跨文化交流沟通的能力，拥有自主学习能力和终身学习的意识，能够通过不断学习来适应社会和技术的发展。

4.2　毕业要求

说明：本专业的毕业生在知识、素质和能力方面应具备以下基本毕业要求。

毕业要求 1：工程知识。自然科学基础和专业知识扎实，能够将基础理论知识用于解决自动化领域的复杂工程问题。

毕业要求 2：问题分析。能够应用理论知识，识别、表达，并通过文献研究分析自动化领域复杂工程问题，获得问题的起因、影响因素和潜在的解决方案等有效结论。

毕业要求 3：设计 / 开发解决方案。针对自动化领域中复杂工程问题，能够设计解决方案，开发满足要求的自动化装置及系统，并能够体现创新意识，考虑社会、健康、安全、法律、文化以及环境等因素。

毕业要求 4：研究。能够基于科学原理并采用科学方法对自动化领域复杂工程问题进行研究，包括设计实验、分析与解释数据，并通过信息综合得到合理有效的结论。

毕业要求 5：使用现代工具。能够针对自动化相关领域复杂的工程问题，开发、选择与使用恰当的技术、资源、现代工程工具和智能信息技术工具，包括对复杂工程问题的预测与模拟，并能够理解这些工具的局限性。

毕业要求 6：工程与社会。能够基于工程相关背景知识进行合理分析，评价自动化相关领域的工程实践和复杂工程问题解决方案对社会、健康、安全、法律以及文化的影响，并理解应承担的责任。

毕业要求 7：环境和可持续发展。针对自动化相关领域复杂工程问题的工程实践，能够理解和评价其对环境、社会可持续发展的影响。

毕业要求 8：职业规范。具备积极向上的世界观、人生观和价值观，具有人文社会科学素养、社会责任感，能够在工程实践中理解并遵守工程职业道德和规范，履行责任。

毕业要求 9：个人和团队。具备团队合作精神，能够在多学科背景下的团队中承担个体、团队成员以及负责人的角色。

毕业要求 10：沟通。能够就自动化相关领域的复杂工程问题与业界同行及社会公众进行有效沟通和交流，包括撰写报告和设计文稿、陈述发言、清晰表达或回应指令，并具备一定的国际视野，能够在跨文化背景下进行沟通和交流。

毕业要求 11：项目管理。理解并掌握工程管理原理与经济决策方法，并能在多学科环境中应用。

毕业要求 12：终身学习。具有自主学习和终身学习的意识，有不断学习和适应发展的能力。

4.3 主干学科与相关学科

主干学科：控制科学与工程。

相关学科：计算机科学与技术，信息与通信工程，电气工程。

4.4 课程体系与学分结构

课程体系与学分结构如下图所示。

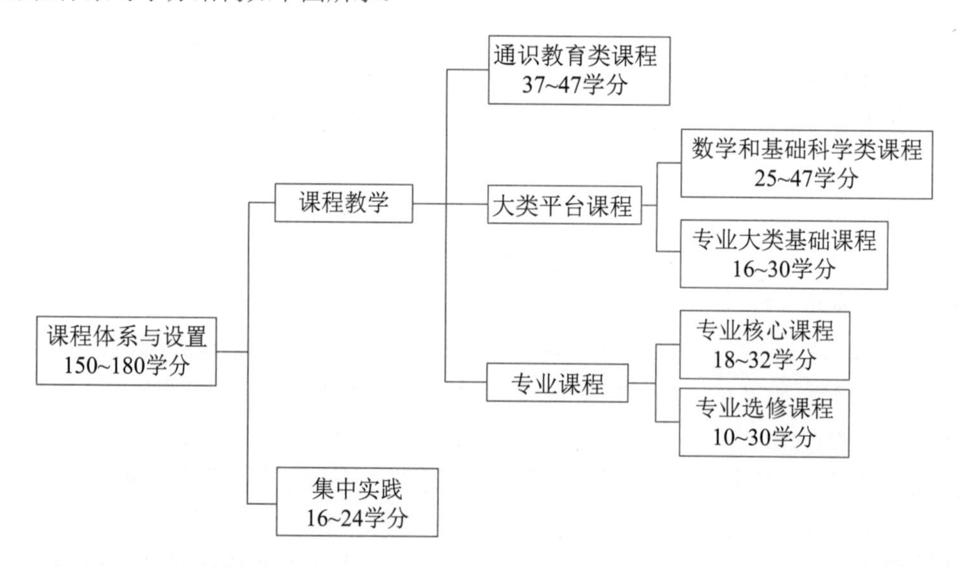

1. 通识教育类课程

说明：通识教育类课程旨在培养学生对社会及历史发展的正确认识，帮助学生确立正确的世界观和方法论，对学生未来成长具有基础性、持久性影响，是综合素质教育的核心内容。该类课程包括思想政治理论、国防教育、体育、外国语言文化、通识教育类核心课程（包括自然科学与技术、世界文明史、社会与艺术、生命与环境、文化传承等）。

2. 大类平台课程

说明：大类平台课程旨在培养学生具有扎实、深厚的基本理论、基本方法及基本技能，具备今后在自动化领域开展科学研究的基础知识和基本能力。该类课程包括数学和基础科学课程、专业大类基础课程。

示例：

1）数学和基础科学课程

序　　号	课程名称	建议学分	建议学时
1	高等数学	11	176
2	线性代数	2	32
3	概率论与数理统计	2.5	40
4	工程数学	2.5	40
5	离散数学	2	32
6	大学物理	6.5	104
7	物理实验	2	64

2）专业大类基础课程

① 理论课程：			
序　　号	课程名称	建议学分	建议学时
1	工程图学	2.5	40
2	数据结构与算法分析	2	32
3	自动化专业导论	2	32
4	电路分析	3.5	56
5	模拟电子技术	3	48
6	数字电子技术	3	48
7	微机原理与应用	2.5	40
8	传感器与检测技术	2	32
9	C 语言程序设计	1	32
② 实验实践课程：			
1	金工实习	1	32
2	工程图学实验	1	32
3	数据结构与算法分析实验	0.5	16
4	电路分析实验	0.5	24
5	电子工艺实习	1	32

续表

序　号	课 程 名 称	建 议 学 分	建 议 学 时
6	模拟电子技术实验	0.5	24
7	数字电子技术实验	0.5	24
8	电子技术综合实践	1.5	48
9	微机原理综合实验	0.5	16

3. 专业课程

说明：专业课程应既能覆盖本专业的核心内容，又能引领专业前沿，注重知识交叉融合，与国际接轨，增加学生根据自身发展方向选修课程的灵活度。专业课程分为专业核心课程和专业选修课程。

专业核心课程：是本专业最为核心且相对稳定的课程，该类型课程以必修课为主，旨在培养学生在自动化领域内应具有的主干知识和毕业后可持续发展的能力。

专业选修课程：旨在培养学生在自动化领域内某 1 ～ 2 个专业方向上具备综合分析、处理（研究、设计）问题的技能，按专业方向或模块设置，鼓励学生选择 2 个以上的专业方向或模块课程。专业选修课程要充分体现各学校专业特点和学生个性化发展需求，从而拓展学生自主选择的空间。

示例：

1）专业核心课程

① 理论课程：			
序　号	课 程 名 称	建 议 学 分	建 议 学 时
1	自动控制原理	3	48
2	计算机控制技术	2	32
3	机器学习	2	32
4	电力电子技术基础	2	32
5	电机与电力拖动	3	48
6	现代控制理论	2	32
工业控制与智能化课程组			
7	过程控制系统	3	48
8	工业控制与工业互联网	3.5	56
9	智能优化与控制技术	2	32
智能机器人课程组			
10	机器人控制技术	3	48
11	自主移动机器人	2.5	40

续表

序　　号	课 程 名 称	建 议 学 分	建 议 学 时
12	数字图像处理	3	48
智能感知系统课程组			
13	数字信号处理	2.5	40
14	虚拟仪器技术	2	32
15	嵌入式系统及智能仪器	2	32
16	无线传感网络	2	32
② 实验实践课程：			
序　　号	课 程 名 称	建 议 学 分	建 议 学 时
1	控制系统实验与综合设计	0.5	24
2	机器学习实验与综合设计	0.5	16
3	电机与运动控制综合实验	0.5	16
4	生产实习	4	128
5	创新创业实践（全程科研训练）	3	96
6	毕业设计	8 ～ 10	256 ～ 320
7	工业自动化技术实验	0.5	16
8	工业自动化综合设计与实践	1.5	48
9	机器人技术实验	0.5	16
10	智能机器人综合设计与实践	1.5	48
11	智能感知技术实验	0.5	16
12	智能感知综合设计与实践	1.5	48
13	电机与电力拖动综合实验	0.5	16

2）专业选修课程

序　　号	课 程 名 称	建 议 学 分	建 议 学 时
1	系统建模与仿真	2	32
2	PLC 原理及应用	2	32
3	工厂供电技术	2	32
4	机器人机械基础	2	32
5	工业机器人技术及应用	1.5	24
6	嵌入式系统原理与应用	2	32
7	DSP 技术与应用	2	32
8	机器人技术与创新实践	3	48
9	智能优化与控制技术	2	32
10	机器视觉与运动控制	2	32

续表

序　号	课程名称	建议学分	建议学时
11	大数据技术	2	32
12	云计算技术	2	32
13	计算机网络技术	2	32
14	工业 4.0 概论	2	32

4. 集中实践

说明：集中实践旨在培养学生的工程意识和社会意识，树立学以致用、以用促学、知行合一的认知理念，加强动手能力，熏陶科研素养，包括基本技能训练（金工和电工实习）、专业实习、毕业设计等环节。

4.5　专业课程先修关系

示例：

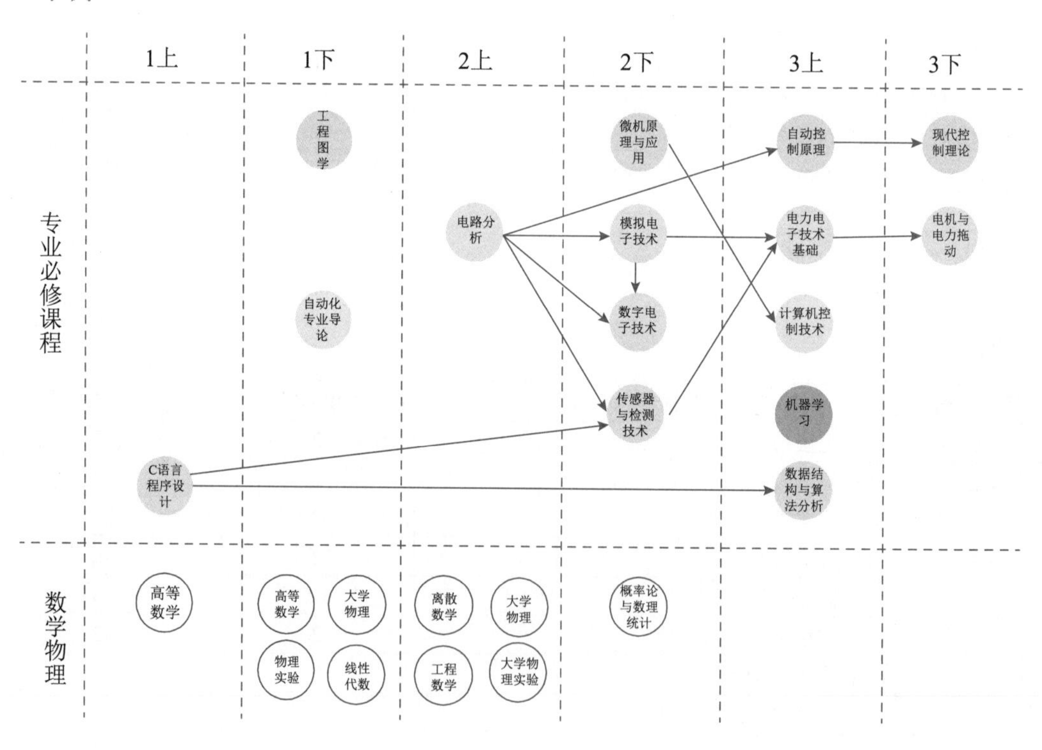

4.6　建议学程安排

1. 第一学年

序　号	课 程 名 称	学　分	学　时	讲　课	实验 / 实践
1	高等数学	5	80	80	0
2	自动化专业导论	2	32	32	0
3	C 语言程序设计	1	32	32	0
4	金工实习	1	32	0	32
合计		9			
序　号	课 程 名 称	学　分	学　时	讲　课	实验 / 实践
1	高等数学	6	48	96	0
2	大学物理	3.5	56	56	0
3	线性代数	2	32	32	0
4	工程图学	2.5	40	40	0
5	物理实验	1	32	0	32
6	工程图学实验	1	32	0	32
合计		16			

2. 第二学年

序　号	课 程 名 称	学　分	学　时	讲　课	实验 / 实践
1	大学物理	3	48	48	0
2	工程数学	2.5	40	40	0
3	离散数学	2	32	32	0
4	电路分析	3.5	56	56	0
5	物理实验	1	32	0	32
6	电路分析实验	0.5	24	0	24
7	电子工艺实习	1	32	0	32
合计		13.5			
序　号	课 程 名 称	学　分	学　时	讲　课	实验 / 实践
1	概率论与数理统计	2.5	40	40	0
2	模拟电子技术	3	48	48	0
3	数字电子技术	3	48	48	0
4	微机原理与应用	2.5	40	40	0
5	模拟电子技术实验	0.5	24	0	24
6	数字电子技术实验	0.5	24	0	24

续表

序　　号	课 程 名 称	学　　分	学　　时	讲　　课	实验 / 实践
7	电子技术综合实践	1.5	48	0	48
合计		15.5			

3. 第三学年

序　　号	课 程 名 称	学　　分	学　　时	讲　　课	实验 / 实践
1	数据结构与算法分析	2	32	32	0
2	自动控制原理	3	48	48	0
3	计算机控制技术	2	32	32	0
4	机器学习	2	32	32	0
5	传感器与检测技术	2	32	24	8
6	电力电子技术基础	2	32	28	4
7	系统建模与仿真	2	32	32	0
8	计算机网络技术	2	32	24	8
9	机器人机械基础	2	32	32	0
10	数据结构与算法分析实验	0.5	16	0	16
11	控制系统实验与综合设计	0.5	24	0	24
12	机器学习实验与综合设计	0.5	16	0	16
合计		18. 5			
序　　号	课 程 名 称	学　　分	学　　时	讲　　课	实验 / 实践
1	电机与电力拖动	3	48	48	0
2	过程控制系统	3	48	48	0
3	工业控制与工业互联网	3.5	56	56	0
4	智能优化与控制技术	2	32	28	4
5	数字信号处理	2.5	40	32	8
6	虚拟仪器技术	2	32	32	0
7	嵌入式系统及智能仪器	2	32	32	0
8	现代控制理论	2	32	28	4
9	数字图像处理	3	48	48	0
10	智能优化与控制技术	2	32	28	4
11	PLC 原理及应用	2	32	28	4
12	机器人控制技术	3	48	40	8
13	机器人技术与创新实践	3	48	8	40
14	电机与电力拖动综合实验	0.5	16	0	16
15	创新创业实践（全程科研训练）	3	96	0	0

续表

序　　号	课 程 名 称	学　　分	学　　时	讲　　课	实验 / 实践
16	工业自动化技术实验	0.5	16	0	16
17	机器人技术实验	0.5	16	0	16
18	智能机器人综合设计与实践	1.5	48	16	32
19	智能感知技术实验	0.5	16	0	16
合计		39.5			

4. 第四学年

序　　号	课 程 名 称	学　　分	学　　时	讲　　课	实验 / 实践
1	无线传感网络	2	32	32	0
2	工厂供电技术	2	32	26	6
3	工业机器人技术及应用	1.5	24	16	8
4	嵌入式系统原理与应用	2	32	32	0
5	DSP 技术与应用	2	32	32	0
6	工业 4.0 概论	2	32	32	0
7	大数据技术	2	32	24	8
8	云计算技术	2	32	24	8
9	机器视觉与运动控制	2	32	16	16
10	生产实习	4	128	0	0
11	创新创业实践（全程科研训练）	3	96	0	0
12	工业自动化综合设计与实践	1.5	48	16	32
13	智能感知综合设计与实践	1.5	48	16	32
14	自主移动机器人	2.5	40	32	8
合计		30			
序　　号	课 程 名 称	学　　分	学　　时	讲　　课	实验 / 实践
1	创新创业实践（全程科研训练）	3	96	0	0
2	毕业设计 (论文)	8 ～ 10	256 ～ 320	0	0
合计		11 ～ 13			

第 5 章

自动化专业核心课程教学大纲（本科复合型）

5.1 “电机与电力拖动”理论课程教学大纲

5.1.1 课程基本信息

课程名称	电机与电力拖动		
	Electrical Machine and Electric Drive		
课程学分	3	总学时	48
课程类型	□ 专业大类基础课 ■ 专业核心课 □ 专业选修课 □ 集中实践		
开课学期	□1-1 □1-2 □2-1 □2-2 □3-1 ■3-2 □4-1 □4-2		
先修课程	高等数学、大学物理、电路分析		
教材、参考书及其他资料	使用教材： 张晓江，顾绳谷 . 电机及拖动基础 [M]. 5 版 . 北京：机械工业出版社，2016. 参考教材： 辜承林，陈乔夫，熊永前 . 电机学 [M]. 3 版 . 武汉：华中科技大学出版社，2010.		

5.1.2 课程描述

“电机与电力拖动”是自动化专业的专业核心课之一。本课程重点讲授电机学和电力拖动的基本概念、基本原理和基本方法。通过本课程的教学，学生能够掌握电机学和电力拖动的基本概念、基本原理和基本方法，具备分析、计算电机学和电力拖动基本问题的能力，为后续学习运动控制系统提供电机学和电力拖动方面的基本原理和方法；通过本课程的实验训练，能够掌握电机与拖动系统的基本实验方法和操作技能，并能对实验结果进行正确分析和评价，能够灵活应用本课程知识为其专业工作服务。

Electrical Machine and Electric Drive is one of the professional core courses of for automation. The basic principles and basic methods in Motor and Electric Drive, are important in the course. Through the teaching and experimental training of this course, the students can master the basic concepts, basic principles and basic methods in both Electrical Machine and Electric Drive, The principle and method used in motion control system is be provided by motor and Electric Drive course. At the same time, the students should master the basic experimental method, skill of motor and electrical drive, and can correctly analyze and evaluate the experimental results. The course will provide the necessary knowledge about Electrical Machine and Electric Drive for automation major students to study and work.

5.1.3　课程教学目标和教学要求

教学总目标：通过课程学习和实验训练，学生能够掌握电机调速系统的基础理论和分析方法，能够分析解决与电机调速系统相关的工程实际问题，初步理解工程实践对社会和环境的影响，同时培养学生的爱国情怀和职业操守。掌握电机控制设计及其技术指标，掌握实验、调试等方面的技能。通过该课程的学习，培养学生多学科知识交叉融合的能力。具体课程目标如下：

教学目标 1：掌握各类常用电机的工作原理和基本结构，包括磁路、直流电动机、变压器、交流电动机、控制电动机等基础知识。

教学目标 2：掌握交、直流电动机及变压器稳态运行时的基本理论、运行性能及其分析、计算方法。

教学目标 3：掌握电机机械特性及各种运行状态（起动、反接制动、能耗制动、回馈制动）的基本理论和分析、计算方法。

教学目标 4：掌握电机与电力拖动系统的基本实验方法与技能。

课程目标与专业毕业要求的关联关系			
课程目标	工程知识 1	问题分析 2	研究 4
1	H		
2		H	
3		H	
4			H

5.1.4 教学内容简介

章节顺序	章节名称	知识点	参考学时
1	磁路	磁场的几个常用物理量的定义；磁路的基本定律；磁滞回线的概念；铁芯损耗产生原理及减小方法；直流磁路的计算	2
2	直流电动机	直流电动机的工作原理；直流电动机的磁场与励磁方式；感应电动势和电磁转矩的计算；直流电动机的基本方程式	4
3	变压器	变压器的工作原理；变压器空载运行和负载运行时的物理情况；变压器的基本方程式、等效电路和相量图；变压器参数测定的实验原理和方法；三相变压器的连接组；互感器的工作原理	4
4	异步电动机（一）——三相异步电动机的基本原理	三相异步电动机的工作原理；交流绕组的基本物理量；三相异步电动机的定子磁动势、电动势的概念、计算方法	6
5	异步电动机（二）——三相异步电动机的运行原理及单相异步电动机	异步电动机负载时的物理情况、基本方程式；异步电动机的等效电路及相量图；功率和转矩的计算；异步电动机的参数测定；单相异步电动机的工作原理	6
6	同步电动机	同步电动机的工作原理；同步电动机与直流电动机、异步电动机的区别；同步电动机的相量图；直轴与交轴的概念；功角特性和 V 形曲线	6
7	控制电动机	交流伺服电动机的工作原理、自转现象、基本结构、控制方法	2
8	电力拖动系统动力学基础	电力拖动系统的运动方程式；负载转矩特性	2
9	直流电动机的电力拖动	直流电动机的固有机械特性和人为机械特性的方程式、特性曲线；电力拖动稳定运行条件；直流电动机串电阻起动的分析与计算方法；反接制动、能耗制动、回馈制动的分析与计算方法；调速指标；直流电动机采用不同调速方法的分析与计算问题	6
10	三相异步电动机的机械特性及运转状态	三相异步电动机机械特性表达式；固有机械特性和人为机械特性的概念、特殊点、绘制方法；三相异步电动机各种运转状态的分析	4
11	三相异步电动机的起动及起动设备的计算	三相异步电动机减压起动方法的特点、用途、选择方法	4
12	三相异步电动机的调速	变极调速的原理与实现方法；变频调速的原理与实现方法	2

5.1.5　教学安排详表

序　　号	教 学 内 容	学时分配	教学方式（授课、实验、上机、讨论）	教 学 要 求（知识要求及能力要求）
第 1 章	磁路基本定律	0.5	授课	本章重点：磁场的几个常用物理量的定义；磁路的基本定律；磁滞回线的概念；铁芯损耗产生原理及减小方法；直流磁路的计算。 能力要求：掌握磁场的常用物理量，磁路的概念以及磁路的基本定律，理解铁磁物质的磁化现象、磁滞现象，掌握起始磁化曲线和磁滞回线的概念，了解铁磁材料的分类，掌握铁芯损耗产生的原理、分类以及减小方法，掌握直流磁路的计算方法，了解交流磁路的特点
	常用的铁磁材料及其特性	0.5	授课	
	直流磁路的计算	0.5	授课	
	交流磁路的特点	0.5	授课	
第 2 章	直流电动机的工作原理及结构	0.5	授课	本章重点：直流电动机的工作原理；直流电动机的磁场与励磁方式；感应电动势和电磁转矩的计算；直流电动机的基本方程式。 能力要求：掌握直流电动机的工作原理和结构，了解直流电动机的铭牌数据，了解直流电动机绕组的基本形式及连接规律，理解直流电动机的磁场，掌握直流电动机的励磁方式，熟练掌握、运用感应电动势和电磁转矩的公式进行计算，掌握直流电动机的基本方程式以及不同励磁方式下的工作特性
	直流电动机的铭牌数据	0.5	授课	
	直流电动机的绕组	1	授课	
	直流电动机的励磁方式及磁场	1	授课	
	感应电动势和电磁转矩的计算	0.5	授课	
	直流电动机的运行原理	0.5	授课	
第 3 章	变压器的工作原理、分类及结构	0.5	授课	本章重点：变压器的工作原理；变压器空载运行和负载运行时的物理情况；变压器的基本方程式、等效电路和相量图；变压器参数测定的实验原理和方法；三相变压器的连接组；互感器的工作原理。 能力要求：掌握变压器的工作原理和结构，了解变压器的额定值，理解变压器空载运行和负载运行时的物理情况，掌握变压器的基本方程式、等效电路和相量图，掌握变压器参数测定的实验原理和方法，熟练掌握、运用等效电路对变压器进行分析和计算，掌握三相变压器的连接组，了解三相变压器的磁路系统，理解变压器的稳态运行，掌握自耦变压器、互感器的工作原理
	单相变压器的空载运行	0.5	授课	
	单相变压器的基本方程式	0.5	授课	
	变压器的等效电路及相量图	1	授课	
	三相变压器	0.5		
	变压器的稳态运行	0.5	授课	
	自耦变压器与互感器	0.5	授课	

续表

序　号	教学内容	学时分配	教学方式（授课、实验、上机、讨论）	教学要求（知识要求及能力要求）
第 4 章	三相异步电动机的工作原理及结构	1	授课	本章重点：三相异步电动机的工作原理；交流绕组的基本物理量；三相异步电动机定子磁动势、电动势的概念、计算方法。 能力要求：掌握三相异步电动机的工作原理和结构，了解铭牌数据，掌握交流绕组的基本物理量，了解交流绕组的基本形式及连接规律，理解三相异步电动机定子磁动势、电动势的概念、计算方法
	三相异步电动机的铭牌数据	1	授课	
	三相异步电动机的定子绕组	1	授课	
	三相异步电动机的定子磁动势及磁场	2	授课	
	三相异步电动机定子绕组的电动势	1	授课	
第 5 章	三相异步电动机运行时的电磁过程	0.5	授课	本章重点：异步电动机负载时的物理情况、基本方程式；异步电动机的等效电路及相量图；功率和转矩的计算；异步电动机的参数测定；单相异步电动机的工作原理。 能力要求：理解三相异步电动机运行时的电磁过程，掌握三相异步电动机的等效电路、相量图、功率、转矩以及参数测定方法，熟练掌握、运用等效电路对三相异步电动机进行分析和计算，了解三相异步电动机的工作特性、转矩与转差的关系，理解单相异步电动机的工作原理
	三相异步电动机的等效电路及相量图	1	授课	
	三相异步电动机的功率和转矩	1	授课	
	三相异步电动机的工作特性及其测取方法	1	授课	
	三相异步电动机参数的测定	1	授课	
	三相异步电动机转矩与转差率的关系	1		
	单相异步电动机	0.5	授课	
第 6 章	三相同步电动机	6	授课	本章重点：同步电动机的工作原理；同步电动机与直流电动机、异步电动机的区别；同步电动机的相量图；直轴与交轴的概念；功角特性和 V 形曲线。 能力要求：理解同步电动机的工作原理，了解同步电动机的基本结构，掌握同步电动机的相量图、功角特性和 V 形曲线，了解同步电动机的起动步骤
第 7 章	伺服电动机	2	授课	本章重点：交流伺服电动机的工作原理、自转现象、基本结构、控制方法。 能力要求：理解交流伺服电动机的工作原理和基本结构，了解其控制方法，了解直流伺服电动机的控制方式及特性

续表

序　　号	教学内容	学时分配	教学方式（授课、实验、上机、讨论）	教学要求（知识要求及能力要求）
第8章	电力拖动系统的运动方程式	0.5	授课	本章重点：电力拖动系统的运动方程式；负载转矩特性。 能力要求：掌握电力拖动系统的运动方程式和负载转矩特性，了解旋转体转动惯量计算方法、多轴系统转化过程中的折算方法
	工作机构转矩、力、飞轮惯量和质量的折算	1	授课	
	生产机械的负载转矩特性	0.5	授课	
第9章	他励直流电动机的固有机械特性	2	授课	本章重点：直流电动机的固有机械特性和人为机械特性的方程式、特性曲线；电力拖动稳定运行条件；直流电动机串电阻起动的分析与计算方法；反接制动、能耗制动、回馈制动的分析与计算方法；调速指标；直流电动机采用不同调速方法的分析与计算问题。 能力要求：掌握直流电动机的固有机械特性和人为机械特性，理解电力拖动系统的稳定性及判断方法，掌握直流电动机串电阻起动的分析与计算方法，了解起动的过渡过程，掌握他励直流电动机电气制动（反接制动、能耗制动、回馈制动）四象限运行的基本理论和分析、计算方法，掌握他励直流电动机的几种调速方法（降低端电压调速、弱磁调速）
	他励直流电动机的人为机械特性	1	授课	
	他励直流电动机的制动	1	授课	
	他励直流电动机的调速	2	授课	
第10章	三相异步电动机机械特性的三种表达式	1	授课	本章重点：三相异步电动机机械特性表达式；固有机械特性和人为机械特性的概念、特点、绘制方法；三相异步电动机各种运转状态的分析。 能力要求：理解三相异步电动机机械特性的三种表达式，掌握三相异步电动机的固有机械特性和人为机械特性及各种运转状态的分析方法，了解异步电动机参数的计算方法
	三相异步电动机的固有机械特性与人为机械特性	1	授课	
	三相异步电动机的各种运转状态	1	授课	
	异步电动机的参数计算	1	授课	
第11章	三相异步电动机的起动方法	4	授课	本章重点：三相异步电动机减压起动方法的特点、用途、选择方法。 能力要求：掌握三相笼型异步电动机起动方法的特点、用途、选择方法，了解三相绕线转子异步电动机的起动方法

续表

序　　号	教 学 内 容	学时分配	教学方式（授课、实验、上机、讨论）	教 学 要 求（知识要求及能力要求）
第 12 章	变极调速	1	授课	本章重点：变极调速的原理与实现方法；变频调速的原理与实现方法。 能力要求：理解变极调速的基本原理和方法，理解变频调速的基本原理和方法
	变频调速	1	授课	

5.1.6　考核及成绩评定方式

课程成绩考核包括平时考核、实验考核和期末考核。平时考核包括出勤、作业、课堂讨论等。期末考核采取闭卷笔试形式。平时考核成绩占总成绩的 20%，实验考核成绩占总成绩的 10%，期末考核成绩占总成绩的 70%。

大纲制定者：盖文东（山东科技大学）
大纲审核者：张军国、潘松峰
最后修订时间：2022 年 8 月 25 日

5.2　"电力电子技术基础"理论课程教学大纲

5.2.1　课程基本信息

课 程 名 称	电力电子技术基础		
	Fundamentals of Power Electronics		
课 程 学 分	2	总 学 时	32
课 程 类 型	□ 专业大类基础课　■ 专业核心课　□ 专业选修课　□ 集中实践		
开 课 学 期	□1-1　□1-2　□2-1　□2-2　■3-1　□3-2　□4-1　□4-2		
先 修 课 程	高等数学、线性代数、工程数学、电路分析、模拟电子技术、数字电子技术等		
教材、参考书及其他资料	使用教材： [1] 王兆安，刘进军 . 电力电子技术 [M]. 5 版，北京：机械工业出版社，2009. 参考教材： [1] 孙树朴 . 电力电子技术 [M]. 北京：中国矿业大学出版社，2000. [2] 廖东初 . 电力电子技术 [M]. 北京：华中科技大学出版社，2007. [3] 蒋启龙 . 电力电子技术（西南交通大学）. 中国大学 MOOC. [4] 段善旭 . 电力电子学（华中科技大学）. 中国大学 MOOC.		

5.2.2　课程描述

“电力电子技术基础”是自动化专业的一门主要的专业核心课程。该课程主要介绍电力电子器件的基本结构和原理，并在此基础上讲授基本电力电子变换的电路结构、工作原理、工作过程和相关应用等。通过该课程的学习，使学生掌握电力电子电路的基本原理以及相关的专业基础知识和基本技能，培养学生分析和解决实际问题的能力，为今后学习其他相关专业基础课和专业课奠定基础。

Fundamentals of Power Electronics is one of the professional core courses of Automation, undergraduate programs. On the basis of the introduction of basic structure, operating principle and application of the power electronics devices, this course mainly introduces the basic circuit topology, operating principle, operating process and applications of the fundamental power electronics conversions. Throughout the course, students can understand and master the basic principle, basic knowledge and basic skill of the course, train the ability of analyzing and solving the simple actual problems, lay the foundation of learning other courses in the future.

5.2.3　课程教学目标和教学要求

本课程的目标是让学生了解电力电子器件的结构和原理，学会分析电力电子电路的工作原理及性能特点，掌握电力电子电路的分析方法，学会利用分析方法及电力电子电路的电路模型计算分析复杂电力电子技术及应用问题，同时掌握电力电子装置的基本控制策略和应用技术，了解电力电子技术相关行业的标准与规定、新技术和发展趋势。

具体课程目标如下：

教学目标 1：能够将电力电子技术的基础理论知识用于分析和解决电力电子技术及应用中的较复杂工程问题。

教学目标 2：能够应用电力电子器件及电路的基础专业知识，识别、表达和分析复杂电力电子工程问题，获得问题的起因、影响因素和解决方案等有效结论。

教学目标 3：能够应用电力电子电路的基本原理和控制方法，设计满足需求的电力电子装置及其测试的实验方案，并能分析和评价电力电子装置工程实践方案对社会、健康、安全、法律以及文化的影响。

教学目标 4：能够应用科学原理和方法建立电力电子系统的数学模型，利用现代工具和实验手段进行分析研究，解决电力电子系统中的复杂工程问题。

教学目标 5：具有自主学习和终身学习的意识，有不断学习和适应发展的能力。

课程目标与专业毕业要求的关联关系						
课程目标	问题分析 2	设计 / 开发解决方案 3	使用现代工具 5	工程与社会 6	环境和可持续发展 7	终身学习 12
1	H					
2		H				
3		H		M	M	
4	M		H			
5						H

5.2.4 教学内容简介

章节顺序	章节名称	知识点	参考学时
1	绪论	电力电子技术的基本概念，电力电子器件和电路的基本分类，电力电子技术的基本应用，我国在本领域的优势和差距，特别是本领域我国科学家潜心研究、精忠报国的事迹	3
2	电力电子器件	电力电子器件的基本分类、各种器件的结构、电气符号、开关特性、主要参数、导通和关断条件，半控型和全控型电力电子器件的驱动方法。我国在电力电子器件领域的成就。各种电力电子器件演化和改进中蕴含的创新精神、科学素养和工匠精神	5
3	整流电路	各种整流电路的电路结构、工作原理、工作过程；相控式整流电路的电量计算、波形分析方法；可控整流和有源逆变的功率变换可逆性；晶闸管触发电路的工作原理和分析方法。各种可控整流电路拓扑演化和改进中蕴含的创新精神、科学素养和工匠精神	4
4	无源逆变和 PWM 控制基础	无源逆变的基本概念、工作原理；基本无源逆变电路的分类、工作原理、电路特点；PWM 控制的原理、实现方法；无源逆变电路的最新发展和我国科学家在其中的贡献。逆变器电路拓扑演化和改进中蕴含的创新精神、科学素养和工匠精神	4
5	直流－直流变流电路	斩波电路的基本原理；基本直流斩波电路的电路结构、工作原理和分析方法；复合斩波电路的电路结构、工作原理和分析方法；直流斩波电路的国内外发展动向和我国科学家的贡献，电路拓扑演化和改进中蕴含的创新精神、科学素养和工匠精神	6
6	交流－交流变换电路	交流调压电路基本类型、相控式交流电压电路的工作原理及波形分析。我国在磁元件研发和应用方面的成就，磁元件的发展和应用中蕴含的创新精神、科学素养、人文精神和工匠精神	6

续表

章节顺序	章节名称	知识点	参考学时
实验部分			4
1	锯齿波同步移相触发电路实验	实验内容：本实验对应第三章教学内容，共 1 个学时实验。内容为验证锯齿波同步移相触发电路的电路原理。 实验要求：深入理解锯齿波同步移相触发电路的工作原理及各元件作用，掌握锯齿波同步移相触发电路调试方法	1
2	三相半波可控整流电路实验	实验内容：本实验对应第三章教学内容，共 1 个学时实验。内容为验证三相半波可控整流电路的工作原理。 实验要求：理解三相半波可控整流电路的工作原理，通过实验进一步理解可控整流电路在电阻负载和电阻电感性负载时的工作过程	1
3	三相桥式全控整流及有源逆变电路实验	实验内容：本实验对应第 3 章教学内容，共 1 个学时实验。内容为将全控整流和有源逆变两种功率变换进行综合，验证三相桥式全控变流电路的整流和有源逆变工作原理。 实验要求：理解三相桥式全控整流及有源逆变电路的工作原理，通过实验进一步理解可控整流电路在整流和有源逆变工作状态下的工作过程和电路本质	1
4	全桥 DC/DC 变换电路实验	实验内容：本实验对应第 5 章教学内容，共 1 个学时实验。内容为验证全桥式 DC/DC 变换电路的工作原理。 实验要求：理解全桥 DC/DC 变换电路的电路结构、工作原理，通过实验进一步理解其电路工作过程	1

5.2.5　教学安排详表

序　号	教学内容	学时分配	教学方式（授课、实验、上机、讨论）	教学要求（知识要求及能力要求）
第 1 章	电力电子技术的地位、发展史和我国的电力电子技术	0.5	授课	本章重点：电力电子技术的基本概念，电力电子器件和电路的基本分类，电力电子技术的基本应用，我国在本领域的优势和差距，特别是本领域我国科学家潜心研究、精忠报国的事迹。 能力要求：了解电力电子技术的发展历史和重要地位，掌握电力电子器件和电路的分类，了解电力电子技术的基本应用，了解电力电子技术国内外的发展现状和趋势，理解我国在本领域的优势和差距，增强民族自豪感和学好本课程的历史使命感，了解学习本课程的基本要求和方法
	电力电子器件的基本分类	0.5	授课	
	电力电子电路的分类	0.5	授课	
	电力电子技术的应用	1	授课	
	学习本课程的基本要求	0.5	授课	

续表

<table>
<tr><th>序　号</th><th>教学内容</th><th>学时分配</th><th>教学方式（授课、实验、上机、讨论）</th><th>教学要求（知识要求及能力要求）</th></tr>
<tr><td rowspan="7">第 2 章</td><td>功率二极管和晶闸管</td><td>0.5</td><td>授课</td><td rowspan="7">本章重点：电力电子器件的基本分类、各种器件的结构、电气符号、开关特性、主要参数、导通和关断条件，半控型和全控型电力电子器件的驱动方法。我国在电力电子器件领域的成就。各种电力电子器件演化和改进中蕴含的创新精神、科学素养和工匠精神。
能力要求：掌握基本电力电子器件的分类、电气特点、开关特性和典型参数；掌握半控型和全控型电力电子器件的驱动方法；掌握电力电子器件的保护方法；掌握电力电子器件缓冲电路的结构和工作原理；了解集成功率电路和功率模块的结构、工作原理和典型应用等</td></tr>
<tr><td>电流驱动型全控型器件</td><td>0.5</td><td>授课</td></tr>
<tr><td>电压驱动型全控型器件</td><td>1</td><td>授课</td></tr>
<tr><td>集成功率电路和功率模块</td><td>1</td><td>授课</td></tr>
<tr><td>电力电子器件的驱动</td><td>1</td><td>授课</td></tr>
<tr><td>电力电子器件的保护</td><td>0.5</td><td>授课</td></tr>
<tr><td>电力电子器件的缓冲电路</td><td>0.5</td><td>授课</td></tr>
<tr><td rowspan="8">第 3 章</td><td>单相可控整流电路</td><td>0.5</td><td>授课</td><td rowspan="8">本章重点：各种整流电路的电路结构、工作原理、工作过程；相控式整流电路的电量计算、波形分析方法；可控整流和有源逆变的功率变换可逆性；晶闸管触发电路的工作原理和分析方法。各种可控整流电路拓扑演化和改进中蕴含的创新精神、科学素养和工匠精神。
能力要求：理解各种整流电路的工作原理和工作过程；掌握各种相控式整流电路的电路结构、电量计算、波形分析方法；理解有源逆变的含义；掌握可控整流和有源逆变的功率变换可逆性；掌握晶闸管触发电路的工作原理和分析方法</td></tr>
<tr><td>三相可控整流电路</td><td>0.5</td><td>授课</td></tr>
<tr><td>变压器漏感对整流电路的影响</td><td>0.5</td><td>授课</td></tr>
<tr><td>电容滤波的二极管整流电路</td><td>0.5</td><td>授课</td></tr>
<tr><td>反电动势负载和可控整流电路的有源逆变</td><td>0.5</td><td>授课</td></tr>
<tr><td>晶闸管相控触发电路</td><td>0.5</td><td>授课</td></tr>
<tr><td>大功率整流电路</td><td>0.5</td><td>授课</td></tr>
<tr><td>整流电路的谐波和功率因数基础</td><td>0.5</td><td>授课</td></tr>
<tr><td rowspan="4">第 4 章</td><td>无源逆变的概念和基本原理</td><td>0.5</td><td>授课</td><td rowspan="4">本章重点：无源逆变的基本概念、工作原理；基本无源逆变电路的分类、工作原理、电路特点；PWM 控制的原理、实现方法；无源逆变电路的最新发展和我国科学家在其中的贡献。逆变器电路拓扑演化和改进中蕴含的创新精神、科学素养和工匠精神</td></tr>
<tr><td>电压型无源逆变电路</td><td>1</td><td>授课</td></tr>
<tr><td>电流型无源逆变电路</td><td>1</td><td>授课</td></tr>
<tr><td>无源逆变电路的 PWM 控制</td><td>1</td><td>授课</td></tr>
</table>

续表

序　号	教学内容	学时分配	教学方式（授课、实验、上机、讨论）	教学要求（知识要求及能力要求）
第 4 章	无源逆变电路的多重化	0.5	授课	能力要求：了解无源逆变的基本概念、原理；掌握基本无源逆变电路的分类、工作原理和电路特点，了解无源逆变电路的最新发展和我国科学家在其中的贡献；掌握 PWM 控制的原理、实现方法和典型应用；了解无源逆变电路多重化的目的和实现方法
第 5 章	斩波电路的基本原理	1	授课	本章重点：斩波电路的基本原理；基本直流斩波电路的电路结构、工作原理和分析方法；复合斩波电路的电路结构、工作原理和分析方法；直流斩波电路的国内外发展动向和我国科学家的贡献，电路拓扑演化和改进中蕴含的创新精神、科学素养和工匠精神。 能力要求：理解斩波电路的基本原理；掌握基本直流斩波电路的电路结构、工作原理和分析方法；掌握复合斩波电路的电路结构、工作原理和分析方法；掌握直流斩波电路的典型应用。了解直流斩波电路的国内外发展动向和我国科学家的贡献
	基本直流斩波电路	1	授课	
	复合斩波电路	2	授课	
	隔离式直流斩波电路	1	授课	
	直流斩波电路的典型应用	1	授课	
第 6 章	交流调压电路	1	授课	本章重点：交流调压电路基本类型、相控式交流电压电路的工作原理及波形分析。我国在磁元件研发和应用方面的成就，磁元件的发展和应用中蕴含的创新精神、科学素养、人文精神和工匠精神。 能力要求：掌握交流调压电路基本类型、用途，掌握相控式调压电路的原理和电路分析方法；了解斩控式交流调压电路的工作原理；了解交流调功、交流电力电子开关的工作原理；了解交－交变频电路的工作原理
	交流电力控制电路	2	授课	
	交－交变频电路	2	授课	
实验部分				
1	锯齿波同步移相触发电路实验	1	实验	本章重点：锯齿波同步移相触发电路的电路原理。 能力要求：深入理解锯齿波同步移相触发电路的工作原理及各元件作用，掌握锯齿波同步移相触发电路调试方法

续表

序　号	教学内容	学时分配	教学方式（授课、实验、上机、讨论）	教学要求（知识要求及能力要求）
2	三相半波可控整流电路实验	1	实验	本章重点：三相半波可控整流电路的工作原理。 能力要求：理解三相半波可控整流电路的工作原理，通过实验进一步理解可控整流电路在电阻负载和电阻电感性负载时的工作过程
3	三相桥式全控整流及有源逆变电路实验	1	实验	本章重点：全控整流和有源逆变两种功率变换，三相桥式全控变流电路的整流和有源逆变工作原理。 能力要求：理解三相桥式全控整流及有源逆变电路的工作原理，通过实验进一步理解可控整流电路在整流和有源逆变工作状态下的工作过程和电路本质
4	全桥 DC/DC 变换电路实验	1	实验	本章重点：全桥 DC/DC 变换电路的工作原理。 能力要求：理解全桥 DC/DC 变换电路的电路结构、工作原理，通过实验进一步理解其电路工作过程

5.2.6　考核及成绩评定方式

课程采用过程性考核与结果性考核相结合的方式。本课程以实验效果、MOOC 课程学习、平时（包括作业、专题报告、课堂反馈、出勤等）、期末闭卷考试成绩等多方面综合进行评定成绩，成绩评定采用百分制，其中在线学习及实验成绩 20%，平时成绩 20%，期末考试 60%。

1. 在线学习（5%）

在线学习成绩由视频点播情况、在线测验情况和讨论区发帖情况综合评定。

2. 实验考核（15%）

实验考核，以实验预习程度 20%、实验操作过程 40%、实验报告书写与实验结果分析 40% 为评定标准。

3. 过程性考核（20%）

过程性考核，即平时成绩以百分制计分，其中作业 40%，出勤 20%，课堂综合表现（测验、讨论发言、听课的精神状态等）40%。

作业：以百分制计分；布置 5 次课后作业，1 ～ 2 次研讨报告；课后作业根据作业质量和是否独立、按时完成情况评定成绩，为鼓励学生独立思考，不去想办法找答案或抄袭其他同学作业，不单方面从作业的对错来衡量作业成绩；研讨报告根据撰写规范程度、内容丰富程度和个人体会的深刻程度评定成绩。

出勤：以百分制计分；无故缺席一次扣出勤成绩的 20%，迟到一次扣出勤成绩的 10%。

课堂综合表现：以百分制计分，基准分为 85 分；表现出色酌情加分，表现不好酌情扣分。

4. 结果性考核（60%）

结果性考核，即期末考试，要求如下：

（1）采用闭卷笔试考试方式；

（2）卷面 100 分，以 60% 占比计入期末总评成绩；

（3）试卷考核内容需覆盖本课程的基本要求；

（4）试卷采用一考一备份及 A、B 试卷方式，A、B 试卷不能重复，参考答案及评分标准应准确翔实；

（5）根据学生答题质量，规范严谨地给出每题相应的得分和扣分。

大纲制定者：文剑（北京林业大学）
大纲审核者：张军国、潘松峰
最后修订时间：2022 年 8 月 25 日

5.3 "过程控制系统"理论课程教学大纲

5.3.1 课程基本信息

课程名称	过程控制系统		
	Process Control System		
课程学分	3	总学时	48
课程类型	☐ 专业大类基础课 ■ 专业核心课 ☐ 专业选修课 ☐ 集中实践		
开课学期	☐1-1 ☐1-2 ☐2-1 ☐2-2 ☐3-1 ■3-2 ☐4-1 ☐4-2		
先修课程	自动控制原理、电路分析和计算机控制技术		
教材、参考书及其他资料	使用教材 [1] 俞金寿，孙自强 . 过程控制系统 [M]. 2 版 . 北京：机械工业出版社，2022. 参考教材： [1] 黄德先，王京春，金以慧 . 过程控制系统 [M]. 北京：清华大学出版社，2011. [2] 潘永湘 . 过程控制与自动化仪表 [M]. 2 版 . 北京：机械工业出版社，2011. [3] 邵裕森，戴先中 . 过程控制工程 [M]. 2 版 . 北京：机械工业出版社，2011.		

5.3.2 课程描述

本课程是自动化专业的专业必修课，是控制理论、生产工艺、计算机技术和仪器仪表知识等相结合的一门综合性应用学科。本课程的主要任务是让学生掌握过程控制系统中常用检测仪表的结构、特点、基本检测原理与使用；重点介绍压力、物位、流量、温度等参数的检测方法及其检测仪表的安装、校验、使用技术；掌握被控对象数学模型常用建模方法；熟悉调节器、执行器工作原理、性能特点及选用；掌握过程控制系统中常用控制方案的设计与分析，如串级控制系统等；掌握典型工业过程，如时间滞后过程、多变量过程等的控制方法，了解常见工业过程的控制原理及方法等。

This course is the compulsory specialized course of automation major. It is an integrated application disciplines combining with control theory, production technology, computer technology and instrumentation knowledge. The main purpose of the course is to make students master the structure, characteristics, basic test principle of common detecting instrument and its usage in process control system. Mainly introduce the detection methods of the parameters (such as pressure, level, flow, temperature) as well as the installation, calibration and use of technology of the detecting instrument. Master the methods of the mathematical model of controlled process, master the simple process control system design methods, familiar with regulators, actuators works, performance characteristics and selection. Master the control scheme used in process control system design and analysis, such as single-loop control system, cascade control system, etc; master the control method for typical industrial processes, such as time delay process, multivariable processes, understand the principles and methods of controlling in common industrial processes. Equip students with the capacities of design, synthesis and analysis in the process control system.

5.3.3 课程教学目标和教学要求

通过课程学习，学生能够掌握过程控制系统的基本建模方法、检测手段、控制策略基础理论和分析设计方法，能够分析解决与过程控制相关的工程实际问题，初步理解工程实践对社会和环境的影响。具体课程目标如下：

教学目标 1：能够将数学、物理、化学和电路理论等知识用于过程的特性分析、动静态平衡关系表达和数学模型构建与分析，掌握建立被控过程对象模型的方法，正确理解模型的物理含义。

教学目标 2：掌握检测仪表和执行器的工作原理和技术，熟练运用已有电路、物理和化学知识分析变送器单元的作用，了解过程控制系统中检测和执行仪表、通信连接设备的行业标准和法规，具有一定环境保护和可持续发展的意识。

教学目标 3：能够基于过程模型设计控制环节及控制策略，选择正确的过程控制策略，构建过程控制系统，并分析所构成系统的控制性能，获得有效结论。

教学目标 4：能够对过程控制系统设计中的安全性和可靠性等复杂工程问题进行研究，针对某类实际过程控制对象给出合理的解决方案。

教学目标 5：能够自主学习了解过程控制系统领域的新技术和发展趋势，培养不断学习和适应发展的能力，能够初步认识过程控制工程实践对社会、健康、安全、法律以及文化的影响。

课程目标与专业毕业要求的关联关系						
课程目标	工程知识 1	问题分析 2	设计 / 开发解决方案 3	工程与社会 6	环境和可持续发展 7	终身学习 12
1	H					
2				H	M	
3		H				
4			H			
5				M	M	H

5.3.4　教学内容简介

章节顺序	章节名称	知识点	参考学时
1	过程检测及控制系统概述	过程控制系统的组成	4
2	过程建模	被控过程的自衡和非自衡特性；单容和多容对象的典型传递函数；阶跃响应法建模	6
3	过程检测控制仪表	测量误差、精度、灵敏度和变差基本概念；热电偶和热电阻测温原理；温度检测仪表的选用。差压式流量计和差压式变送器。PID 控制规律；DDZ-Ⅲ调节器、组成；气动执行器结构、使用和流量特性	10
4	简单过程控制系统工程设计（硬件部分和软件部分）	被控参数和控制参数的选择原则；执行器流量特性和气开、气关形式的选择；调节器控制规律和正反作用的确定方法；调节器参数整定和单回路控制系统设计	6
5	常用高性能过程控制系统	串级控制系统的结构、特点；串级控制系统的设计和分析；前馈控制的结构、特点及其数学模型；前馈控制系统设计和分析；Smith 预估补偿控制方法	10

续表

章节顺序	章节名称	知识点	参考学时
6	实现特殊要求的过程控制系统	单闭环和双闭环比值控制系统的分析和设计；分程控制与选择控制原理	8
7	典型过程控制系统工程实例	典型过程控制系统的分析与设计方法；典型过程控制系统工程设计步骤	4

5.3.5 教学安排详表

序号	教学内容	学时分配	教学方式（授课、实验、上机、讨论）	教学要求（知识要求及能力要求）
第1章	过程控制的发展概况	1	授课	本章重点：过程控制系统的组成。 能力要求：了解过程控制的发展概况、特点、过程控制系统的基本概念，掌握系统组成、方框图、品质指标及其分类，了解过程控制工程课程性质和任务、对控制系统的基本要求，掌握过程控制系统的组成
	过程控制的特点	1	授课	
	过程控制系统的组成和分类	1	授课	
	过程控制课程性质和任务	1	授课	
第2章	被控对象动态特性	1	授课	本章重点：被控过程的自衡和非自衡特性；单容和多容对象的典型传递函数；阶跃响应法建模。 能力要求：熟悉过程控制系统的单容对象和简单多容对象的数学模型的分析方法，熟悉单容过程和多容过程的阶跃响应曲线及解析表达式，掌握被控过程机理建模的方法与步骤，能够对典型的单容和多容过程进行解析法建模；熟悉被控过程的自衡和非自衡特性，了解基于被控过程阶跃响应曲线及解析表达式，掌握过程的试验建模方法与步骤；能够通过确定模型结构和模型参数的方法进行典型过程控制系统的试验辨识法建模
	机理分析法建模	2	授课	
	试验法建模（过程辨识）	3	授课	
第3章	概述	1	授课	本章重点：测量误差、精度、灵敏度和变差基本概念；热电偶和热电阻测温原理；温度检测仪表的选用。差压式流量计和差压式变送器。PID控制规律；调节器原理、组成；气动执行器结构、使用和流量特性。
	温度的检测及变送	2	授课	
	压力的检测及变送	3	授课	

续表

序号	教学内容	学时分配	教学方式（授课、实验、上机、讨论）	教学要求（知识要求及能力要求）
第 3 章	流量、物位等的检测及变送	1	授课	能力要求：掌握过程参数检测的基本概念，过程控制仪表及装置的特点，过程仪表的信号制以及防爆系统的构成，掌握压力、温度检测仪表及变送器的构成原理及使用方法；掌握调节器的原理和使用方法，能够合理地确定调节规律选择和使用调节器；熟悉执行器的作用和分类，熟悉电动执行器和气动执行器特点和使用场合；气动执行机构和电动执行机构的构成和工作原理，流量系数的概念，可调比和流量特性；掌握执行器选择与计算的方法和步骤；阀门定位器的构成和工作原理；能够运用已有自然科学知识和原理来分析检测、变送、执行单元的作用
	过程控制仪表	1	授课	
	执行器	2	授课	
第 4 章	控制方案设计	1	授课	本章重点：被控参数和控制参数的选择原则；执行器流量特性和气开、气关形式的选择；调节器控制规律和正反作用的确定方法；调节器参数整定和单回路控制系统设计。 能力要求：掌握单回路反馈控制系统的设计及其整定方法，过程控制系统设计要求、设计步骤、设计内容；了解系统投运的一般方法，掌握被控参数和控制参数的选择，过程特性对控制质量的影响及控制方案的确定，掌握检测器、变送器的选择与工程设计选型，掌握执行器的选择与工程设计选型；掌握控制器的选择与工程设计选型；能够根据工程需求，选择合适的过程参数检测方法和测量变送仪表，能够正确选择执行器，包括调节阀尺寸计算和选择、气开 / 气关工作方式选择和流量特性等；能够进行调节器选择和控制参数整定
	检测器、变送器的选择	1	授课	
	执行器（调节阀）的选择与工程设计选型	1	授课	
	控制器（调节器）的选择与工程设计选型	1	授课	
	过程控制系统的投运和控制器参数整定	1	授课	
	单回路控制系统的工程设计实例	1	授课	
第 5 章	串级控制系统	4	授课	本章重点：串级控制系统的结构、特点；串级控制系统的设计和分析；前馈控制系统的结构、特点及其数学模型；前馈控制系统设计和分析；Smith 预估补偿控制方法。
	前馈控制系统	2	授课	
	大时延控制系统	2	授课	

续表

序号	教学内容	学时分配	教学方式（授课、实验、上机、讨论）	教学要求（知识要求及能力要求）
第 5 章	常用高性能过程控制系统举例	2	授课	能力要求：掌握串级控制系统的结构和工作过程，串级控制系统的特点与分析，串级控制系统的设计方法，串级控制系统调节器参数的整定，串级控制系统的工业应用；掌握前馈控制系统的基本概念，前馈控制系统的结构，前馈控制系统的选用与稳定性，前馈控制系统的工程整定；掌握大滞后过程采用的特殊控制方案与常规控制方案的比较，大滞后过程的预估 Smith 补偿控制，大滞后过程的采样控制
第 6 章	比值控制	2	授课	本章重点：单闭环和双闭环比值控制系统的分析和设计；分程控制与选择控制原理。 能力要求：掌握常用的比值控制方案，单闭环比值控制方案、双闭环比值控制方案，比值控制系统的设计与整定，比值控制系统的工业应用举例；掌握分程控制系统的原理、设计原则与设计注意问题，选择性控制系统的原理与设计原则，包括选择器的选型、控制器的控制规律确定、控制器的参数整定
	分程控制	2	授课	
	选择控制	2	授课	
	实现特殊要求的过程控制系统举例	2	授课	
第 7 章	典型过程控制系统工程实例	4	授课	本章重点：典型过程控制系统的分析与设计方法；典型过程控制系统工程设计步骤。 能力要求：以电厂锅炉的过程控制、精馏塔的过程控制等典型过程控制系统为例掌握此类系统的分析与设计方法，并建立工程设计的基本概念，掌握工程设计步骤与设计内容

5.3.6 考核及成绩评定方式

1. 课程考核

课程采用过程性考核与结果性考核相结合的方式。本课程以平时（包括作业、专题报告、课堂反馈、出勤等）和期末闭卷考试成绩综合评定成绩，成绩评定采用百分制，其中平时成绩 30% ～ 35%，期末考试成绩 65% ～ 70%。

2. 期末考试要求

（1）采用闭卷笔试考试方式；

（2）试卷考核内容需覆盖本课程的基本要求；

（3）试卷采用一考一备份，即 A、B 试卷方式，参考答案及评分标准应准确翔实；

（4）根据学生答题质量，规范严谨地给出每题相应的得分和扣分。

3. 平时成绩评定依据

根据出勤、研讨表现、作业报告提交及时性和完成质量，给出相应成绩。最终综合给出平时成绩。

大纲制定者：阎高伟（太原理工大学）
大纲审核者：张军国、潘松峰
最后修订时间：2022 年 8 月 25 日

5.4 “机器人控制技术”理论课程教学大纲

5.4.1 课程基本信息

课程名称	机器人控制技术		
	Robot Control Technology		
课程学分	3	总学时	48
课程类型	□ 专业大类基础课　■ 专业核心课　□ 专业选修课　□ 集中实践		
开课学期	□1-1　□1-2　□2-1　□2-2　□3-1　■3-2　□4-1　□4-2		
先修课程	线性代数，自动控制原理		
教材、参考书及其他资料	使用教材： [1] 谭民，等 . 先进机器人控制 [M]. 北京：高等教育出版社，2012. 参考教材： [1] 蔡自兴 . 机器人学 [M]. 北京：清华大学出版社，2000. [2] 约翰 • J. 克雷格 . 机器人学导论 [M]. 贠超，王伟，译 . 北京：机械工业出版社，2019. [3] 朱世强，王宣银 . 机器人技术及应用 [M]. 杭州：浙江大学出版社，2001. [4] 韩建海 . 工业机器人 [M]. 武汉：华中科技大学出版社，2009. [5] 王耀南 . 机器人智能控制工程 [M]. 杭州：科学出版社，2004. [6] 诸静 . 机器人与控制技术 [M]. 杭州：浙江大学出版社，1991.		

5.4.2 课程描述

本课程是一门重要的专业课，为自动化专业智能机器人模块专业核心课，具有较高的理论性、设计性与实践性的特点。在已经掌握了机器人运动学、动力学和轨迹规划的基础上，通过对本课程的理论学习和实践，使学生掌握机器人的力控制和位置控制的方法，并熟悉关于机器人系统中的传感器以及机器人传感器融合方法。再结合实验课，使学生对机器人整体系统的控制有一个明确的概念。本课程对理论、实践要求均比较高，该课程的学习也将为以后的课程设计和毕业设计奠定良好的基础。

This course is an important professional course, which is a characteristic course of automation specialty. It has the characteristics of high theory, design and practice. On the basis of mastering robot kinematics, dynamics and trajectory planning, through the theoretical study and practice of this course, students can master the methods of robot force control and position control, and be familiar with the sensors in the robot system and the robot sensor fusion method. And combined with the experimental class, students have a clear concept of the control of the whole robot system. This course has high requirements for theory and practice. The study of this course will also lay a good foundation for the future curriculum design and graduation design.

5.4.3 课程教学目标和教学要求

本课程主要讲授机器人的基本概念和基础理论，同时对机器人的机械结构、运动学、逆运动学和动力学，对机器人障碍物回避和路径规划问题及机器人的典型应用等内容做深入的阐述。通过学习使学生获得机器人的基本理论知识，能够了解机器人的基础结构，能够掌握其基本运动原理，具备一定的分析处理实验数据的能力，从而为进一步学习机器人控制技术、传感器技术，并为最终实现设计、操控机器人打下坚实的理论基础，满足后续专业课程对该方面知识、实践能力和综合素质的需要。

教学目标 1：掌握机器人控制技术的基本理论与原理，包括机器人运动学、动力学及轨迹规划等。了解机器人的种类以及在工程作业的重要作用，培养学生的家国情怀和国家荣誉感。

教学目标 2：掌握机器人力控制及位置控制的基本方法，控制系统的基本体系结构，控制系统的设计方法，培养学生严谨、认真的科研精神。

教学目标 3：掌握机器人传感器系统、导航定位及先进控制方法，包括其基本原理、分类、应用及常用方法。了解信息融合的复杂过程，引导学生打破分割思想、知识互补、全面发展。

教学目标 4：掌握机器人控制系统的基本实验方法与技能。培养学生创新精神、发散思维和工程实际应用思维。

课程目标与专业毕业要求的关联关系						
课程目标	工程知识 1	问题分析 2	设计 / 开发解决方案 3	研　究 4	工程与社会 6	终身学习 12
1	H					
2			H	M		
3		H			M	
4				M		M

5.4.4　教学内容简介

章节顺序	章节名称	知识点	参考学时
1	机器人控制技术概述	机器人控制系统的特点和机器人的控制方式	4
2	机器人学相关知识	机器人坐标变换	5
3	机器人位置控制	机器人关节空间位置控制、笛卡儿空间位置控制	5
4	机器人力控制	刚度与柔顺的概念，工业机器人笛卡儿空间静力与关节空间静力的转换，阻抗控制主动柔顺	5
5	机器人系统传感器	常用传感器的基本原理与特性	5
6	机器人传感器融合	常用传感器	4
7	移动机器人定位与导航	定位与导航方法	7
8	机器人先进控制方法	常用先进控制方法的理论基础	5
实验部分			8
1	机械臂物体吸取抓取实验	组装机械臂的吸盘或手爪，DobotStudio 控制软件，设计运动线路	4
2	机器人控制仿真实验	Simulink 构建机器人控制仿真模型	4

5.4.5　教学安排详表

序号	教学内容	学时分配	教学方式（授课、实验、上机、讨论）	教学要求（知识要求及能力要求）
第 1 章	机器人的起源与发展历程	1	授课	本章重点：机器人控制系统的特点和机器人的控制方式。 能力要求：回顾机器人的定义及发展历史；掌握机器人的结构；了解机器人控制系统的特点；了解机器人控制系统的特点和机器人的控制方式；了解机器人控制系统的基本单元
	机器人学研究领域	1	授课	
	机器人的特点与基本结构	1	授课	
	机器人控制的基本方法	1	授课	
第 2 章	机器人运动学	2	授课	本章重点：机器人坐标变换

续表

<table>
<tr><th>序号</th><th>教学内容</th><th>学时分配</th><th>教学方式（授课、实验、上机、讨论）</th><th>教学要求
（知识要求及能力要求）</th></tr>
<tr><td>第 2 章</td><td>机器人轨迹规划</td><td>3</td><td>授课</td><td>能力要求：回顾机器人的运动学、动力学和轨迹规划</td></tr>
<tr><td rowspan="4">第 3 章</td><td>工业机器人的关节空间位置控制</td><td>1</td><td>授课</td><td rowspan="4">本章重点：机器人关节空间位置控制、笛卡儿空间位置控制。
能力要求：了解工业机器人的关节运动位置控制和笛卡儿空间位置控制，根据实例掌握基于网络的机器人实时位置控制，并了解移动机器人的位置控制方法</td></tr>
<tr><td>工业机器人的笛卡儿空间位置控制</td><td>1</td><td>授课</td></tr>
<tr><td>机器人的位置控制实例</td><td>2</td><td>授课</td></tr>
<tr><td>移动机器人的位置控制</td><td>1</td><td>授课</td></tr>
<tr><td rowspan="4">第 4 章</td><td>刚度与柔顺</td><td>1</td><td>授课</td><td rowspan="4">本章重点：刚度与柔顺的概念，工业机器人笛卡儿空间静力与关节空间静力的转换，阻抗控制主动柔顺。
能力要求：了解机器人刚度与柔顺的概念，掌握机器人在不同笛卡儿坐标系之间的静力转换关系并熟悉工业机器人的笛卡儿空间静力与关节空间静力的转换关系，掌握三种主动柔顺的阻抗控制方案，了解力和位置混合柔顺控制</td></tr>
<tr><td>工业机器人笛卡儿空间静力与关节空间静力的转换</td><td>1</td><td>授课</td></tr>
<tr><td>阻抗控制主动柔顺</td><td>2</td><td>授课</td></tr>
<tr><td>力和位置混合控制</td><td>1</td><td>授课</td></tr>
<tr><td rowspan="7">第 5 章</td><td>机器人系统传感器的概述</td><td>0.5</td><td>授课</td><td rowspan="7">本章重点：常用传感器的基本原理与特性。
能力要求：熟悉机器人系统的常用传感器库，了解各个传感器的原理及其特性</td></tr>
<tr><td>位置传感器</td><td>1</td><td>授课</td></tr>
<tr><td>速度和加速度传感器</td><td>1</td><td>授课</td></tr>
<tr><td>力和力矩传感器</td><td>1</td><td>授课</td></tr>
<tr><td>接近传感器</td><td>0.5</td><td>授课</td></tr>
<tr><td>视觉传感器</td><td>0.5</td><td>授课</td></tr>
<tr><td>其他传感器</td><td>0.5</td><td>授课</td></tr>
<tr><td rowspan="4">第 6 章</td><td>多传感器信息融合的主要方法</td><td>1</td><td>授课</td><td rowspan="4">本章重点：常用传感器。
能力要求：熟悉常用的传感器信息融合的方法，了解传感器信息在移动机器人中的应用</td></tr>
<tr><td>移动机器人的多传感器信息融合</td><td>1</td><td>授课</td></tr>
<tr><td>基于多超声波传感器的信息融合</td><td>1</td><td>授课</td></tr>
<tr><td>基于 CCD 与多超声波传感器的信息融合</td><td>1</td><td>授课</td></tr>
<tr><td rowspan="2">第 7 章</td><td>定位与导航方法</td><td>1</td><td>授课</td><td rowspan="2">本章重点：定位与导航方法。</td></tr>
<tr><td>移动机器人 CASIA-I</td><td>1.5</td><td>授课</td></tr>
</table>

续表

序号	教学内容	学时分配	教学方式（授课、实验、上机、讨论）	教学要求（知识要求及能力要求）
第 7 章	移动机器人 CASIA-I 的运动学分析与定位	2	授课	能力要求：熟知定位与导航方法，了解移动机器人 CASIA-I 的运动学分析与控制，熟悉移动机器人定位的应用
	移动机器人的定位	1.5	授课	
	基于门牌路标的移动机器人导航	2	授课	
第 8 章	模糊控制在机器人控制中的应用	0.5	授课	本章重点：常用先进控制方法的理论基础。 能力要求：了解机器人先进控制技术基础理论，熟悉这些先进控制方法在机器人控制中的应用
	滑模变结构控制在机器人控制中的应用	1	授课	
	神经网络在机器人控制中的应用	0.5	授课	
	机器人预测控制	0.5	授课	
	模型参考自适应控制在机器人控制中的应用	1	授课	
实验部分				
1	机械臂物体吸取抓取实验	4	实验	本章重点：图像灰度变换、灰度变换、直方图均衡化的原理及实现。 能力要求：通过实验使学生熟练掌握机器人的基本控制方法
2	机器人控制仿真实验	4	实验	本章重点：图像增强、图像平滑与图像锐化、图像模板卷积运算。 能力要求：通过实验使学生熟练掌握机器人的基本控制方法

5.4.6　考核及成绩评定方式

课程成绩考核包括平时考核和期末考核。平时考核包括出勤、课堂讨论及展示、回答问题、课外作业、实验、报告撰写、期中考试、小测验等形式。期末考核采取闭卷形式。平时考核成绩占总成绩的 50%，期末考核成绩占总成绩的 50%。

大纲制定者：程德强（中国矿业大学）

大纲审核者：张军国、潘松峰

最后修订时间：2022 年 8 月 25 日

5.5 “机器学习”理论课程教学大纲

5.5.1 课程基本信息

课程名称	机器学习 Machine Learning		
课程学分	2	总学时	32
课程类型	□ 专业大类基础课 ■ 专业核心课 □ 专业选修课 □ 集中实践		
开课学期	□1-1 □1-2 □2-1 □2-2 ■3-1 □3-2 □4-1 □4-2		
先修课程	概率论与数理统计、线性代数等		
教材、参考书及其他资料	使用教材： [1] 周志华 . 机器学习 [M]. 北京：清华大学出版社，2018. 参考教材： [1] 肖云鹏，卢星宇，许明，等 . 机器学习经典算法实践 [M]. 北京：清华大学出版社，2018. [2] 梅尔亚・莫里 . 机器学习基础 [M]. 北京：机械工业出版社，2019.		

5.5.2 课程描述

“机器学习”是自动化专业的专业拓展课程。作为一门专业拓展课程，该课程在综合了学生先修的高等数学、工程数学等基础课程知识的基础上对主流的机器学习理论、方法及算法应用做总体介绍，包括机器学习概述、模型评估与选择、线性模型、降维与聚类学习、半监督学习、强化学习等。该课程强调理论与应用结合，在阐述各种机器学习理论的同时，注重算法理论的实际应用，要求学生对机器学习研究及应用领域的现状和发展有较全面的把握和及时了解，掌握其中的主流学习方法和模型。

Machine Learning is a professional development course for the students of automation. Based on the knowledge of advanced mathematics and engineering mathematics, this course introduces the basic theory, method and application of machine learning. It includes the overview of machine learning, model evaluation and selection, linear model, dimensionality reduction and cluster learning, semi-supervised learning, reinforcement learning and so on. This course emphasizes the combination of theory and application. While expounding various machine learning theories, it also pays attention to the practical application. By studying this course, students are required to have a more comprehensive grasp and timely understanding of the current situation and development of machine learning research and application fields, and master the mainstream learning methods and models.

5.5.3 课程教学目标和教学要求

该课程强调理论与应用结合，在阐述各种机器学习理论的同时，注重算法理论的实际应用，要求学生对机器学习研究及应用领域的现状和发展有较全面的把握和及时了解，掌握其中的主流学习方法和模型。

教学目标1：掌握机器学习的基本概念，了解机器学习的发展。熟悉机器学习主流方法并综合应用相关概念与基础知识对具体应用场景进行模型构建、参数整定与结果分析。

教学目标2：掌握机器学习模型评估与选择方法，掌握主流机器学习理论，能够根据实际问题选择相应的方法并能根据具体问题进行相应拓展。

教学目标3：掌握利用机器学习理论分析问题、解决问题的方法。能够正确采集、处理实际工业数据；合理选用机器学习算法构建模型，并能对模型输出结果进行分析和解释。

课程目标与专业毕业要求的关联关系				
课程目标	工程知识1	问题分析2	设计/开发解决方案3	研究4
1	H	M		
2		H		
3			H	M

5.5.4 教学内容简介

章节顺序	章节名称	知识点	参考学时
1	机器学习概述	有监督学习和无监督学习的概念	4
2	模型评估与选择	经验误差与过拟合	6
3	线性模型	偏最小二乘算法	4
4	降维与聚类学习	主成分分析、核算法	6
5	半监督学习	半监督SVM	4
6	强化学习	模仿学习	4
实验部分			4
1	利用回归模型对工业数据进行预测分析	初始数据预处理、算法实现、参数整定与模型选择、实验结果可视化展示及分析	2
2	利用聚类算法对工业数据进行聚类分析	初始数据预处理、算法实现、参数整定与模型选择、实验结果可视化展示及分析	2

5.5.5 教学安排详表

序号	教学内容	学时分配	教学方式（授课、实验、上机、讨论）	教学要求（知识要求及能力要求）
第 1 章	机器学习的一般原理与相关概念	0.5	授课	本章重点：有监督学习和无监督学习的概念。 能力要求：了解机器学习的发展过程及一般原理，理解机器学习一般步骤，掌握机器学习相关概念与标准术语，能够对监督学习和无监督学习进行区分
	学习问题的标准描述	1	授课	
	有监督学习和无监督学习	1	授课	
	发展历程	1	授课	
	应用现状	0.5	授课	
第 2 章	概述	1	授课	本章重点：经验误差与过拟合。 能力要求：掌握机器学习模型评估的一般方法与原理，了解模型选择的必要性，掌握模型选择的基本方法
	经验误差与过拟合	1	授课	
	评估方法	1	授课	
	性能度量	1	授课	
	比较检验	1	授课	
	偏差与方差	1	授课	
第 3 章	概述	0.5	授课	本章重点：偏最小二乘算法。 能力要求：了解线性模型的应用场景，理解广义线性模型的基本概念及主要应用，掌握线性回归、岭回归、偏最小二乘回归模型、线性判别分析与多分类学习方法并能独立分析与解决实际问题
	基本形式	0.5	授课	
	线性回归	0.5	授课	
	岭回归	0.5	授课	
	偏最小二乘	0.5	授课	
	线性判别分析	0.5	授课	
	多分类学习	0.5	授课	
	案例分析	0.5	授课	
第 4 章	概述	0.5	授课	本章重点：主成分分析、核算法。 能力要求：了解降维与聚类学习的意义，理解聚类与分类的区别，理解特征提取与变量选择的区别与联系，掌握主流的降维与聚类学习算法原理
	K 近邻学习	0.5	授课	
	主成分分析	1	授课	
	K 均值聚类算法	1	授课	
	核算法	0.5	授课	
	流形学习	0.5	授课	
	高斯混合聚类	0.5	授课	
	案例分析	1.5	授课	
第 5 章	概述	1	授课	本章重点：半监督 SVM。 能力要求：了解半监督学习的原理与意义，掌握半监督支持向量机、图半监督学习以及半监督聚类的算法原理
	半监督 SVM	1	授课	
	图半监督学习	1	授课	
	半监督聚类	1	授课	

续表

序号	教学内容	学时分配	教学方式（授课、实验、上机、讨论）	教学要求（知识要求及能力要求）
第 6 章	概述	0.5	授课	本章重点：模仿学习。 能力要求：了解强化学习的基本概念，理解有模型学习和免模型学习的区别，掌握值函数近似学习与模仿学习基本原理
	有模型学习	0.5	授课	
	免模型学习	0.5	授课	
	值函数近似	0.5	授课	
	模仿学习	0.5	授课	
	区域描述	0.5	授课	
	玻璃瓶缺陷在线检测系统	1	授课	
实验部分				
1	利用回归模型对工业数据进行预测分析	2	实验	本章重点：初始数据预处理、算法实现、参数整定与模型选择、实验结果可视化展示及分析。 能力要求：完成对初始数据的预处理，完成算法实现、参数整定与模型选择，并对实验结果进行可视化展示及分析
2	利用聚类算法对工业数据进行聚类分析	2	实验	本章重点：初始数据预处理、算法实现、参数整定与模型选择、实验结果可视化展示及分析。 能力要求：完成对初始数据的预处理，完成算法实现、参数整定与模型选择，并对实验结果进行可视化展示及分析

5.5.6 考核及成绩评定方式

课程成绩考核包括平时考核和期末考核。平时考核包括出勤、作业、课堂讨论及展示、回答问题、实验等形式。期末考核采取大作业 + 答辩的形式。期末大作业 + 答辩 50%，实验 10%，平时 10%（平时出勤、课堂互动）和作业 30%。

大纲制定者：张长春（北京林业大学）
大纲审核者：张军国、潘松峰
最后修订时间：2022 年 8 月 25 日

5.6 “计算机控制技术”理论课程教学大纲

5.6.1 课程基本信息

课程名称	计算机控制技术		
	Computer Control Technology		
课程学分	2	总学时	32
课程类型	□ 专业大类基础课 ■ 专业核心课 □ 专业选修课 □ 集中实践		
开课学期	□1-1 □1-2 □2-1 □2-2 ■3-1 □3-2 □4-1 □4-2		
先修课程	自动控制原理、C 语言、离散数学、微机原理及应用		
教材、参考书及其他资料	使用教材： [1] 高金源，夏洁 . 计算机控制系统 [M]. 北京：清华大学出版社，2007. 参考教材： [1] 刘建昌，关守平，等 . 计算机控制系统 [M]. 北京：科学出版社，2018. [2] Karl Astrom，Bjorn Wittenmark. 计算机控制系统——原理与设计 [M]. 3 版 . 周兆英，等译 . 北京：电子工业出版社，2001. [3] 赵邦信 . 计算机控制技术 [M]. 北京：科学出版社，2008.		

5.6.2 课程描述

“计算机控制技术”课程是自动化专业的一门专业核心课程，本课程主要从理论与实践的角度阐述计算机控制系统的分析与设计方法。本课程主要讲授计算机控制系统的基础理论知识、计算机控制系统过程通道的设计方法、数字程序控制系统的工作原理与控制技术、数字控制器的分析和设计方法、计算机控制系统的工程实现技术和具体设计步骤。通过本课程的学习，使学生掌握计算机控制系统的基本概念、基本理论和基本方法，具备设计出符合性能要求的控制方案的能力，掌握计算机控制技术的基本实验方法与技能，培养学生应用本课程所学知识分析和解决复杂实际工程问题的能力，为其进一步学术研究和工程应用奠定基础。

Computer Control Technology is one of the professional core courses for undergraduate automation majors. This course mainly expounds the analysis and design methods of computer control systems from the perspective of theory and practice. This course mainly introduces the basic theoretical knowledge of computer control system, the design method of the process channel of computer control system, the working principle and control technology of digital program control system, the analysis and design method of digital controller, the engineering realization technology of computer control system and the specific design steps of computer control system.

Through the study of this course, students will master the basic concepts, basic theories and basic methods of computer control systems, should have the ability to design control schemes that meet performance requirements, and master the basic experimental methods and skills of computer control technology. In the process of studying, the ability to apply and solve complex practical engineering problems is trained, in order to lay the foundation for further academic research and engineering applications.

5.6.3 课程教学目标和教学要求

通过课程学习和实践训练，学生能够掌握计算机控制技术的基础理论和分析方法，能够分析解决与计算机控制技术相关的工程实际问题，初步理解系统建模、分析和设计对社会的影响。具体课程目标和毕业要求对应关系如下：

教学目标 1：掌握计算机控制系统的组成、特点；掌握计算机控制系统中信号的组成及形成原因。

教学目标 2：掌握计算机控制系统的性能指标要求，并能应用时域法、频域法分析系统的性能指标。

教学目标 3 能够利用根轨迹法、W′设计法、最少拍设计法等对给定对象进行数字控制器设计，并对设计的仿真结果进行正确的分析。

教学目标 4：能够根据给定的实际系统要求，结合所学知识及查阅图书馆和网络资料，做出基本的软、硬件设计，并作必要的分析。

课程目标与专业毕业要求的关联关系			
课程目标	工程知识 1	问题分析 2	设计 / 开发 解决方案 3
1	H		
2		H	
3	H		
4			H

5.6.4 教学内容简介

章节顺序	章节名称	知识点	参考学时
1	绪论	计算机控制系统的工作过程和特点	3
2	计算机控制系统过程通道设计方法	数字量输入通道的信号调理电路，数字量输出驱动电路，模拟量输入 / 输出过程通道的组成及各组成部分的作用	5

续表

章节顺序	章节名称	知识点	参考学时
3	数字程序控制系统	逐点比较直线插补原理，步进电机的工作方式及方向控制	4
4	计算机控制系统的控制算法	数字 PID 控制器间接设计方法的步骤，模拟控制器离散化的方法，PID 控制器的控制规律及基本作用，最少拍有纹波和无纹波系统的设计方法，Smith 预估算法的原理和 Dahlin 算法的设计目标	6
5	采用状态空间的极点配置设计法	连续状态方程离散化的方法，采用状态空间极点配置法设计控制器的方法	4
6	计算机控制系统的工程实现技术	数据采集和处理过程中的查表技术和线性化处理技术，标度参数变换的方法，串模干扰、共模干扰和长线传输干扰的抑制方法，软件实现的数字滤波方法	6
7	计算机控制系统设计	计算机控制系统的设计步骤	4

5.6.5 教学安排详表

序号	教学内容	学时分配	教学方式（授课、实验、上机、讨论）	教学要求（知识要求及能力要求）
第 1 章	计算机控制系统的基本概念	1	授课	本章重点：计算机控制系统的工作过程和特点。 能力要求：理解计算机控制系统的概念，掌握计算机控制系统的工作过程、组成和特点，了解计算机控制系统的分类
	计算机控制系统的组成及特点	1	授课	
	计算机控制系统的分类	1	授课	
第 2 章	数字量过程通道的设计方法	1	授课	本章重点：数字量输入通道的信号调理电路，数字量输出驱动电路，模拟量输入 / 输出过程通道的组成及各组成部分的作用。 能力要求：了解数字量和模拟量过程通道的特点和结构，掌握数字量和模拟量过程通道的设计方法
	模拟量输入通道的设计方法	2	授课	
	模拟量输出通道的设计方法	2	授课	
第 3 章	数字程序控制系统概述	1	授课	本章重点：逐点比较直线插补原理，步进电机的工作方式及方向控制。
	逐点比较直线插补原理	1	授课	
	步进电机控制技术	2	授课	能力要求：理解数字程序控制系统的特点及组成，掌握逐点比较直线插补原理，理解步进电机的工作原理，掌握步进电机的工作方式及方向控制

续表

序号	教学内容	学时分配	教学方式（授课、实验、上机、讨论）	教学要求（知识要求及能力要求）
第 4 章	数字控制器的间接设计方法	1	授课	本章重点：数字 PID 控制器间接设计方法的步骤，模拟控制器离散化的方法，PID 控制器的控制规律及基本作用，最少拍有纹波和无纹波系统的设计方法，Smith 预估算法的原理和 Dahlin 算法的设计目标。 能力要求：了解数字控制器间接设计和直接设计方法的思想和特点，掌握数字 PID 控制器间接设计方法的步骤，掌握模拟控制器离散化的方法，了解离散化方法的优缺点，掌握 PID 控制器的控制规律及基本作用，了解数字 PID 控制算法的改进原因及措施，掌握最少拍有纹波和无纹波系统的设计方法，理解 Smith 预估算法的原理和 Dahlin 算法的设计目标，了解振铃现象产生的根源及消除方法
	数字 PID 控制算法	2	授课	
	数字控制器的直接设计方法	2	授课	
	纯滞后控制技术	1	授课	
第 5 章	按极点配置设计控制规律	1	授课	本章重点：连续状态方程离散化的方法，采用状态空间极点配置法设计控制器的方法。 能力要求：掌握连续状态方程离散化的方法，掌握采用状态空间极点配置法设计控制器的方法
	按极点配置设计状态观测器	2	授课	
	按极点配置设计控制器	1	授课	
第 6 章	应用程序设计技术	1	授课	本章重点：数据采集和处理过程中的查表技术和线性化处理技术，标度参数变换的方法，串模干扰、共模干扰和长线传输干扰的抑制方法，软件实现的数字滤波方法。 能力要求：了解应用程序设计的基本任务、基本步骤和方法，掌握数据采集和处理过程中的查表技术和线性化处理技术，了解测量转换过程中的量程自动转换，掌握标度参数变换的方法，理解实
	查表技术与线性化处理技术	2	授课	
	量程自动转换和标度变换	1	授课	
	数字滤波方法与报警程序设计	1	授课	

续表

序号	教学内容	学时分配	教学方式（授课、实验、上机、讨论）	教学要求（知识要求及能力要求）
第 6 章	工业现场的抗干扰技术	1	授课	际应用系统报警程序的设计，了解工业现场中干扰的来源、作用途径和作用形式，掌握串模干扰、共模干扰和长线传输干扰的抑制方法，掌握软件实现中的数字滤波方法
第 7 章	计算机控制系统设计步骤	2	授课	本章重点：计算机控制系统的设计步骤。能力要求：了解计算机控制系统的设计原则，掌握计算机控制系统的设计步骤
	计算机控制系统设计举例	2	授课	

5.6.6 考核及成绩评定方式

本课程以平时成绩（平时作业、课堂讨论及随堂测验）、实验成绩、期末闭卷考试成绩等多方面综合进行评定成绩。具体成绩比例如下：平时成绩占 35%，实验成绩占 15%，期末考试成绩占 50%。

期末考试要求：

（1）采用闭卷考试方式。

（2）试卷考核内容需覆盖本课程的基本要求。

（3）试卷采用一考一备份及 A、B 试卷方式，A、B 试卷不能重复。参考答案应准确翔实。

（4）根据学生答题质量，规范严谨地给出每题相应的得分和扣分。

平时成绩评定依据：

（1）根据作业或报告提交及时性和完成质量给出每次作业成绩，并记录；根据每次作业情况，综合给出平时成绩。

（2）讨论课要求：每 3 ～ 6 人一组，每次讨论每组都做，每次讨论都给出成绩，按每次 PPT 的平均成绩作为讨论成绩。保留所有组的 PPT。

大纲制定者：潘松峰（青岛大学）

大纲审核者：张军国、潘松峰

最后修订时间：2022 年 8 月 25 日

5.7 “模拟电子技术”理论课程教学大纲

5.7.1 课程基本信息

<table>
<tr><td rowspan="2">课程名称</td><td colspan="3">模拟电子技术</td></tr>
<tr><td colspan="3">Analog Electronic Technology</td></tr>
<tr><td>课程学分</td><td>3</td><td>总学时</td><td>48</td></tr>
<tr><td>课程类型</td><td colspan="3">■ 专业大类基础课 □ 专业核心课 □ 专业选修课 □ 集中实践</td></tr>
<tr><td>开课学期</td><td colspan="3">□1-1 □1-2 □2-1 ■2-2 □3-1 □3-2 □4-1 □4-2</td></tr>
<tr><td>先修课程</td><td colspan="3">高等数学、大学物理、电路分析</td></tr>
<tr><td>教材、参考书及其他资料</td><td colspan="3">使用教材：
[1] 孙景琪，雷飞，闫慧兰 . 模拟电子技术基础 [M]. 北京：高等教育出版社，2016.
参考教材：
[1] 华成英 . 模拟电子技术基础 [M]. 5 版 . 北京：高等教育出版社，2015.
[2] 桑森 . 模拟集成电路设计精粹 [M]. 陈莹梅，译 . 北京：清华大学出版社，2020.
[3] 康华光 . 电子技术基础（模拟部分）[M]. 北京：高等教育出版社，2006.
[4] Robert L. Boylestad，Louis Nashelsky. 模拟电子技术 [M]. 9 版 . 北京：电子工业出版社，2010.</td></tr>
</table>

5.7.2 课程描述

“模拟电子技术”是入门性质的技术基础课。模拟电路是多种电子产品、电子设备必不可少的基本组成单元，是物理量在转换成数字信号之前所必经的关键电路。该课程为培养自动化专业人才的电路分析与设计技能奠定基础，为提高其工程应用与创新能力做铺垫。课程主要内容：常用半导体器件原理、基本放大电路、场效应管及放大电路、功率放大电路、模拟集成电路基础、反馈放大电路、信号产生电路、直流稳压电源等。

Analog Electronic Technology is a basic technical course for beginners. Analog circuit is an essential basic unit of a variety of electronic products and electronic equipment. It is the key circuit that physical quantities must pass before they are converted into digital signals. This course lays the foundation for cultivating circuit analysis and design skills of automation professionals, and paves the way for improving their engineering application and innovation ability. Main contents of the course: principles of common semiconductor devices, basic amplifying circuit, FET and amplifying circuit, power amplifying circuit, analog integrated circuit foundation, feedback amplifying circuit, signal generating circuit, DC regulated power supply, etc.

5.7.3 课程教学目标和教学要求

【教学目标】

通过本课程的学习，要求学生掌握电子器件的基本性能，掌握基本放大电路、模拟集成电路、反馈放大电路的基本理论和基本分析方法，为专业深造打下良好的模拟电子技术基础。由模拟集成电路所组成的基本运算电路、信号产生电路、信号处理电路和直流稳压电路的基本设计原理和基本应用技术在实验环节进行。

教学目标 1：掌握模拟电子技术的基本概念以及电路分析方法。

教学目标 2：培养学生在电子电路综合设计方面的工程观、系统观。

教学目标 3：增强学生模拟电路的实践能力。

课程目标与专业毕业要求的关联关系				
课程目标	工程知识 1	问题分析 2	设计 / 开发解决方案 3	使用现代工具 5
1	H	M		
2			H	
3			M	H

【教学要求】

本课程以课堂讲授为主，合计 56 学时，实验单独设课。课内讲授推崇研究型教学，以知识为载体，传授模拟电路的分析与设计方法，引导学生进行自主学习与实践创新。搭建基于 B/S 架构的模拟电子技术虚拟仿真网站，便于学生课前预习与课后复习；知识点讲解从实际问题入手，通过层层展开，由浅入深研究式学习；明确各章节的重点任务，做到课前预习，课中认真听课，积极思考，课后认真复习并完成作业。充分利用校级精品课程网站等其他网络资源，为学生学习提供良好的学习平台。

5.7.4 教学内容简介

章节顺序	章节名称	知识点	参考学时
1	绪论	模拟电子电路的作用，理解信号放大的必要性及信号放大的本质	2
2	半导体二极管与三极管	二极管、BJT、FET 的外部特性；二极管、BJT、FET 的应用技术	6
3	基本放大电路	三种基本放大电路，静态工作点的稳定，放大电路的基本分析方法	10

续表

章节顺序	章节名称	知识点	参考学时
4	功率放大电路	OCL 甲乙类互补对称电路组成和工作原理，最大输出功率和效率的估算方法	4
5	集成运算放大电路	电流源电路的分析，多级放大电路的分析方法和计算方法，直接耦合放大电路的特殊问题，同相、反相比例运算电路，滞回比较器	8
6	放大电路的频率响应与滤波电路	单级放大电路的频率响应分析方法和计算方法、单级放大电路的频率响应、有源滤波器的组成和工作原理	6
7	反馈放大电路与振荡电路	反馈的基本概念及判断方法、负反馈放大电路稳定性判别、深度负反馈放大电路放大倍数的分析方法与计算方法、正弦波振荡电路的组成及原理	8
8	直流稳压电源	串、并联稳压电路的电路组成，稳压电路工作原理和输出电压的计算，开关电源电路的电路组成和工作原理	3
9	模拟电路与系统的设计及电路分析	模拟电路与系统的设计方法、模拟电路与系统案例分析	1
	合计		48

5.7.5　教学安排详表

序号	教学内容	学时分配	教学方式（授课、实验、上机、讨论）	教学要求（知识要求及能力要求）
第 1 章	绪论	2	授课	本章重点：模拟电子电路的作用。 能力要求：理解信号放大的必要性及本质
第 2 章	PN 结、二极管	2	授课	本章重点：二极管、BJT、FET 的外部特性；二极管、BJT、FET 的应用技术。 能力要求：掌握二极管、三极管、稳压管等电子元器件模拟电路知识，能用于设计电气工程领域复杂工程问题的解决方案
	稳压管、晶体三极管	2	授课	
	晶体三极管	2	授课	
第 3 章	放大电路指标，共发射极放大电路	2	授课	本章重点：三种基本放大电路、静态工作点的稳定、放大电路的基本分析方法。 能力要求：掌握放大电路等模拟电路知识，能用于设计电气工程领域复杂工程中信号放大问题的解决方案
	放大电路图解法，微变等效电路	2	授课	
	动态性能分析	2	授课	
	分压式放大电路	2	授课	
	共集电极、共基极放大电路	2	授课	

续表

序号	教学内容	学时分配	教学方式（授课、实验、上机、讨论）	教学要求 （知识要求及能力要求）
第 4 章	功率放大电路基本概念及性能指标	2	授课	本章重点：OCL 甲乙类互补对称电路组成和工作原理，最大输出功率和效率的估算方法。 能力要求：通过功率放大电路设计等模拟电路基本单元分析与设计等能力的培养，使学生能够设计复杂工程中功率放大问题的解决方案，并考虑节能降耗等因素
	OCL 电路分析与计算	2	授课	
第 5 章	电流源电路	2	授课	本章重点：电流源电路的分析，多级放大电路的分析方法和计算方法，直接耦合放大电路的特殊问题，同相、反相比例运算电路，滞回比较器。 能力要求：掌握反馈及信号运算等电路的分析与设计，能够提升学生识别并理解自动化专业领域复杂工程中信号运算、转换等问题的能力
	差分放大电路	2	授课	
	信号放大、运算、变换电路	4	授课	
第 6 章	频率相应的基本分析方法和波特图、低通和高通电路	2	授课	本章重点：单级放大电路的频率响应分析方法和计算方法，单级放大电路的频率响应，有源滤波器的组成和工作原理。 能力要求：学生能够结合专业知识，分析复杂工程中诸如电路隔离及耦合、电源噪声等的解决方案对健康、安全等的影响，能够理解和评价复杂工程问题的工程实践对环境、社会可持续发展的影响
	晶体三极管的高频等效模型	2	授课	
	单极共射放大电路的频率响应	2	授课	
第 7 章	反馈的基本概念及判断方法	2	授课	本章重点：反馈的基本概念及判断方法，负反馈放大电路稳定性判别，深度负反馈放大电路放大倍数的分析方法与计算方法，正弦波振荡电路的组成及原理。 能力要求：学生能够设计电气工程领域复杂工程中稳定、性能提升等问题的解决方案。在方案设计中能综合考虑社会、安全、法律、文化等因素
	深度负反馈放大电路分析与计算	2	授课	
	正弦波振荡电路	2	授课	
	非正弦波发生电路信号转换电路	2	授课	
第 8 章	直流电源	2	授课	本章重点：串、并联稳压电路的电路组成，稳压电路工作原理和输出电压的计算，开关电源电路的电路组成和工作原理。

续表

序号	教学内容	学时分配	教学方式（授课、实验、上机、讨论）	教学要求（知识要求及能力要求）
第 8 章	串联型稳压电源	1	授课	能力要求：通过电源设计等模拟电路基本单元分析与设计等能力的培养，使学生能够设计针对电路、信号处理等领域复杂工程问题的解决方案，并考虑节能降耗等经济因素
第 9 章	模拟电路与系统的设计方法及案例分析	1	授课	本章重点：模拟电路与系统的设计方法、模拟电路与系统案例分析。 能力要求：通过模拟电路与系统的案例分析，使得学生能够结合专业知识，分析复杂工程问题，如电路隔离及耦合、电源噪声等的解决方案对健康、安全等的影响，能够理解和评价复杂工程问题的工程实践对环境、社会可持续发展的影响

5.7.6 考核及成绩评定方式

1. 课程评价

本课程以平时成绩（包括作业、课堂测试、课堂反馈、出勤等）及期末考试成绩等方面，综合进行成绩评定。成绩评定采用百分制，其中平时成绩 30% ～ 40%，期末考试成绩 60% ～ 70%。

2. 期末考试要求

（1）采用闭卷笔试考试方式；

（2）试卷考核内容需要覆盖本课程的基本要求；

（3）试卷采用一考一备份及 A、B 试卷方式；

（4）根据学生答题情况，规范严谨地给出每题相应的得分和扣分。

3. 平时成绩评定依据

平时成绩包括作业、课堂测试、课堂反馈、出勤等。对作业根据提交的及时性和完成质量给出每次作业成绩并记录，对课堂测试根据完成质量给出成绩并记录，并结合学生课堂出勤情况等，综合给出平时成绩。

大纲制定者： 张佳薇（东北林业大学）

大纲审核者： 张军国、潘松峰

最后修订时间： 2022 年 8 月 25 日

5.8 “数字图像处理”理论课程教学大纲

5.8.1 课程基本信息

课程名称	数字图像处理		
	Digital Image Processing		
课程学分	3	总学时	48
课程类型	□ 专业大类基础课 ■ 专业核心课 □ 专业选修课 □ 集中实践		
开课学期	□1-1 □1-2 □2-1 □2-2 □3-1 ■3-2 □4-1 □4-2		
先修课程	高等数学、线性代数、C 语言程序设计		
教材、参考书及其他资料	使用教材： [1] 曹茂永 . 数字图像处理 [M]. 北京：高等教育出版社，2016. 参考教材： [1] 拉斐尔・C・冈萨雷斯 . 数字图像处理 [M]. 3 版 . 阮秋琦，等译 . 北京：电子工业出版社，2017. [2] 阮秋琦 . 数字图像处理学 [M]. 3 版 . 北京：电子工业出版社，2013. [3] http://www.icourses.cn/sCourse/course_2523.html.		

5.8.2 课程描述

“数字图像处理”系统地讲授数字图像处理的基本概念、理论、技术和方法，并利用编程实现各种图像处理算法。通过本课程的学习，使学生理解图像及数字图像的概念，了解图像处理的意义及应用，掌握图像增强、复原、分割、描述和压缩编码等方面基本的算法原理；通过完成实验和课程项目，锻炼学生利用图像处理的技术手段解决复杂工程问题的能力。

Digital Image Processing systematically teaches the basic concepts, theories, techniques and methods of digital image processing, and realizes various image processing algorithms by programming. Through the study of this course, students can understand the concept of image and digital image, understand the significance and application of image processing, and master the basic algorithm principles of image enhancement, restoration, segmentation, description and compression coding. Through completing experiments and course projects, students’ ability to solve complex engineering problems by using image processing technology is trained.

5.8.3 课程教学目标和教学要求

通过课程学习和实践训练，使学生掌握数字图像处理的基础理论、相关技术和分析方法；能够针对具体场景分析其图像特征、影响成像与识别的关键因素，利用相关技术设计出合理的解决方案并进行实验验证与迭代优化；初步理解工程实践对社会和环境的影响，培养学生自主学习、文献检索利用、团队协同研究、交流沟通和表述能力。具体课程目标如下：

教学目标 1：能够将数学、物理和信号分析等知识用于识别和表达图像的成像规律，将相应的图像操作建模为矩阵变换。

教学目标 2：能够利用成像环境、图像特征和文献分析获得图像质量的影响因素，能够使用空域频域分析方法，分析图像和可视化图像的各类特征，为设计相应的图像解决方案提供基础。

教学目标 3：能够了解与自主学习数字图像处理领域的新技术和发展趋势，培养不断学习和适应发展的能力。

教学目标 4：产业方面，了解我国各类高科技企业利用数字图像处理技术开发的相关产品对社会与我们生活带来的巨大影响，同时批判性地看待隐私问题；学术方面，了解华人和国内著名学者在数字图像处理相关理论、技术方面做出的卓越贡献，激发学生的爱国热情。

课程目标与专业毕业要求的关联关系								
课程目标	工程知识 1	问题分析 2	设计 / 开发解决方案 3	工程与社会 6	环境和可持续发展 7	职业规范 8	沟通 10	终身学习 12
1	H	M						
2			H					
3				H				
4						M		H

5.8.4　教学内容简介

章节顺序	章节名称	知识点	参考学时
1	数字图像处理的基本知识	数字图像及其表示；图像处理的主要内容	4
2	图像的数学变换	几何变换的形式；图像插值方法；离散傅里叶变换的定义与性质；主成分分析的计算步骤	6
3	图像增强	直方图的计算与性质；灰度变换形式的选择；图像平滑和锐化的主要方法；滤波参数对图像处理结果的影响；伪彩色增强的意义	12

续表

章节顺序	章节名称	知识点	参考学时
4	图像复原	常见的图像退化模型；逆滤波的原理及特点；维纳滤波的原理及实现过程	6
5	图像压缩编码	信息冗余与常见的压缩编码方法；JPEG 图像压缩标准的流程	4
6	图像分割	图像分割的基本思路；常用的阈值选取方法；各种边缘检测算子	6
7	图像描述	边界描述和区域描述的基本方法	4
8	数字图像技术应用系统设计	利用图像处理解决复杂工程问题的基本思路和流程	6

5.8.5 教学安排详表

序号	教学内容	学时分配	教学方式（授课、实验、上机、讨论）	教学要求（知识要求及能力要求）
第 1 章	数字图像的基本概念	1	授课	本章重点：数字图像及其表示；图像处理的主要内容。 能力要求：理解图像及数字图像的概念、数字图像的表示，编程实现图像读写与显示，理解像素间的基本关系，了解图像处理的主要内容及应用，理解图像处理及相关学科的关系
	数字图像处理系统简介	1	授课	
	数字图像的读写与显示	1	授课	
	数字图像处理应用	1	授课	
第 2 章	几何变换	1	授课	本章重点：几何变换的形式；图像插值方法；离散傅里叶变换的定义与性质；主成分分析的计算步骤。 能力要求：掌握几何变换的形式及其应用，掌握二维离散傅里叶变换的定义和性质，理解图像频域特征的含义，了解离散余弦变换的定义及应用；掌握主成分分析变换在图像处理中的应用
	离散傅里叶变换	2	授课	
	离散余弦变换	1	授课	
	主成分分析	2	授课	
第 3 章	灰度增强	3	授课	本章重点：直方图的计算与性质；灰度变换形式的选择；图像平滑和锐化的主要方法；滤波参数对图像处理结果的影响；伪彩色增强的意义。 能力要求：掌握灰度变换、平滑、锐化等图像增强技术的原理和实现方法，理解图像频域处理与空间域处理的关系，了解颜色模型和伪彩色增强技术
	图像平滑	3	授课	
	图像锐化	3	授课	
	伪彩色和真彩色增强	3	授课	

续表

<table>
<tr><th>序号</th><th>教学内容</th><th>学时分配</th><th>教学方式（授课、实验、上机、讨论）</th><th>教学要求（知识要求及能力要求）</th></tr>
<tr><td rowspan="2">第 4 章</td><td>图像退化的数学模型</td><td>3</td><td>授课</td><td rowspan="2">本章重点：常见的图像退化模型；逆滤波的原理及特点；维纳滤波的原理及实现过程。
能力要求：理解图像退化及图像复原的概念，掌握逆滤波、维纳滤波的原理和实现方法，了解无约束复原和有约束复原的区别</td></tr>
<tr><td>图像复原</td><td>3</td><td>授课</td></tr>
<tr><td rowspan="4">第 5 章</td><td>图像压缩的基本原理</td><td>1</td><td>授课</td><td rowspan="4">本章重点：信息冗余与常见的压缩编码方法；JPEG 图像压缩标准的流程。
能力要求：理解压缩编码的意义和基本原理、有损压缩和无损压缩的区别，掌握哈夫曼编码的原理和实现方式，理解预测编码和变换编码的机理，熟悉 JPEG 图像编解码的流程</td></tr>
<tr><td>基本压缩编码</td><td>1</td><td>授课</td></tr>
<tr><td>预测编码</td><td>1</td><td>授课</td></tr>
<tr><td>变换编码</td><td>1</td><td>授课</td></tr>
<tr><td rowspan="3">第 6 章</td><td>阈值分割</td><td>2</td><td>授课</td><td rowspan="3">本章重点：图像分割的基本思路；常用的阈值选取方法；各种边缘检测算子。
能力要求：理解图像分割的意义和基本思路，掌握灰度阈值、边缘检测、Hough 变换的原理和应用，熟悉区域生长和分裂合并的分割方法，了解数学形态学的基本运算和在图像分割中的应用</td></tr>
<tr><td>边缘检测</td><td>2</td><td>授课</td></tr>
<tr><td>形态学图像分割</td><td>2</td><td>授课</td></tr>
<tr><td rowspan="2">第 7 章</td><td>边界描述</td><td>2</td><td>授课</td><td rowspan="2">本章重点：边界描述和区域描述的基本方法。
能力要求：理解图像描述的意义及基本方法，掌握链码、傅里叶描述、矩的描述方法</td></tr>
<tr><td>区域描述</td><td>2</td><td>授课</td></tr>
<tr><td rowspan="3">第 8 章</td><td>玻璃瓶缺陷在线检测系统</td><td>2</td><td>授课</td><td rowspan="3">本章重点：利用图像处理解决复杂工程问题的基本思路和流程。
能力要求：了解典型的图像应用系统的构成，掌握综合利用图像处理技术解决实际问题的思路</td></tr>
<tr><td>指纹识别系统</td><td>2</td><td>授课</td></tr>
<tr><td>人脸识别系统</td><td>2</td><td>授课</td></tr>
</table>

5.8.6　考核及成绩评定方式

本门课程成绩考核采用线上与线下相结合的方式，包括线上考核、实验考核和课程项目。线上考核利用自建 MOOC，考核内容包括视频学习、章节测试和线上考试；实验考核包括实验表现、实验报告；课程项目按照学生分组进行，成绩构成包括报告撰写、项目答辩。

课程考核总成绩构成：线上考核 30%、实验考核 20%、课程项目 50%。

大纲制定者：张军国（北京林业大学）
大纲审核者：张军国、潘松峰
最后修订时间：2022 年 8 月 25 日

5.9 “数字信号处理”理论课程教学大纲

5.9.1 课程基本信息

<table>
<tr><td rowspan="2">课程名称</td><td colspan="3">数字信号处理</td></tr>
<tr><td colspan="3">Digital Signal Processing</td></tr>
<tr><td>课程学分</td><td>2.5</td><td>总学时</td><td>40</td></tr>
<tr><td>课程类型</td><td colspan="3">□ 专业大类基础课 ■ 专业核心课 □ 专业选修课 □ 集中实践</td></tr>
<tr><td>开课学期</td><td colspan="3">□1-1 □1-2 □2-1 □2-2 □3-1 ■3-2 □4-1 □4-2</td></tr>
<tr><td>先修课程</td><td colspan="3">高等数学、线性代数、C 语言程序设计</td></tr>
<tr><td>教材、参考书及其他资料</td><td colspan="3">使用教材：
[1] 王艳芬，王刚，张晓光，等 . 数字信号处理原理及实现 [M]. 3 版 . 北京：清华大学出版社，2017.
参考教材：
[1] 数字信号处理，王艳芬（负责人），中国大学 MOOC.
[2] https://www.icourse163.org/course/CUMT-1205577801.
[3] 王艳芬，王刚，张晓光，等 . 数字信号处理原理及实现学习指导 [M]. 3 版 . 北京：清华大学出版社，2019.
[4] 程佩青 . 数字信号处理教程 [M]. 4 版 . 北京：清华大学出版社，2013.
[5] 胡广书 . 数字信号处理——理论、算法与实现 [M]. 3 版 . 北京：清华大学出版社，2012.
[6] 吴镇扬 . 数字信号处理 [M]. 3 版 . 北京：高等教育出版社，2016.
[7] 丁玉美，高西全 . 数字信号处理 [M]. 2 版 . 西安：西安电子科技大学出版社，2002.
[8] A.V. 奥本海姆，R.W. 谢弗 . 离散时间信号处理 [M]. 2 版 . 黄建国，刘树棠，张国梅，译 . 北京：电子工业出版社，2015.</td></tr>
</table>

5.9.2 课程描述

该课程主要介绍数字信号处理的基本原理和基本方法，是自动化专业核心课。通过本课程的学习，使学生对信息工程中数字信号的表述、运算，数字信号处理的基本理论和基本方法有较为全面的认识，并通过实验教学，了解数字信号处理的常用方法，掌握数字信号处理的数学工具，为进一步学习其他专业课程打下理论基础。

This course mainly introduces the basic principle and methods in digital signal processing. It is the compulsory foundation course of Automation. Students can get a comprehensive understanding to the basic principle and method of digital signal processing using in the information engineering. Through the experiment teaching, students can know the common methods and master the mathematical tools in digital signal processing, which can make the theoretical foundation for the other professional courses in the future.

5.9.3　课程教学目标和教学要求

通过“数字信号处理”课程的学习，使学生掌握数字信号处理的基础原理和基本分析设计方法，具有初步的算法分析和应用能力，为后续课程的学习及今后能够应用相关技术方法解决实际问题打下良好的基础。

通过本课程的教学和实验训练，达到以下目标。

教学目标 1：要求学生掌握数字信号处理的基础理论，主要包括离散信号和系统的描述方法、差分方程、时域分析、频域分析、z 域分析等。

教学目标 2：掌握数字滤波器的基本原理和分析设计方法，主要包括 IIR 数字滤波器、FIR 滤波器的基本理论和设计方法。

教学目标 3：培养学生对数字信号处理基本理论、算法、系统的分析、应用和设计能力。

教学目标 4：通过上机实验对算法及系统进行分析，理解不同设计方案对实际应用的影响。

课程目标与专业毕业要求的关联关系			
课程目标	工程知识 1	问题分析 2	设计 / 开发解决方案 3
1	H		
2			H
3			H
4		M	H

5.9.4 教学内容简介

章节顺序	章节名称	知识点	参考学时
0	绪论	数字信号处理系统的基本组成	3
1	时域离散信号和时域离散系统	时域离散系统分析（系统线性、时不变性、因果性、稳定性的判定），LTI 系统输入与输出之间的关系：线性卷积	5
2	时域离散信号和系统的频域分析	利用 Z 变换分析信号与系统的频域特性，即由系统函数的极点分布分析系统因果稳定性，由零极点分布定性分析系统的频率特性	6
3	离散傅里叶变换	DFT 的物理意义及基本性质	4
4	快速傅里叶变换原理	基 2 FFT 算法原理	5
5	无限脉冲响应数字滤波器的设计	IIR 数字滤波器的模拟原型滤波器的设计方法	5
6	有限脉冲响应数字滤波器的设计	线性相位 FIR 数字滤波器的窗函数设计方法	4
实验部分			
1	信号及系统基本特性分析	MATLAB 编程的基本方法；常用函数用法	2
2	FFT 算法实现	快速傅里叶变换	2
3	IIR 数字滤波器算法实现	IIR 数字滤波器算法	2
4	FIR 数字滤波器算法实现	FIR 数字滤波器算法	2

5.9.5 教学安排详表

序号	教学内容	学时分配	教学方式（授课、实验、上机、讨论）	教学要求（知识要求及能力要求）
第 0 章	绪论	3	授课	本章重点：数字信号处理系统的基本组成。 能力要求：通过学习掌握数字信号处理有关的基本概念，理解数字信号处理的特点，特别是与传统的信号处理相比有哪些优点，了解数字信号处理的应用领域、实现方法及其发展概况和发展趋势

续表

<table>
<tr><th>序号</th><th>教学内容</th><th>学时分配</th><th>教学方式（授课、实验、上机、讨论）</th><th>教学要求（知识要求及能力要求）</th></tr>
<tr><td rowspan="3">第 1 章</td><td>时域离散信号</td><td>2</td><td>授课</td><td rowspan="3">本章重点：时域离散系统分析（系统线性、时不变性、因果性、稳定性的判定），LTI 系统输入与输出之间的关系：线性卷积。
能力要求：掌握常用典型序列的表示方法。掌握离散系统的线性、时不变性、因果性、稳定性的判定，了解时域离散系统的输入输出描述方法（线性常系数差分方程），掌握线性时不变系统输入输出之间的关系（线性卷积），理解模拟信号的数字式处理的过程</td></tr>
<tr><td>时域离散系统</td><td>2</td><td>授课</td></tr>
<tr><td>模拟信号数字处理方法</td><td>1</td><td>授课</td></tr>
<tr><td rowspan="3">第 2 章</td><td>时域离散信号的傅里叶变换的定义及性质</td><td>2</td><td>授课</td><td rowspan="3">本章重点：利用 Z 变换分析信号与系统的频域特性，即由系统函数的极点分布分析系统因果稳定性，由零极点分布定性分析系统的频率特性。
能力要求：掌握序列的傅里叶变换的定义及性质，了解周期序列的离散傅里叶级数及傅里叶变换表示，掌握模拟信号与时域离散信号的傅里叶变换的关系，掌握模拟频率与数字频率之间的定标关系</td></tr>
<tr><td>周期序列的离散傅里叶级数及傅里叶变换表示式</td><td>2</td><td>授课</td></tr>
<tr><td>时域离散信号的傅里叶变换与模拟信号傅里叶变换之间的关系</td><td>2</td><td>授课</td></tr>
<tr><td rowspan="2">第 3 章</td><td>离散傅里叶变换的定义及物理意义</td><td>2</td><td>授课</td><td rowspan="2">本章重点：DFT 的物理意义及基本性质。
能力要求：掌握 DFT 的定义、物理意义及基本性质，理解并掌握线性卷积和循环卷积的关系、相等的条件</td></tr>
<tr><td>离散傅里叶变换的基本性质</td><td>2</td><td>授课</td></tr>
<tr><td>第 4 章</td><td>基 2 FFT 算法</td><td>5</td><td>授课</td><td>本章重点：基 2 FFT 的算法原理。
能力要求：理解基 2 FFT 算法原理</td></tr>
<tr><td rowspan="4">第 5 章</td><td>数字滤波器的基本概念</td><td>1</td><td>授课</td><td rowspan="4">本章重点：IIR 数字滤波器的模拟原型滤波器的设计方法。
能力要求：掌握数字滤波器的基本概念，掌握 IIR 滤波器的一般设计方法和设计步骤，掌握模拟原型滤波器的常用设计方法，理解模拟域或数字域的频率变换作用，掌握从模拟原型滤波器到数字滤波器的两种转换方法</td></tr>
<tr><td>模拟滤波器的设计</td><td>1</td><td>授课</td></tr>
<tr><td>用脉冲响应不变法设计 IIR 数字低通滤波器</td><td>2</td><td>授课</td></tr>
<tr><td>用双线性变换法设计 IIR 数字低通滤波器</td><td>1</td><td>授课</td></tr>
</table>

续表

序号	教学内容	学时分配	教学方式（授课、实验、上机、讨论）	教学要求（知识要求及能力要求）
第 6 章	线性相位 FIR 数字滤波器的条件和特点	2	授课	本章重点：线性相位 FIR 数字滤波器的窗函数设计方法。 能力要求：掌握线性相位 FIR 数字滤波器的条件和特点，掌握线性相位 FIR 数字滤波器的窗函数设计方法
	利用窗函数法设计 FIR 滤波器	2	授课	
实验部分				
1	信号及系统基本特性分析	2	实验	本章重点：MATLAB 编程的基本方法；常用函数用法。 能力要求：学习 MATLAB 编程的基本方法；掌握常用函数用法。了解不同信号的频域特性，理解时域特性与频域特性之间的关联性
2	FFT 算法实现	2	实验	本章重点：快速傅里叶变换。 能力要求：加深对快速傅里叶变换的理解，掌握 FFT 算法及其程序的编写，掌握算法性能评测的方法
3	IIR 数字滤波器算法实现	2	实验	本章重点：IIR 数字滤波器算法。 能力要求：加深对 IIR 数字滤波器的理解，掌握 IIR 滤波器算法及其程序的编写，掌握算法性能评测的方法
4	FIR 数字滤波器算法实现	2	实验	本章重点：FIR 数字滤波器算法。 能力要求：加深对 FIR 数字滤波器的理解，掌握 FIR 滤波器算法及其程序的编写，掌握算法性能评测的方法

5.9.6 考核及成绩评定方式

课程成绩考核包括平时考核和期末考核。平时考核包括出勤、课堂讨论及展示、回答问题、实验、报告撰写、小测验等形式。期末考核采取闭卷考试形式。平时考核成绩占总成绩的 50%，期末考核成绩占总成绩的 50%。

大纲制定者：张燕（河北工业大学）
大纲审核者：张军国、潘松峰
最后修订时间：2022 年 8 月 25 日

5.10 “虚拟仪器技术”理论课程教学大纲

5.10.1 课程基本信息

课程名称	虚拟仪器技术 Virtual Instrument Technology		
课程学分	2	总学时	32
课程类型	□ 专业大类基础课　■ 专业核心课　□ 专业选修课　□ 集中实践		
开课学期	□1-1　□1-2　□2-1　□2-2　□3-1　■3-2　□4-1　□4-2		
先修课程	C 语言程序设计、微机原理及应用、传感器与检测技术		
教材、参考书及其他资料	使用教材： [1] Jeffrey Travis，Jim Kring. LabVIEW 大学实用教程 [M]. 3 版 . 乔瑞萍，等译 . 北京：电子工业出版社，2016. 参考教材： [1] Robert H. Bishop. LabVIEW 实践教程 [M]. 乔瑞萍，译 . 北京：电子工业出版社，2014.		

5.10.2 课程描述

“虚拟仪器技术”课程是自动化专业的专业选修课程。虚拟仪器系统结合计算机技术与测量仪器技术，采用高性能数据采集卡连接现场传感器、数据采集设备与计算机系统，能实现高精度数据采集和高速数据传送；计算机系统具有强大的运算能力，能运行复杂算法处理采集数据，获得所需的数据分析结果。虚拟仪器技术已被广泛应用在通信、自动化、航空、电子、电力、生化制药和工业生产等各领域。本课程主要讲授虚拟仪器技术的基础知识，主要包括：LabVIEW 语言编程，数据采集的基本原理与硬件接口设计技术。通过学习本课程，学生能够理解虚拟仪器技术的概念，熟练掌握 LabVIEW 语言程序设计的基本工具和方法；理解数据采集的基本概念，掌握数据采集接口技术，初步具备设计虚拟仪器系统的能力。

Virtual Instrument Technology course is an optional course for majors in automation, electrical engineering and automation. The virtual instrument system combines computer technology and measuring instrument technology, and uses high-performance data acquisition cards to connect field sensors and data acquisition equipment to computer systems, which can achieve high-precision data acquisition and high-speed data transmission; the computer system has powerful computing capabilities and can run complex program to process the collected data to obtain the expected data analysis results. Virtual instrument technology has been widely used in various fields such as communications, automation, aviation, electronics, electric power, biochemical pharmacy and industrial production. The contents of this course mainly include the knowledge of virtual instrument technology, including: LabVIEW language programming, fundamental principles of data acquisition and hardware interface design technology. By studying this course, students can understand the concept of virtual instrument technology and data acquisition, learn LabVIEW language programming, master data acquisition interface technology, and design simple virtual instrument systems.

5.10.3 课程教学目标和教学要求

通过课程学习和实践训练，学生能够掌握虚拟仪器的基本原理、虚拟仪器的体系结构、虚拟仪器的软硬件系统等基本知识。熟悉虚拟仪器图形化编程语言 LabVIEW 的工作原理，学握 LabVIEW 程序设计的基本原理与方法。学握基于 LabVIEW 的信号分析与处理的基本方法和技能。能够综合运用虚拟仪器和 LabVTEW 的相关知识，完成一项较为复杂和完整的虚拟仪器的设计任务。

教学目标 1：了解虚拟仪器系统的概念和构成、G 编程语言的特点，熟练掌握 G 语言程序设计的基本工具和方法。培养学生的创新意识，创新观念。提高学生独立工作，实现创新的能力。

教学目标 2：掌握数据采集的基本概念，初步具备设计虚拟仪器系统的能力。提高学生独立工作能力。

课程目标与专业毕业要求的关联关系		
课程目标	设计 / 开发解决方案 3	使用现代工具 5
1		H
2	H	

5.10.4 教学内容简介

章节顺序	章节名称	知识点	参考学时
1	LabVIEW 概述	虚拟仪器、LabVIEW 编程环境	4
2	LabVIEW 编程工具和基本数据类型	工具选项卡、控件选项卡、函数选项卡的使用方法	5
3	LabVIEW 复合数据类型	数组和簇的操作函数	4
4	LabVIEW 基本程序结构	顺序结构、条件结构、循环结构的图形化编程方法	6

续表

章节顺序	章节名称	知识点	参考学时
5	LabVIEW 图形显示程序设计	掌握图形、图表控件概念和基本编程方法	5
6	LabVIEW 文件 I/O 程序设计	掌握字符串的概念和操作函数、数据文件格式和基本操作函数	5
7	LabVIEW 数据采集	信号产生和处理的基本概念	3

5.10.5　教学安排详表

序号	教学内容	学时分配	教学方式（授课、实验、上机、讨论）	教学要求（知识要求及能力要求）
第 1 章	LabVIEW 发展历史与应用现状，数据采集的概念	1	授课	本章重点：虚拟仪器、LabVIEW 编程环境。 能力要求：掌握虚拟仪器、LabVIEW 编程基本概念，理解 LabVIEW 图形化编程特点和虚拟仪器特点
	LabVIEW 编程环境	2	授课、实验	
	LabVIEW 程序创建	1	授课	
第 2 章	工具选项卡、控件选项卡、函数选项卡	1	授课	本章重点：工具选项卡、控件选项卡、函数选项卡的使用方法。 能力要求：掌握工具选项卡、控件选项卡、函数选项卡的使用；掌握基本数据类型及其对应的图形编程元素；掌握子 vi 创建、调试技术
	几类基本数据类型	2	授课	
	子 vi 创建	2	授课	
第 3 章	数组的操作	2	授课	本章重点：数组和簇的操作函数。 能力要求：掌握数组和簇的创建、相关函数、操作方法
	簇的操作	2	授课	
第 4 章	顺序结构	1	授课	本章重点：顺序结构、条件结构、循环结构的图形化编程方法。 能力要求：掌握顺序结构、条件结构、循环结构、定时结构
	Case 结构	1	授课	
	定时结构	2	授课	
	For 循环	1	授课	
	While 循环	1	授课	
第 5 章	波形图表（Waveform Charts）绘制	1	授课	本章重点：掌握图形、图表控件概念和基本编程方法。 能力要求：掌握图形和图表控件，学会 LabVIEW 作图的基本方法
	波形图（Waveform Graph）绘制	2	授课	
	时间戳、波形	2	授课	
第 6 章	字符串	2	授课	本章重点：字符串的概念和操作函数，数据文件格式和基本操作函数。

续表

序号	教学内容	学时分配	教学方式（授课、实验、上机、讨论）	教学要求（知识要求及能力要求）
第 6 章	文件输入输出	3	授课	能力要求：掌握字符串的基本操作、文件操作的基本方法
第 7 章	信号的产生和处理函数	1	授课	本章重点：信号产生和处理的基本概念。能力要求：掌握信号产生和处理函数的使用，掌握 NI-DAQ 数据采集卡的使用
	理解模拟和数字 I/O	1	授课	
	NI-DAQmx 任务	1	授课	

5.10.6 考核及成绩评定方式

以平时考核作为课程成绩考核。平时考核包括课堂讨论及展示、回答问题、实验、报告撰写等形式。其中，课堂互动讨论成绩占总成绩的 20%，课程实验考核成绩占总成绩的 80%。

大纲制定者：胡春鹤（北京林业大学）
大纲审核者：张军国、潘松峰
最后修订时间：2022 年 8 月 25 日

5.11 “自动控制原理”理论课程教学大纲

5.11.1 课程基本信息

课程名称	自动控制原理		
	Automatic Control Principle		
课程学分	3	总学时	48
课程类型	□ 专业大类基础课 ■ 专业核心课 □ 专业选修课 □ 集中实践		
开课学期	□1-1 □1-2 □2-1 □2-2 ■3-1 □3-2 □4-1 □4-2		
先修课程	高等数学、工程数学、电路分析、模拟电子技术		
教材、参考书及其他资料	使用教材： [1] 刘文定，谢克明 . 自动控制理论 [M]. 4 版 . 北京：电子工业出版社，2018. 参考教材： [1] 胡寿松 . 自动控制原理 [M]. 7 版 . 北京：科学出版社，2019. [2] 胡寿松 . 自动控制原理习题解析 [M]. 3 版 . 北京：科学出版社，2019. [3] Katsuhiko Ogata. 控制理论 MATLAB 教程（英文版 • 中文评注）[M]. 王峻，评注 . 北京：电子工业出版社，2019.		

5.11.2　课程描述

"自动控制原理"是自动化专业核心课程，是自动化专业的学生进行控制系统分析和设计的理论基础。本课程主要讲授自动控制系统基本概念和基本原理、控制系统的数学模型、线性连续系统的时域分析法、根轨迹法、频域分析法、线性连续系统的校正、线性离散系统的分析等知识。通过该课程的学习，学生应掌握自动控制系统的基本原理和建模方法，掌握利用经典控制理论分析和设计控制系统的基本方法，为后续课程的学习奠定理论基础。

Automatic Control Principle is a professional basic course for automation major. It is the theoretical basis for automation major to analyze and design control systems. This course mainly introduces the basic concepts and principles of automatic control system, mathematical model of control system, time domain analysis method, root locus method, frequency domain analysis method, correction method of linear continuous system, analysis of linear discrete system. Through the study of this course, students should master the basic principle and modeling method of automatic control system, and learn to analyze and design the automatic control system using classical theory, so as to lay a theoretical foundation for the subsequent courses.

5.11.3　课程教学目标和教学要求

"自动控制原理"课程注重自动控制系统的基本概念、基本原理及基本方法，教学内容遵循由简到繁、逐步深入的原则，采用从系统数学模型建立，到系统稳定性研究，动态特性和稳态特性分析，再到系统综合校正，最后针对特殊的非线性系统和离散系统分析的教学体系，力求难点分散，利于教学，完善和提高教学效果。通过本课程的理论教学和实验训练，使学生具备下列能力。

课程目标 1：能够应用工程数学、物理学、电机学和控制理论基本知识表述控制工程问题，建立实际工程系统的数学模型和进行不同数学模型之间的相互转换，并能正确求解系统的时域响应和频域响应，理解实际工程系统机理建模的局限性。

课程目标 2：掌握运用控制理论的时域法、频域法和根轨迹法对控制工程问题进行稳定性、动态性能和静态特性的定量分析和系统综合评判，具有给出有效结论及提出系统解决方案的能力。

课程目标 3：能够对复杂工程问题建立自动控制系统数学模型和实验模型，进行控制系统模拟实验分析与性能指标计算，并能有效合理地分析实验结果，获取有效的结论。

课程目标 4：能够利用 MATLAB/Simulink 等软件工具进行复杂工程问题的数学建模，时域、根轨迹和频域仿真研究，获取系统有效的结论，并能理解其局限性。

课程目标与专业毕业要求的关联关系				
课程目标	工程知识 1	问题分析 2	设计 / 开发 解决方案 3	使用现代工具 4
1	H			
2		H		
3		M	H	
4			M	H

5.11.4 教学内容简介

章节顺序	章节名称	知识点	参考学时
1	自动控制的一般概念	自动控制基本概念；自动控制系统的控制方式；闭环（负反馈）控制系统组成及其工作原理；自动控制系统的方框图绘制及工作原理分析；自动控制系统的分类；自动控制系统的基本要求	2
2	控制系统的数学模型	简单控制系统的建模；线性定常微分方程的求解；传递函数的定义、性质；结构图和信号流图的绘制方法；结构图等效变换；梅森公式求传递函数；开环、闭环传递函数和闭环误差传递函数的概念	6
3	线性系统的时域分析法	欠阻尼二阶系统响应分析及性能指标计算；二阶系统性能改善的方法；劳斯稳定性判据及其应用；稳态误差的计算	8
4	线性系统的根轨迹法	180°根轨迹的绘制方法；利用根轨迹分析系统性能	6
5	线性系统的频域分析法	开环幅相特性曲线的绘制；开环对数幅频渐近特性曲线的绘制；传递函数的频域实验确定；频率域稳定判据及其应用；稳定裕度定义及计算；频域性能指标及其与时域性能指标之间关系；开环对数频率特性和系统性能之间关系	8
6	线性系统的设计与校正方法	PID 控制规律；串联超前、串联滞后、串联滞后 – 超前校正的特点、适用范围及校正步骤	8
7	采样控制系统	差分方程的求解；系统脉冲传递函数的计算；离散系统稳定性的判定方法；离散系统稳态误差的计算；离散系统动态性能的分析	4
8	非线性系统分析	非线性系统特性；非线性系统描述函数法；相平面法	6

5.11.5　教学安排详表

序号	教学内容	学时分配	教学方式（授课、实验、上机、讨论）	教学要求（知识要求及能力要求）
第 1 章	自动控制概念	1	授课	本章重点：人工控制到自动控制的基本原理，实际系统分析构成的开环控制，闭环控制系统的特点及一般结构和名词术语。 控制系统的基本任务和要求，控制系统的稳定性、稳态误差、动态特性、抗干扰性概念和实际意义。 工程控制系统的分类，线性系统与非线性系统，定常系统与时变系统，连续系统与离散系统，单输入单输出系统与多输入多输出系统。 不同类型控制系统的实例分析。 能力要求：要求学生理解自动控制的基本概念，熟练掌握开环控制系统和闭环控制系统的结构和特点，了解自动控制系统的各种分类方法，熟练掌握反馈控制的原理和反馈控制系统的构成，掌握自动控制系统的常用术语及定义，解读控制系统的基本要求（稳，准，好）
	自动控制实例	1	授课	
第 2 章	控制系统数学模型	3	授课	本章重点：工程问题的物理模型和数学模型，建立理想系统数学模型的必要性和局限性，实际工程问题和数学模型之间关系。 控制系统建立数学模型的两种基本方法——分析推导法（解析法）和实验辨识法（实验法）。 控制系统数学模型的多种形式，微分方程、传递函数、方框图、信号流图。各种数学模型的特点及求取方法。 实际系统的数学模型可以分为典型环节的形式，比例、积分、微分、惯性、振荡、延迟环节的传递函数及特点。 控制系统数学模型之间的相互转换，方框图简化、梅逊公式的含义及求取。 开环传递函数、闭环传递函数、误差传递函数、系统的特征多项式、特征根等概念和物理意义。 传递函数的多项式型、零极点型、时间常数型、系统零极点图、零点、极点、放大系数等。 实际系统非线性环节数学模型的线性化。 数学模型的计算机辅助软件表示。 能力要求：要求学生了解数学模型是分析和设计控制系统的基础，数学模型是对实际系统的抽象，建

续表

序号	教学内容	学时分配	教学方式（授课、实验、上机、讨论）	教学要求（知识要求及能力要求）
第2章	模型转换方法	3	授课	立理想化的数学模型的必要性及其局限性。实际控制系统建模的两种方式——解析法和实验法。理解系统的数学模型由系统的结构和参数决定，系统的阶数由系统中独立储能元件个数决定。 理解线性系统的输入输出变量的描述——数学模型是系统的外部描述，具有采用机理分析系统原理图到系统微分方程、传递函数、结构图、信号流图等数学模型的求取能力，可以灵活地完成系统数学模型之间的相互转换（包括熟练掌握方框图化简原则，熟练掌握梅逊公式求传递函数的方法），掌握控制系统的开环传递函数、闭环传递函数、误差传递函数、特征多项式和特征根的定义和求取。 掌握系统传递函数的几种表达方式（典型环节型、多项式型、零极点型、时间常数型等），理解零极点的概念及零极点对系统响应的影响。 借助 MATLAB/Simulink 软件，实现系统数学模型的表示和模型的相互转换。 了解非线性系统数学模型的线性化方法
第3章	控制系统时域分析	2	授课	本章重点：线性定常控制系统在输入信号作用下的时域响应（包括稳态分量和暂态分量）概念，系统时域响应和系统性能指标之间的关系；系统时域响应的形式和系统结构，参数、初始条件及输入信号等的关系。 控制系统时域响应下动态性能指标和稳态性能指标的定义及物理含义。 一阶系统的数学模型，一阶系统的阶跃响应及特点，脉冲响应及系统的性能指标。 典型二阶系统的数学模型，二阶系统在不同阻尼比（欠阻尼、过阻尼、临界阻尼、无阻尼）下的阶跃响
	一阶、二阶系统模型	2	授课	
	稳定性与劳斯判据	3	授课	应与脉冲响应，二阶系统的性能指标与系统参数之间的关系。重点分析二阶系统参数变化对系统动态和稳态指标的影响及实际工程设计中的考虑。 实际工程中高阶系统的数学模型，高阶系统的响应形式——根据其极点位置分成几种类型（单调变化、衰减振荡、发散等），实际工程中忽略一些次

续表

序号	教学内容	学时分配	教学方式（授课、实验、上机、讨论）	教学要求（知识要求及能力要求）
第 3 章	稳定性与劳斯判据	3	授课	要因素的概念，提出高阶系统主导极点及偶极子概念，高阶系统的降阶的分析。 工程问题控制系统稳定性的概念和定义，线性定常系统稳定的充分必要条件，稳定和系统响应的对应关系，系统稳定性的代数判据（劳斯判据和赫尔维斯判据），控制系统的条件稳定和结构不稳定概念及特点。 工程系统中如何调节系统结构和参数使控制系统稳定，控制系统的绝对稳定和相对稳定。 控制系统稳态误差的定义，稳态误差的求取，系统的型号、静态和动态误差系数，系统稳态误差和系统结构及参数的关系，工程中消除稳态误差的途径。 系统稳定性与稳态误差之间的矛盾及解决措施。 控制系统的计算机辅助分析。 能力要求：了解线性定常系统时域响应的概念（稳态响应与暂态响应），理解典型输入信号（阶跃信号，速度信号，加速度信号，脉冲信号和正弦信号）系统响应的意义及其数学表达式，了解系统响应形式和系统结构，参数及初始条件的关系。 熟练掌握一阶系统的特点，数学模型和一阶系统的单位阶跃响应及性能指标，系统参数对系统性能指标的影响，工程中系统响应的特点。 熟练掌握二阶系统数学模型的典型形式，不同阻尼比（欠阻尼、过阻尼、临界阻尼、无阻尼）下系统单位阶跃响应的表达式及特点，熟练掌握欠阻尼下系统的性能指标（超调量、上升时间、峰值时间、过渡过程时间）求取，熟练掌握分析系统性能指标与系统参数之间的关系，掌握工程中二阶系统结构和参数对系统性能指标的影响。 解释高阶系统的时域响应与零极点之间的关系，掌握工程高阶系统主导极点的概念，掌握高阶系统降为低阶系统的原则，掌握采用一阶、二阶系统的响应近似分析高阶系统的性能指标，了解主导极点和偶极子的概念。

续表

序号	教学内容	学时分配	教学方式（授课、实验、上机、讨论）	教学要求（知识要求及能力要求）
第3章	二阶系统的实例分析	1	讨论	理解线性定常系统稳定性的定义和含义，熟练掌握线性常定系统稳定的充分和必要条件，熟练应用劳斯判据和赫尔维斯判据判别线性常定系统稳定性和研究系统稳定与系统参数之间的关系，熟练掌握工程系统中改变系统结构和参数达到系统稳定。 了解系统误差及稳态误差的定义，了解系统的型号（0型、Ⅰ型、Ⅱ型等系统）定义，熟练掌握给定信号作用下的稳态误差系数（位置误差系数、速度误差系数、加速度误差系数）的计算及稳态误差的求取，熟练掌握扰动信号作用下稳态误差的计算。 熟练掌握降低和消除控制系统稳态误差的途径（增加积分环节个数，增大放大倍数，采用复合控制等），一般了解系统的动态误差系数法。 掌握计算机辅助法分析系统的响应及求取系统性能指标。 讨论（1学时）启发引导学生进行二阶系统的时域分析，举例判断系统的稳定性，掌握系统稳态误差的求取及降低稳态误差的途径
第4章	根轨迹概念	2	授课	本章重点：根轨迹的基本概念，根轨迹的基本方程，幅值条件和相角条件。 常规根轨迹绘制的基本规则及实际系统根轨迹。 广义根轨迹（非K参变量、多变量、正反馈）的等效变换及绘制规则，广义根轨迹的绘制。 根轨迹法分析系统的稳定性、动态特性。 计算机辅助法绘制系统根轨迹。 能力要求：要求掌握根轨迹的基本概念，理解根轨迹的基本方程、幅值条件和相角条件。 熟练掌握以开环增益K为变量的根轨迹（常规根轨迹）的基本概念，根轨迹的基本方程，根轨迹的相角条件和幅值条件，能熟练根据根轨迹的规则绘制系统的根轨迹。 掌握广义根轨迹的等效变换原则，熟练掌握广义根轨迹的绘制。 熟练掌握由根轨迹图求取系统的闭环极点及分析系统的动态性能指标；了解增加零极点对系统根轨迹的影响
	根轨迹绘制	2	授课	
	根轨迹分析	2	授课	

续表

序号	教学内容	学时分配	教学方式（授课、实验、上机、讨论）	教学要求（知识要求及能力要求）
第 5 章	频域特性分析	1	授课	本章重点：线性系统频率特性的概念，系统的幅频特性，相频特性，频域性能指标。 频率特性的三种图形表示，幅相频率特性曲线 – 极坐标曲线（Nyquist），对数频率特性曲线（Bode），对数幅相曲线（Nichols）。 典型环节频率特性及对应的 Nyquist 曲线和 Bode 曲线。 系统开环频率特性曲线的绘制，Nyquist 曲线，Bode 图。 最小相位系统与非最小相位系统，最小相位系统开环频率特性的特点及由最小相位系统对数幅频特性曲线求取系统的传递函数。 奈奎斯特稳定判据，奈奎斯特稳定判据在极坐标和 Bode 图中的应用，系统的绝对稳定和相对稳定——稳定裕量（幅值裕量和相角裕量）。 系统闭环频率特性，等 M 和等 N 圆与闭环频率特性。 频率特性分析系统的动态特性和稳态特性。 系统频率性能指标与时域性能指标之间的关系。 计算机辅助分析系统的频率特性及系统的性能指标。 能力要求：了解线性系统正弦信号作用下的稳态响应的特点，理解频率特性的物理含义和定义，熟练掌握系统频率特性的求取、频率特性的表示方法。 熟练掌握典型环节频率特性的 Bode 图渐近线的绘制及特点，熟练掌握开环系统极坐标图、对数坐标图（Bode 图）绘制（包括渐近线和修正曲线），理解最小相位系统和非最小相位系统的区别和特点，熟练掌握最小相位系统的对数幅频特性求取系统的开环传递函数。 理解保角映射定理和系统稳定的奈奎斯特判据的关系，熟练掌握根据系统的开环频率特性判别闭环系统稳定性的奈氏判据，熟练掌握系统相角裕度和增益裕度在不同图形中的定义和计算。 了解闭环频率特性的等 M 圆和等 N 圆的确定，掌握系统开环和闭环频域性能指标与时域性能指标之间的关系。
	频域特性图形表示	2	授课	
	系统开环频域分析	1	授课	
	系统闭环频域分析	2	授课	

续表

序号	教学内容	学时分配	教学方式（授课、实验、上机、讨论）	教学要求（知识要求及能力要求）
第 5 章	频域与时域特性关系	2	授课	熟练掌握频率特性分析控制系统的动态和静态指标，熟练掌握系统频率特性的三频段概念及和系统特性之间的关系。 熟练掌握 MATLAB/Simulink 绘制系统的频率特性曲线和求取系统的频域性能指标
第 6 章	设计与校正概念	1	授课	本章重点：控制系统的时域、频域和综合性能指标及之间的关系。 控制相同设计与校正的概念，校正的方法，校正的形式及校正装置的特性。 线性控制系统的基本控制规律——PID 控制，不同 PID 控制规律的作用特点及对系统性能指标的影响特性。 无源和有源校正装置的数学表达式及其特性（超前，滞后，滞后 – 超前校正装置）。 频率法对控制系统串联校正装置的分析法设计（根据系统分析、性能指标要求确定校正装置类型，确定校正装置参数，校验设计结果，最后确定对应的实现装置）。 控制系统串联校正装置的综合法设计（期望特性法），根据要求的动态和稳态性能指标确定系统所具有的期望的频率特性，与系统的固有特性比较确定系统校正装置特性，由校正装置特性确定校正装置的类型及校正装置的参数，校验设计结果，最后确定对应的实现装置。 控制系统并联（反馈）校正的特点，反馈校正装置的设计。 复合校正系统的类型和特点，复合校正装置的设计。 计算机辅助设计控制系统校正装置。 能力要求：要求了解控制系统校正问题的提出和校正的基本概念，掌握常规 PID 控制规律的作用及对系统产生的影响，掌握串联校正、反馈校正和复合校正的概念和结构。 熟练掌握无源和有源超前校正、滞后校正、滞后 – 超前校正装置的特点及对系统产生的影响。 熟练掌握频率法串联超前校正、滞后校正、滞后 – 超前校正的分析法的设计及校正装置的实现。 熟练掌握最小相位系统的期望特性（综合法）校正法的设计及校正装置的实现。
	PID 控制	1	授课	
	无源与有源校正	2	授课	
	串联校正	2	授课	
	并联校正	2	授课	

续表

序号	教学内容	学时分配	教学方式（授课、实验、上机、讨论）	教学要求（知识要求及能力要求）
第 6 章	系统校正实现	1	讨论	了解反馈校正特点及设计方法。 掌握复合校正概念、特点及设计校正装置。 具有采用计算机辅助设计法设计校正装置及系统分析的能力。 讨论（1 学时）：从系统的稳态和动态特性分析入手，探讨系统不满足要求时，可以采用的方法及校正装置的设计和实现，鼓励使用计算机辅助法设计校正装置
第 7 章	离散系统的基本概念	0.5	授课	本章重点：差分方程的求解；系统脉冲传递函数的计算；离散系统稳定性的判定方法；离散系统稳态误差的计算；离散系统动态性能的分析。 能力要求：理解离散控制系统的结构，理解采样定理和信号保持过程。 掌握 Z 变换和 Z 反变换方法，掌握差分方程的求解方法，掌握系统脉冲传递函数的计算方法，掌握离散系统稳定性的判定方法，掌握离散系统稳态误差的计算方法，掌握离散系统动态性能的分析方法
	信号的采样与保持	1	授课	
	Z 变换理论	0.5	授课	
	离散系统的数学模型	1	授课	
	离散系统的稳定性与稳态误差	1	授课	
第 8 章	非线性系统特性	2	授课	本章重点：非线性系统概念、非线性系统特性及数学描述，非线性环节的描述函数及非线性系统的描述函数分析方法，相平面法的基本概念，线性系统的奇点及类型，非线性系统在奇点附近线性化，非线性系统的相平面分析方法。 能力要求： 要求学生了解非线性系统与线性系统的区别，掌握常见非线性环节的数学表达式及波形。理解非线性系统描述函数的思路及定义，能够求取非线性环节的描述函数，熟练掌握用描述函数法分析非线性系统的稳定性，掌握任意非线性系统等效为典型非线性系统的方法。 理解非线性系统相平面法的基本概念，相轨迹的定义，了解奇点与极限环的概念，掌握线性系统常见的六种奇点及对应的相轨迹，掌握非线性系统奇点附近线性化的方法，了解非线性系统的极限环的概念。
	非线性系统描述函数法	2	授课	

续表

序号	教学内容	学时分配	教学方式（授课、实验、上机、讨论）	教学要求（知识要求及能力要求）
第 8 章	相平面法	2	授课	熟练掌握解析法绘制非线性系统的相轨迹，掌握绘制相轨迹的作图法——等倾线法，掌握从非线性系统的相轨迹分析系统的动态响应。

5.11.6 考核及成绩评定方式

【考核方式】

课程总评成绩由平时成绩、期末考试成绩等组成。

【成绩评定】

课程目标达成度考核评价的构成与比例如下：

平时成绩 30%。主要考核对课堂知识点的理解、掌握和应用能力。主要形式是出勤 5% 和课堂讨论 10%，作业成绩 15%。

期末考试成绩 70%。期末考试时间为 120 分钟，考试采用闭卷形式进行。

大纲制定者：刘爽（燕山大学）
大纲审核者：张军国、潘松峰
最后修订时间：2022 年 8 月 25 日

第6章 自动化专业培养方案调研报告（本科复合型）

6.1 调研思路

1. 明确要求

自动化领域所具有的普遍应用性和广泛渗透性的特点，奠定了其在国家发展以及社会进步中不可替代的重要地位，自动化水平的高低成为衡量一个国家现代化程度的重要标志。自动化专业旨在培养掌握自动化领域的基本理论、基本知识和专业技术，兼备知识、能力与综合素质全面发展的人才，可在国民经济、国防建设和社会发展多行业领域从事自动化控制系统设计、运行管理及新技术研发等工作，为高等院校、科研院所输送后备人才。自动化专业综合性强，主干学科为控制科学与工程，相关学科有信息与通信工程、电气工程、计算机科学与技术等。经过50多年的发展，自动化专业形成了较为稳定的培养目标和教学体系。近年来，电子技术、计算机技术、网络技术、通信技术、电力电子技术以及电气技术等的快速发展，加速了自动化产品的更新换代，也对自动化专业教育知识体系的更新提出了新要求。在新工科背景下，如何培养适应技术更新并持续为社会发展做出有益贡献的高素质、宽口径、复合型的自动化科学与技术专门人才对自动化专业办学提出了新要求。

2. 统一思想

以习近平新时代中国特色社会主义思想为指导，全面贯彻党的教育方针，落实全国教育大会、新时代全国高等学校本科教育工作会议精神，坚持以人为本，推进“四个回归”，落实立德树人根本任务，贯彻以学生发展为中心的教育理念，遵循高等教育教学规律和人才成长规律，深化人才培养模式改革，全面推进课程思政建设，坚持“四个面向”，着力提升人才培养与经济社会发展需求的适应度和契合度，构建高质量本科人才培养体系，努力培养德智体美劳全面发展的社会主义建设者和接班人。本次调研在有关上位文件的指导下开展实施，具体包括：《中华人民共和国国民经济和社会发展第十四个五年规划和2035年远景目标纲要》及辅导读本和摘要，中央关于人才培养方面的有关文件与领导讲话，教育部等有关部委关于人才培养、专业设置、课程建设方面的文件，自动化类教学质量国家标准，《普通高等学校本科教育教学审核评估实施方案（2021—2025年）》《学士学位授权与授予管理办法》等。

3. 立足国内

国外有关高校很少单独设置自动化类专业，自动化专业可以说是我国独有专业，截至目前国内开设自动化专业的院校有500余所。因此本次调研主要立足国内行业代表性院校。全国高校自动化方向本科复合型人才培养方案模板构建工作组积极吸纳成员单位参加，主要包括北京林业大学、青岛大学、中国矿业大学、北京化工大学、河北工业大学、太原理工大学、东北林业大学、山东科技大学以及燕山大学等10余所高校。各成员单位深入调研国内同类院校、行业企业，分析行业企业对自动化专业复合型人才知识、能力和综合素养等方面的要求与实现途径，明晰专业人才培养的标准和能力需求，为自动化方向本科复合型人才培养方案模板构建工作积累原始支撑材料。工作组各成员单位多次召开专题会议，受疫情形势影响，会议均采用线上会议形式。工作组建有专门微信工作讨论群，就自动化专业复合型人才培养方案构建思路、工作进度安排和具体推进办法进行充分讨论。

6.2 调研对象

调研对象包括北京航空航天大学、大连理工大学、中国海洋大学、北京林业大学、青岛大学、中国矿业大学、北京化工大学、河北工业大学、太原理工大学、东北林业大学、江苏大学、山东科技大学以及燕山大学等10余所高校，表中给出了相关高校通过工程教育专业认证的情况。

各调研高校通过工程教育专业认证情况

学校名称	通过工程教育专业认证	有效期	
		起始年月	终止年月
北京化工大学	是	2019年1月	2024年12月（有条件）
北京林业大学	是	2023年1月	2028年12月（有条件）
东北林业大学	是	2020年1月	2025年12月
河北工业大学	否		
山东科技大学	是	2020年1月	2025年12月
太原理工大学	是	2021年1月	2026年12月（有条件）
湖南工业大学	是	2021年1月	2026年12月（有条件）
青岛大学	是	2020年1月	2025年12月
燕山大学	是	2018年1月	2023年12月
中国矿业大学	否		
北京航空航天大学	是	2019年1月	2024年12月（有条件）

续表

学校名称	通过工程教育专业认证	有效期	
		起始年月	终止年月
大连理工大学	是	2019 年 1 月	2024 年 12 月（有条件）
中国海洋大学	否		
江苏大学	否		

6.3　调研情况分析

1. 学制年限

根据调研结果，对各调研高校的学制、学习年限、学分要求以及课程模块设置等情况进行了分析。

各调研高校学制要求

学　　制	高校名称	各高校本学科要求
标准学制	北京林业大学、东北林业大学、河北工业大学、山东科技大学、太原理工大学、燕山大学、大连理工大学、中国海洋大学	4 年
弹性学制	北京化工大学	4 年（弹性学制 3 ～ 6 年）
	中国矿业大学	
	青岛大学	
	北京航空航天大学	4 年（最长不超过 6 年）
	湖南工业大学	
	西北工业大学	4 年（弹性学习年限）
	江苏大学	4 年（弹性学制 3 ～ 8 年）

2. 培养目标

各调研高校培养目标

学校名称	培养目标
北京化工大学	培养学生能够运用自动化专业知识与工程技能，具备独立发现、研究与解决现实中复杂工程问题的能力。系统掌握自动控制、系统工程、智能系统、自动化装置、计算机应用与网络、信息化技术等工程技术基础和专业知识，具备自动控制系统分析与设计、研究与开发、集成与运行、管理与决策等工程实践能力。树立较为全面的系统观念，具备在自动化及相关领域进行科学研究、技术管理、技术开发和知识创新的综合能力。造就具有扎实的自然科学基础、较高的人文社会科学素质、宽广的专业知识和较强的国际竞争力的复合型高级技术和管理人才，在工作中具有社会责任感、安全与环保意识，能够积极服务于国家和社会；能够通过继续教育或其他终身学习渠道，自我更新知识和提升能力，进一步增强创新意识和开拓精神

续表

学校名称	培养目标
北京林业大学	本专业旨在培养能适应国家与科技发展需求，具有良好的道德文化素养、社会责任担当、德智体美劳全面发展的社会主义建设者和接班人。培养熟练掌握数学、基础自然科学与自动化工程系统知识，具备系统思维、多学科知识融合和实践创新能力，具备良好的沟通能力、团队合作精神以及国际视野，能在终身学习、领导能力和多专业交叉融合上表现出担当和进步，能够在自动化工程及林业工程领域从事科学研究、技术开发、技术管理和知识创新的复合型高素质人才
东北林业大学	培养具有良好的人文科学素养、社会责任感和职业道德；宽广的自然科学基础、扎实的自动化专业基础和专业技能；具备工程实践、解决复杂工程问题和团队管理等方面能力的应用型技术人才和管理人才。本专业培养的学生毕业后 5 年左右将成为自动化领域工程师，能在自动化相关领域承担工程设计、技术开发、工程管理等工作，成为所在单位相关领域的技术或管理人才
河北工业大学	本专业服务京津冀区域产业经济，坚持“工学并举”办学特色，培养忠于社会主义事业、胸怀家国天下、德智体美劳全面发展的自动化工程技术领域中坚力量；培养具有健全人格与团队精神，具备专业素养和职业道德，拥有国际视野与创新意识，有理想担当和自主学习能力，了解和紧跟学科专业发展，胜任自动控制系统研究、设计开发、部署与应用等工作，在相关技术领域具有就业竞争力的高素质专门技术人才
山东科技大学	培养具有社会主义核心价值观、健全人格、职业道德和社会责任感，具备创新精神、团队意识和国际视野，成为德智体美劳全面发展的社会主义事业合格建设者和可靠接班人，能够在自动化领域从事技术开发与应用、工程设计与实施、运行与维护、组织与管理等方面工作的应用创新型人才
太原理工大学	秉承“求实、创新”校训，通过各种教育教学实践活动，培养服务于国民经济建设和社会进步发展需要，具有信念坚定、品德高尚，肩负社会责任，掌握宽厚的自然科学和工程基础知识、必备的专业知识和工程技术，具有国际视野和创新精神，能在自动化工程领域胜任系统和装置的研发与应用、复杂生产过程的运维与调度、技术与项目管理等工作，在数字和智能时代引领自动化及相关领域的综合性工程技术创新人才
湖南工业大学	本专业主要培养学生掌握控制理论与控制系统工程基础知识，训练学生具备电路与电子技术、控制理论、过程检测与仪表、信息处理、控制系统与控制装置等工程技术基础和应用专业知识的基本技能，使其成为能在运动控制、轨道交通自动化、包装自动化等领域从事系统分析、设计、运行和科技开发与应用等工作的应用型高级专门人才。本专业学制四年，授予工学学士学位
燕山大学	主要培养在冶金机械、军事国防、汽车电子、物联网及自动化相关行业中的自动化方向高级技术和管理人才，解决行业中的运动控制、计算机控制、机器人控制、网络互联互通、先进控制等技术问题。培养学生具备较宽厚的自动控制基础理论和扎实的控制系统设计、技术开发及系统集成基础知识，专业知识与应用能力，具有一定的社会责任感、组织管理能力、创新精神和国际化视野、团队精神和专业技术能力，能在工业生产第一线从事自动化领域内的自动控制系统设计制造及调试、技术开发、应用研究、运行管理等方面工作的研究应用型高级工程技术人才。本专业毕业生毕业 5 年后，应掌握现代生产管理和技术管理的方法或有独立承担较复杂项目的研究、设计等工作能力，能够独立

续表

学校名称	培养目标
燕山大学	解决比较复杂的技术问题；熟悉本专业国内外现状和发展趋势；有一定从事生产技术管理的实践经验，取得有实用价值的技术成果和经济效益或有一定从事工程技术研究、设计工作的实践经验，能吸收、采用国内外先进技术，在提高研究、设计水平和提高经济效益方面取得一定成绩
中国矿业大学	培养德智体美劳全面发展，具有家国情怀、人文素养和国际视野，富有创新精神、自主学习和实践能力，具备自动化相关领域的基础理论和相关技能，能够分析解决该领域复杂工程问题，具有引领科技创新、行业发展、社会进步潜力的厚基础、强能力、高素质的复合型高级工程技术人才
北京航空航天大学	培养具有高度的国家使命感和社会责任感，具有电气工程技术专业素养、创新精神、实践能力和国际视野，具备独立从事电气航空、航天等工程领域复杂工程系统的设计能力、实施能力，具备解决复杂电气等工程实施过程中不确定问题的创新和决策能力，具备持续跟踪专业前沿技术的学习创新能力、现代工具运用能力，具备优秀的团队协作能力和国际交流能力，具备工程伦理道德责任和服务社会的能力
大连理工大学	通过教育教学和科学实验等活动，培养学生具备工程领域高级专业技术人才应有的创新精神、职业素养和健全人格，掌握自动控制理论、电子技术、计算机技术、检测技术等较宽领域的基础理论和自动化专业技能，面向国民经济各行业的自动化系统，成为从事设计、开发、优化、维护等工作的工程技术人才和技术管理人才，还可在高校及科研院所从事教学和研究工作
西北工业大学	为适应现代自动控制与电气工程技术的发展，满足国防、行业以及区域经济对自动化和电气工程类人才的需求，按照“厚基础、宽口径、重实践、求创新”的本科教育培养理念，以培养具有家国情怀，追求卓越、引领未来的领军人才为目标，使学生具备健康体魄、高尚品格、广博学识、创新精神、全球视野与持久竞争力，德智体美劳全面发展，在自动化、电气工程、机器人工程等高新技术领域从事科学研究、工程设计与应用开发的高素质拔尖创新人才
中国海洋大学	本专业培养学生具备工程领域高级专业技术人才应有的创新精神、职业素养和健全人格，掌握自动控制理论、电子技术、计算机技术、检测技术等领域的基础理论和运动控制、过程控制、海洋测控技术方向的专业知识，面向各行业的自动化系统，成为从事设计、开发、优化、维护等工作的工程技术人才和管理人才，还可在高校及科研院所从事教学和研究工作
江苏大学	培养适应国家经济建设发展需要，具有社会主义核心价值观，具有人文社会科学素养、社会责任感、职业道德，具备宽厚的自然科学基础和扎实的自动化专业知识，具有较强的实践能力、创新意识、国际视野、团队合作精神和沟通能力的自动化领域高级工程技术人才，可在现代企业、高校、科研和国防等部门，在控制理论、运动控制、过程控制、检测技术与自动化仪表等领域，从事科学研究、技术开发、工程应用与组织管理等工作

3. 课程体系设置

在课程体系调研方面，本调研报告根据复合型自动化专业的课程设置开展分析，具体从课程模块设置、数理基础、专业核心课程、实践类课程等角度开展调研。

（1）课程体系结构与学分要求。

各调研高校学分要求及课程模块设置情况

高校名称	学分要求	课程模块							
北京化工大学	178 学分	公共基础必修课	专业必修	实践环节必修	专业选修	通识教育课程	创新创业教育		
		78	39	38	13	6	4		
北京林业大学	188.5 学分	通识必修课	学科基础教育平台	专业核心课	选修课	暑期学期	毕业论文	综合拓展环节	
		46	71	41.5	12	3	8	7	
东北林业大学	160 学分	必修课			选修课		实践环节		
		通识教育课程	学科平台课程	专业核心课程	通识教育课程	开放课程			
		26	55.5	15.5	12	22	29		
河北工业大学	170 学分	必修课程	选修课程	集中实践教学环节	自主学习课程	第二课堂活动（Y 模块）			
		121	18	21	6	4			
山东科技大学	172 学分	通识教育课	学科基础课	专业基础课	专业核心课	专业拓展课	实践环节		
		44	28	27	11	18	44		
太原理工大学	170 学分	必修课			选修课			实践环节	
		通识教育基础课	学科基础课	专业课	通识教育基础课	学科基础课	专业课		
		62.5	18.5	14	8	10	20	37	
湖南工业大学	160.5 分	理论教学			实践教学				
		通识教育课	学科基础课	专业课	课内实践	集中性实践	创新创业活动	第二课堂	
		37.5	45.5	16	22.5	35	2	2	
青岛大学	165 学分	必修课					选修课		
		自然科学类	人文社科类	工程基础类	专业类	集中实践	通识教育	专业基础类	社会实践
		29	31	21.5	23	27.5	10	≥ 22	1
燕山大学	166 学分	理论教学				集中实践			
		公共教育平台		专业教育平台					
		基础必选课	拓展选修课	专业必选课	专业选修课				
		62.4	10	54	4	35.6			

续表

高校名称	学分要求	课程模块				
中国矿业大学	172 学分	通识教育课程	专业大类基础课	专业课程	第二课堂	拓展课程
		49.5	59	56.5	4	3
北京航空航天大学	161 学分	基础课程	通识课程	专业课程		
		77	34.5	49.5		
大连理工大学	175 学分	通识与公共基础课程	平台与专业基础课程	专业与专业方向课程	创新创业教育与发展课程	第二课堂
		69	21.5	77	6	1.5
西北工业大学	170 学分	通识通修	综合素养	学科专业	综合实践	
		68.5	12	62.5	27	
中国海洋大学	167.5 学分	公共基础及通识教育层面		专业教育层面		
		公共基础必修	通识教育选修	学科基础	专业知识	工作技能
		73	9	34	32	19.5
江苏大学	170 学分	通识教育课程	专业基础课程	专业课程	自主研学	实验实践环节
		62.5	39	20	6	42.5

（2）数理基础课程调研。

各调研高校数理基础课程设置情况

学校	课程名称	课程性质	学分	课程名称	课程性质	学分
北京化工大学	高等数学（Ⅰ）	数理基础课	5.5	概率论与数理统计	数理基础课	3.5
	线性代数	数理基础课	3.5	普通物理（Ⅱ）	数理基础课	4
	普通物理（Ⅰ）	数理基础课	4	复变函数与积分变换	数理基础课	3.5
	高等数学（Ⅱ）	数理基础课	5.5			
北京林业大学	高等数学 A	数理基础课	11	概率论与数理统计 B	数理基础课	3.5
	物理学 A	数理基础课	6	复变函数与积分变换	数理基础课	2.5
	线性代数 A	数理基础课	3			
东北林业大学	线性代数	数理基础课	2.5	概率论与数理统计	数理基础课	3.5
	大学物理 A	数理基础课	6	复变函数与积分变换	数理基础课	3
	高等数学 A	数理基础课	11	电磁场	数理基础课	2
河北工业大学	高等数学Ⅰ A	数理基础课	5.5	复变函数与积分变换Ⅱ	数理基础课	4
	高等数学Ⅰ B	数理基础课	5.5	大学物理Ⅰ A	数理基础课	3.5
	线性代数	数理基础课	2	大学物理Ⅰ B	数理基础课	3.5
	概率论与数理统计	数理基础课	3			

续表

学校	课程名称	课程性质	学分	课程名称	课程性质	学分
山东科技大学	高等数学（A）	数理基础课	10	工程数学	数理基础课	2.5
	线性代数	数理基础课	2.5	计算机程序设计基础（C语言）	数理基础课	2
	概率论与数理统计	数理基础课	3	系统建模理论与仿真	数理基础课	2
	大学物理（B）	数理基础课	6			
太原理工大学	高等数学 A（一）	数理基础课	5.5	复变函数 C2	数理基础课	3
	高等数学 A（二）	数理基础课	5.5	大学物理 A（一）	数理基础课	3.5
	线性代数 2.5	数理基础课	4	大学物理	数理基础课	4
	概率论与数理统计 B3	数理基础课	4			
湖南工业大学	高等数学 1	数理基础课	5	工程数学 C2	数理基础课	3
	高等数学 2	数理基础课	5	大学物理 B1	数理基础课	3.5
	工程数学 C1	数理基础课	3	大学物理 B2	数理基础课	3.5
燕山大学	高等数学 A Ⅰ *	数理基础课	5	概率论与数理统计 B	数理基础课	3
	高等数学 A Ⅱ *	数理基础课	6	数值分析 E	数理基础课	1.5
	线性代数 A	数理基础课	2.5	大学物理 A Ⅰ	数理基础课	3
	复变函数与积分变换 A	数理基础课	3	大学物理 A Ⅱ	数理基础课	3
中国矿业大学	高等数学 A（1）	数理基础课	2	大学物理 B（2）	数理基础课	3
	高等数学 A（2）	数理基础课	3	线性代数	数理基础课	2
	高等数学 A（3）	数理基础课	3	工程数学	数理基础课	2.5
	高等数学 A（4）	数理基础课	3	概率论与数理统计	数理基础课	2.5
	大学物理 B（1）	数理基础课	3.5			
大连理工大学	工科数学分析基础 1	数理基础课	5	大学物理 A1	数理基础课	3.5
	工科数学分析基础 2	数理基础课	6	大学物理 A2	数理基础课	3
	线性代数与解析几何	数理基础课	3.5	普通化学 B	数理基础课	2
	概率与统计 A	数理基础课	3			
中国海洋大学	高等数学Ⅱ 1	数理基础课	6	概率统计	数理基础课	4
	高等数学Ⅱ 2	数理基础课	5	大学物理Ⅱ 1	数理基础课	4
	复变函数与积分变换	数理基础课	3	大学物理Ⅱ 2	数理基础课	4
	线性代数	数理基础课	3			
江苏大学	高等数学 A（I）	数理基础课	5	线性代数	数理基础课	2
	高等数学 A（II）	数理基础课	5	复变函数与积分变换	数理基础课	2
	概率统计	数理基础课	3			

调研情况小结：根据调研结果，对数理基础类课程设置建议如下。

建议数理基础课程设置

序　号	课 程 名 称	建 议 学 分	建 议 学 时	建 议 学 期
1	高等数学	11	176	1，2
2	线性代数	2	32	2
3	概率论与数理统计	2.5	40	4
4	工程数学	2.5	40	3
5	离散数学	2	32	3
6	大学物理	6.5	104	2
7	物理实验	2	64	2

（3）专业基础类课程调研。

各调研高校专业基础课程设置情况

学校	课程名称	课程性质	学分	课程名称	课程性质	学分
北京化工大学	工程制图	专业基础	2	微机原理及接口技术	专业基础	3
	电路原理	专业基础	3.5	自动检测技术及仪表	专业基础	3
	模拟电子技术	专业基础	3.5	化工原理	专业基础	3.5
	数字电子技术	专业基础	3.5	自动化科学导论	专业基础	2.5
	信号与系统	专业基础	3.5			
北京林业大学	专业概论	专业基础	0.5	工程制图基础	专业基础	1.5
	最优化方法	专业基础	2	电机与拖动基础	专业基础	3
	C 程序设计	专业基础	2.5	信号与系统 A	专业基础	3
	电路	专业基础	4	自动控制理论 A	专业基础	3.5
	模拟电子技术	专业基础	4	信号获取与信息处理基础	专业基础	3
	数字电子技术 A	专业基础	3			
东北林业大学	工程制图基础	专业基础	2	数字电子技术	专业基础	3
	专业导论	专业基础	0.5	信号分析与处理	专业基础	2
	电路 1	专业基础	3.5	电机与拖动	专业基础	2.5
	电学基础实验	专业基础	1	单片机原理与应用	专业基础	2
	电路 2	专业基础	2			
	模拟电子技术	专业基础	3	电气控制与可编程控制器	专业基础	2
河北工业大学	工程图学Ⅳ	专业基础	3	电子技术 A 实验	专业基础	1
	电路原理	专业基础	4	电子技术 B	专业基础	3
	计算机网络基础	专业基础	1.5	微机原理	专业基础	2
	电子技术 A	专业基础	3.5			
山东科技大学	电路	专业基础	4	电力电子技术	专业基础	3

续表

学校	课程名称	课程性质	学分	课程名称	课程性质	学分
山东科技大学	模拟电子技术	专业基础	3.5	传感器技术	专业基础	2
	数字电子技术	专业基础	3	现代控制理论	专业基础	2
	微机原理及应用	专业基础	2	PLC 原理与电气控制技术	专业基础	2
	自动控制原理	专业基础	4	智能控制基础	专业基础	1.5
太原理工大学	工程制图	专业基础	3.5	数字电子技术 M	专业基础	3
	自动控制理论 K	专业基础	4	微机原理与接口技术 C	专业基础	3
	模拟电子技术 M	专业基础	3.5			
湖南工业大学	工程图学 C	专业基础	4	模拟电子技术	专业基础	3.5
	自动化专业概论	专业基础	1	数字电子技术	专业基础	3.5
	程序设计语言（C 语言）	专业基础	2.5	电子技术工程实践	专业基础	2.5
	电路基础	专业基础	4	计算机接口及应用技术	专业基础	4
	电工技术工程实践	专业基础	2.5			
燕山大学	工程导论	专业基础	1	反馈控制理论 A*	专业基础	4.5
	电路原理 C	专业基础	4.5	嵌入式单片机原理及应用（三级项目）	专业基础	3
	模拟电子技术 B	专业基础	4.5	检测与转换技术（双语）	专业基础	2
	数字电子技术 D*	专业基础	3	电气控制及 PLC*	专业基础	3
	电机及拖动	专业基础	4	机器人控制基础	专业基础	3
	电力电子技术	专业基础	3.5			
中国矿业大学	工程图学 C	专业基础	2.5	模拟电子技术 B	专业基础	3
	数据结构与算法分析 B（双语）	专业基础	2	数字逻辑与数字系统设计 B	专业基础	3
	离散数学	专业基础	2	微机原理与应用 B	专业基础	2.5
	电子信息类专业导论	专业基础	2	传感器与检测技术	专业基础	2
	电路分析 B	专业基础	3.5			
大连理工大学	复变函数	专业基础	2	模拟电子线路 B	专业基础	3
	积分变换与场论 B	专业基础	2	模拟电子线路实验	专业基础	0.5
	工程制图 D	专业基础	3	模拟电路课程设计	专业基础	1
	自动化专业导论	专业基础	2	数字电路与系统 B	专业基础	3
	电路理论 B	专业基础	3.5	数字电路与系统实验	专业基础	0.5
	电路实验 A	专业基础	1			
中国海洋大学	专业概论	专业基础	1	信号与系统	专业基础	2.5
	电路原理 I	专业基础	2	自动控制原理	专业基础	4

续表

学校	课程名称	课程性质	学分	课程名称	课程性质	学分
中国海洋大学	电路原理Ⅱ	专业基础	2.5	现代控制理论基础	专业基础	2
	模拟电子技术基础	专业基础	4	C++ 程序设计	专业基础	3
	数字电子技术基础	专业基础	3	电路原理实验	专业基础	0.5
	微机原理及接口技术	专业基础	3			
江苏大学	自动化专业概论	专业基础	1	传感器与检测技术	专业基础	2
	图学基础	专业基础	2	微机原理与接口技术	专业基础	3
	电路原理 A（Ⅰ）	专业基础	4	电力电子技术 A	专业基础	3
	模拟电子技术 B	专业基础	3	控制系统仿真技术	专业基础	2
	数字电子技术 A	专业基础	3	计算机控制技术	专业基础	2
	自动控制原理 A	专业基础	4	单片机与嵌入式系统	专业基础	2
	工程导论	专业基础	2			

调研情况小结：根据调研结果，对专业基础类课程设置建议如下。

建议专业基础课程设置

序　号	课程名称	建议学分	建议学时	建议学期
1	工程图学	2.5	40	2
2	数据结构与算法分析	2	32	5
3	自动化专业导论	2	32	1
4	电路分析	3.5	56	3
5	模拟电子技术	3	48	4
6	数字电子技术	3	48	4
7	微机原理与应用	2.5	40	4
8	传感器与检测技术	2	32	5

（4）专业核心课程调研。

各调研高校专业核心课程设置情况

学校	课程名称	课程性质	学分	课程名称	课程性质	学分
北京化工大学	自动控制原理	专业核心	3.5	现代控制理论	专业核心	3
	过程控制工程	专业核心	3.5	自动化装置（Ⅰ）	专业核心	3
北京林业大学	单片机原理及应用 A	专业核心	2	监控系统程序设计	专业核心	2.5
	计算机控制系统	专业核心	2.5	智能控制	专业核心	2
	电力电子技术（双语）	专业核心	3	电器控制与可编程控制器	专业核心	3
	运动控制系统	专业核心	2.5	嵌入式原理与接口技术	专业核心	2
	现代控制理论	专业核心	2	数字信号处理 B	专业核心	2

续表

学校	课程名称	课程性质	学分	课程名称	课程性质	学分
北京林业大学	过程控制系统	专业核心	2			
东北林业大学	检测与转换技术	专业核心	2	运动控制	专业核心	3
	自动控制原理	专业核心	4	计算机控制系统	专业核心	2
	现代控制理论	专业核心	2.5	过程控制工程	专业核心	2
河北工业大学	自动化专业导论	专业核心	1	嵌入式开发基础	专业核心	4
	自动控制原理	专业核心	4	电力电子技术	专业核心	3
	现代控制理论	专业核心	3	电机与执行器	专业核心	4
	运筹学	专业核心	2	传感器与检测技术	专业核心	3
	建模与仿真技术（双语）	专业核心	2	过程控制系统	专业核心	4
山东科技大学	电机与电力拖动	专业核心	3	运动控制系统	专业核心	3
	计算机控制技术	专业核心	2	过程控制系统	专业核心	3
太原理工大学	传感器原理与检测技术	专业核心	3	电力电子技术 E	专业核心	2.5
	电机与拖动基础	专业核心	3.5	过程控制系统 A	专业核心	2.5
	计算机控制技术	专业核心	2.5			
湖南工业大学	信号检测与处理技术	专业核心	3	轨道交通自动化专题	专业核心	2
	电力电子技术 A	专业核心	3	包装自动化专题	专业核心	2
	电机拖动	专业核心	2	智能制造系统	专业核心	2
	现代控制工程	专业核心	4	过程控制专题	专业核心	2
	工程建模与分析	专业核心	2	人机工程学	专业核心	2
	运动控制系统	专业核心	3	工程力学	专业核心	2
	工程经济与管理	专业核心	1.5			
燕山大学	流体传动与控制基础	专业核心	1.5	直流拖动控制系统（三级项目）	专业核心	3
	直流拖动控制系统（三级项目）	专业核心	3	计算机控制技术	专业核心	2
	计算机控制技术	专业核心	2	现代控制理论 A	专业核心	3.5
	现代控制理论 A	专业核心	3.5	过程控制系统	专业核心	3.5
	工厂供电 B	专业核心	2	交流拖动控制系统	专业核心	2
	交流拖动控制系统	专业核心	2			
中国矿业大学	自动控制原理	专业核心	3	电力电子技术基础	专业核心	2
	计算机控制技术	专业核心	2	电机与运动控制 A	专业核心	3
	人工智能基础	专业核心	2			
大连理工大学	自动控制原理 A	专业核心	4	现代控制理论基础	专业核心	2
	数据结构	专业核心	2.5	计算机控制技术	专业核心	3

续表

学校	课程名称	课程性质	学分	课程名称	课程性质	学分
大连理工大学	计算机原理	专业核心	4	单片机原理及应用A	专业核心	2
	电机与拖动	专业核心	3.5	可编程控制器A	专业核心	2
	检测技术及仪表	专业核心	3.5	系统仿真与设计	专业核心	2
中国海洋大学	检测技术及海洋智能仪器	专业核心	3	电力拖动控制系统	专业核心	3
	控制系统仿真	专业核心	2	计算机控制技术	专业核心	3
	电机与拖动基础	专业核心	2.5	检测技术及海洋智能仪器实验	专业核心	0.5
	电力电子技术	专业核心	2	电机与拖动基础实验	专业核心	0.5
	自动化仪表与过程控制	专业核心	3			
江苏大学	运筹学	专业核心	2	运动控制系统	专业核心	5
	现代控制理论B	专业核心	2	PLC系统设计与工程应用	专业核心	2
	过程控制系统	专业核心	3	自动化新技术讲座	专业核心	2

调研情况小结：根据调研结果，对专业核心课程设置建议如下。

建议专业核心课程设置

序　　号	课程名称	建议学分	建议学时	建议学期
1	自动控制原理	3	48	5
2	计算机控制技术	2	32	5
3	机器学习	2	32	5
4	电力电子技术基础	2	32	5
5	电机与电力拖动	3	48	6
6	现代控制理论	2	32	6
工业控制与智能化课程组				
7	过程控制系统	3	48	6
8	工业控制与工业互联网	3.5	56	6
9	智能优化与控制技术	2	32	6
智能机器人课程组				
10	机器人控制技术	3	48	6
11	自主移动机器人	2.5	40	7
12	数字图像处理	3	48	6
智能感知系统课程组				
13	数字信号处理	2.5	40	6
14	虚拟仪器技术	2	32	6

续表

序　　号	课 程 名 称	建 议 学 分	建 议 学 时	建 议 学 期
15	嵌入式系统及智能仪器	2	32	6
16	无线传感网络	2	32	7

（5）集中实践类课程。

各调研高校集中实践课程设置情况

学校	课程名称	课程性质	学分	课程名称	课程性质	学分
北京化工大学	军事训练	集中实践	1	电工电子实习	集中实践	1
	金工实习	集中实践	2	电气工程综合实践	集中实践	1
	程序设计实训	集中实践	1	控制工程综合实践	集中实践	1
	认识实习	集中实践	2	生产实习	集中实践	3
	应用软件实践	集中实践	1	控制工程课程设计	集中实践	3
	社会实践	集中实践	2	毕业环节：毕业设计（论文）	集中实践	16
	电子技术课程设计	集中实践	2			
北京林业大学	物理学实验 A	集中实践	1	电力电子技术课程设计	集中实践	5
	C 程序设计实验	集中实践	1	计算机控制系统课程设计	集中实践	7
	电路实验	集中实践	2	过程控制系统课程设计	集中实践	7
	数字电子技术 A 实验	集中实践	4	电气控制与可编程控制器课程设计	集中实践	5
	工程制图基础实验	集中实践	1	监控系统程序设计课程设计	集中实践	7
	电机与拖动基础实验	集中实践	3	工程训练 C	集中实践	3
	自动控制原理 A 实验	集中实践	5	电子工艺实习 A	集中实践	3
	单片机原理及应用 A 实验	集中实践	4	自动化专业综合实习	集中实践	7
	嵌入式原理与接口技术实验	集中实践	5	电子系统综合设计	集中实践	5
	科技创新训练	集中实践	7	毕业论文（设计）	集中实践	8
	自动控制系统综合设计与实践	集中实践	7			
东北林业大学	金工实习 C	集中实践	1	运动控制课程设计	集中实践	1
	电子技术工艺实习	集中实践	1	计算机控制课程设计	集中实践	1
	电子技术课程设计	集中实践	1	生产实习	集中实践	2
	认识实习	集中实践	1	过程控制课程设计	集中实践	1
	单片机原理与应用课程设计	集中实践	1	控制系统设计课程设计	集中实践	1
	自动控制技术课程设计	集中实践	2	科研与工程实践	集中实践	2
	电气控制与可编程控制器课程设计	集中实践	1	毕业设计（论文）	集中实践	11

续表

学校	课程名称	课程性质	学分	课程名称	课程性质	学分
河北工业大学	军事技能训练	集中实践	1	工程认知训练	集中实践	1
	工程图学实践	集中实践	1	生产实习	集中实践	4
	工程训练Ⅱ	集中实践	3	毕业设计（论文）	集中实践	7
山东科技大学	工程实训（D）	集中实践	2	过程控制系统课程设计	集中实践	1
	电子工艺实习	集中实践	1	自动控制系统设计与实践	集中实践	2
	微机原理及应用实验	集中实践	1	PLC 原理与电气控制技术课程设计	集中实践	2
	电子技术课程设计	集中实践	1	生产实习	集中实践	2
	微机原理及应用课程设计	集中实践	1	毕业实习	集中实践	1
	认识实习	集中实践	1	毕业设计	集中实践	2
	运控控制系统课程设计	集中实践	1			
太原理工大学	金工实习 C	集中实践	2	计算机控制技术课程设计	集中实践	1
	电子工艺教学实习	集中实践	2	自动化专业实训教学	集中实践	1
	电子技术课程设计	集中实践	2	自动化专业生产实习	集中实践	2
	自动化学科前沿讲座	集中实践	1	自动化专业毕业实习	集中实践	2
	微机原理与接口技术课程设计	集中实践	1	自动化专业毕业设计（论文）A	集中实践	14
湖南工业大学	军事训练	集中实践	2	电力电子技术课程设计	集中实践	2
	认识实习	集中实践	1	现代控制工程课程设计	集中实践	1
	金工实习 C	集中实践	2	自动控制系统综合设计	集中实践	3
	电子技术课程设计	集中实践	1	毕业实习	集中实践	4
	计算机接口及应用技术课程设计	集中实践	6	毕业设计	集中实践	11
	自动化工程实践	集中实践	2			
燕山大学	认知实习	集中实践	1	电气控制系统综合课程设计（二级项目）	集中实践	4
	金工实习 D	集中实践	2	生产实习	集中实践	3
	电子工艺实习 A	集中实践	2	智能制造与自动控制综合实验（二级项目）	集中实践	4
	电气类创新实践基础	集中实践	1	单片机控制系统综合实训（二级项目）	集中实践	4
	EDA 综合设计	集中实践	1	毕业设计（一级项目）	集中实践	10
	直流拖动综合实验	集中实践	1			
中国矿业大学	金工实习 D	集中实践	1	人工智能实验与综合设计	集中实践	0.5
	电子工艺实习 B	集中实践	1	生产实习	集中实践	4

续表

学校	课程名称	课程性质	学分	课程名称	课程性质	学分
	电子技术综合实践	集中实践	1.5	创新创业实践 B（全程科研训练）	集中实践	3
	控制系统实验与综合设计	集中实践	0.5	毕业设计	集中实践	12
大连理工大学	工程训练 B	集中实践	2	认识实习	集中实践	1
	数字电路课程设计	集中实践	1	电子工程训练	集中实践	2
	计算机原理实验	集中实践	1	可编程控制器课程设计	集中实践	1
	计算机控制技术课程设计	集中实践	0.5	可编程控制器实验 A	集中实践	0.5
	单片机原理及应用实验 A	集中实践	1	毕业设计	集中实践	15
中国海洋大学	程序设计综合实训	集中实践	2	电子技术课程设计	集中实践	2
	金工实习	集中实践	1	电工电子实习	集中实践	2
	认识实习	集中实践	1	测控系统工程实训	集中实践	4
江苏大学	金工实习（冷）C	集中实践	1	MATLAB 控制系统仿真设计	集中实践	1
	专业认识实习	集中实践	2	电力电子技术课程设计	集中实践	1
	电工实习	集中实践	1	单片机与嵌入式系统课程设计	集中实践	1
	机电系统综合控制	集中实践	1	运动控制系统课程设计	集中实践	1.5
	电子实习	集中实践	1	PLC 系统设计与工程应用课程设计	集中实践	1
	毕业实习	集中实践	1	计算机控制技术课程设计	集中实践	1
	电子设计自动化	集中实践	1	自动化综合创新设计及实践	集中实践	3
	电子技术课程设计 B	集中实践	1	毕业设计（论文）	集中实践	14
	微机原理与接口技术课程设计	集中实践	1			

调研情况小结：根据调研结果，对集中实践类课程设置建议如下。

建议集中实践课程设置情况

序号	课程名称	建议学分	建议学时	建议学期
1	金工实习	1	32	1
2	电子工艺实习	1	32	3
3	电子技术综合实践	1.5	48	4
4	控制系统实验与综合设计	0.5	24	5
5	机器学习实验与综合设计	0.5	16	5
6	生产实习	4	128	7
7	创新创业实践（全程科研训练）	3	96	7，8

续表

序　号	课程名称	建议学分	建议学时	建议学期
8	工业自动化综合设计与实践	1.5	48	7
9	智能机器人综合设计与实践	1.5	48	6
10	智能感知综合设计与实践	1.5	48	7
11	毕业设计	8 ～ 10	256 ～ 320	7，8

（6）调研总结。

由调研结果发现，各调研高校的经典课程、学科前沿和交叉课程、学科特色课程等存在差异，在通识教育课程方面大体一致，但所细分模块又各具特色，学分要求也不同。

方案构建组经讨论认为，应在“夯实专业基础、强化专业核心、突出专业特色、系统专业拓展、综合实践并重”原则基础上，加强课程体系整体设计，优化公共课、专业基础课和专业课比例结构，提高课程建设规划性、系统性情况。

具体建议：

①明确人才培养目标及定位；

②科学制定毕业要求；

③优化课程体系，突破传统课程设置，综合有关课程内容；

④注重知识更新，将人工智能、大数据、物联网、机器人等有关热门技术引入课程中；

⑤强化实践育人、构建实践教学体系、推动实践教学改革情况，将创新创业教育贯穿于人才培养全过程，融入专业教育。

在调研结果基础上，经方案构建组成员充分讨论，给出了自动化专业复合型人才培养方案模板，具体包括人才培养目标、毕业 5 年后达到的目标、毕业要求、主干学科与相关学科、课程体系设置、专业课程先修关系、建议学程安排以及 10 门左右的专业核心课程大纲模板等。

6.4 致谢

工作结束之际，特别感谢中国自动化学会教育工作委员会对于该项工作的全程指导，感谢中国高校自动化方向本科复合型人才培养方案模板构建工作组各成员单位的全面配合，还要感谢北京林业大学工学院对于该项工作的全方位支持！工作难免存在不足之处，还请各位同行专家斧正！

下　篇

自动化专业（本科应用型）

第7章

自动化专业培养方案（本科应用型）

本方案适用于面向地方区域经济社会发展和相关行业发展需求，重点培养知行合一、学以致用、具有创新精神的高素质应用型人才的自动化本科专业。

专业名称：自动化 (Automation)　　专业代码：080801　　专业门类：工学
标准学制：四年　　授予学位：工学学士　　制定日期：2023.05

7.1 培养目标

说明：培养目标要体现培养德智体美劳全面发展的社会主义建设者和接班人的总要求，要能清晰反映毕业生可服务的主要专业领域、职业特征，以及毕业后经过5年左右的实践能够承担的社会与专业责任等能力特征概述（包括专业能力与非专业能力、职业竞争力和职业发展前景）。培养目标也要包括本专业人才培养定位类型的描述，要与学校人才培养定位、专业人才培养特色、区域经济社会发展需求相一致。

示例：

本专业培养德智体美劳全面发展，具有扎实的自动化基础知识和基本技能，具有社会责任感、职业道德、人文素养和创新精神，能解决自动化系统工程设计、技术开发、工程管理、科学研究等复杂工程问题的应用型工程师。

（1）具有生产工艺、控制理论、仪器仪表、计算机技术、自动化系统工程、行业技术标准等多学科知识，适应自动化系统工程对象的变化，以及职业发展的变化，熟悉自动化行业国内外发展现状和趋势（专业知识）；

（2）能在企业与社会环境下，按照可持续发展目标，理解和解决自动控制系统分析、设计、开发、集成、营销、服务等复杂工程问题，具有自动化工程项目设计、施工、运行、维护的能力（工程能力）；

（3）具有良好的人文素养、科学精神、工程伦理、职业道德，较好的团队合作、沟通交流、终身学习能力，较强的社会责任感，熟悉相关的法律法规和行业规范，有意愿并有能力服务社会（综合素质）；

（4）能在自动化相关领域的生产一线承担工程管理、工程设计、技术开发、科学研究等工作，成为所在单位相关领域的专业技术骨干或管理骨干（就业领域职业发展）。

7.2　毕业要求

说明：毕业要求是对本专业学生毕业时应该达成的知识结构、能力要求和职业素养的具体描述，应按照国家工程教育专业认证的相关标准和《普通高等学校本科专业类教学质量国家标准》进行制定，并能够支撑本专业培养目标的达成，毕业要求应科学合理、可衡量、可评价。

示例：

培养目标是自动化应用型工程师，毕业要求就要体现解决自动化系统工程设计、产品集成、运行维护、技术服务等复杂工程问题的能力培养，毕业要求如下。

毕业要求 1：工程知识——能够将数学、自然科学、工程基础和自动化专业知识用于解决自动化系统工程设计、产品集成、运行维护、技术服务等复杂工程问题，并了解自动化行业的前沿发展现状和趋势。

毕业要求 2：问题分析——具有运用相关知识对自动化系统工程设计、产品集成、运行维护、技术服务复杂工程问题进行识别和提炼、定义和表达、分析和实证、文献整理和研究的能力，并能获得有效结论。

毕业要求 3：设计 / 开发解决方案——综合考虑社会、健康、安全、法律、文化以及环境等因素，具有自动化系统工程设计、产品集成、运行维护、技术服务复杂工程问题的系统、部件及流程的设计能力，并能够在设计环节中体现创新意识。

毕业要求 4：研究——能够基于科学原理并采用科学方法对自动化系统工程设计、产品集成、运行维护、技术服务复杂工程问题进行研究，包括设计实验、分析与解释数据、理论模型和工程实际研究，并通过信息综合得到合理有效的结论。

毕业要求 5：使用现代工具——在解决自动化系统复杂工程问题中，具有开发、选择和使用相应技术、资源、仪器、仪表、工程软件等现代工程工具和信息技术工具的工程实践能力，包括对复杂工程问题的预测与模拟，并理解其局限性。

毕业要求 6：工程与社会——对自动化系统工程设计、产品集成、运行维护、技术服务复杂工程问题，能够基于工程相关背景知识进行合理分析，能够理解和评价工程实践对健康、安全、伦理、道德、法律和文化问题的影响并承担责任。

毕业要求 7：环境和可持续发展——在解决自动化复杂工程问题中，能够按照可持续发展、全生命成本、零净碳排放目标，理解并评价工程实践对环境的影响，并理解当代课题、价值观以及工程实践面临的多样性、包容性和可持续发展问题。

毕业要求 8：职业规范——具有良好的人文素养、科学精神、社会责任感以及执着精神与变通能力，能够遵守工程规范、工程伦理和职业道德并履行责任，熟悉相关的法律法规和行业规范，具有可承担职业工作的健康体魄。

毕业要求 9：个人和团队——具有团队合作和在多学科背景环境中发挥作用的能力，理解个人与团队的关系、团队组建和运行的基本规律，理解团队成员与负责人的角色，具备一定的团队领导能力。

毕业要求 10：沟通——能够与业界同行及社会公众对自动化复杂工程问题进行有效沟通和交流，包括书面和图表交流、口头表达和人际交流、电子及多媒体交流等。具备一定的国际视野、外语交流能力，理解跨文化背景下的沟通和交流。

毕业要求 11：项目管理——理解并掌握工程项目管理和经济决策的基本知识和基本方法，并能够在多学科环境的工程实践中应用，包括工程项目管理、经济决策、时间及成本管理、质量及风险管理、人力资源以及安全生产管理等。

毕业要求 12：终身学习——具有自主学习和终身学习的意识，有不断学习和适应发展的能力。能主动规划个人职业发展。具有运用现代信息技术获取相关信息的学习能力，并与世界科技发展保持同步。

7.3 主干学科与相关学科

主干学科：控制科学与工程

相关学科：计算机科学与技术、信息与通信工程、电气工程

7.4 课程体系与学分结构

说明：课程体系按照通识教育类、大类平台课程、专业课程、集中实践四大模块设置，如下图所示。

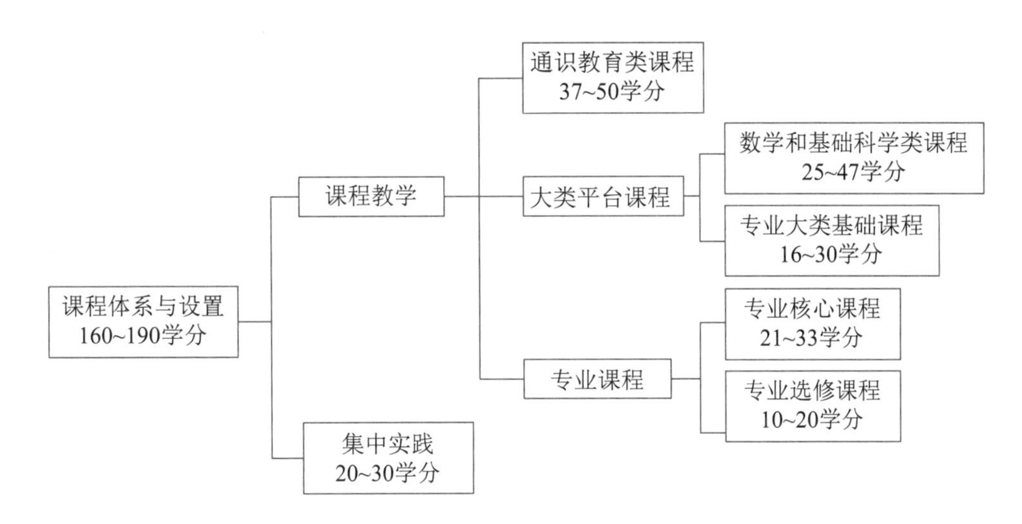

1. 通识教育类课程

说明：通识教育类课程旨在培养学生对社会及历史发展的正确认识，帮助学生确立正确的世界观和方法论，对学生未来成长具有基础性、持久性影响，是综合素质教育的核心内容，主要关注培养学生成为一个有责任感的公民的素养与通用能力。该类课程包括思想政治理论、国防教育、体育、外国语言文化、通识教育类核心课程（包括自然科学与技术、世界文明、社会与艺术、生命与环境、文化传承等）。

示例：略

2. 大类平台课程

说明：大类平台课程旨在培养学生具有扎实、深厚的基本理论、基本方法及基本技能，具备今后在自动化领域开展工程应用、解决复杂工程问题和科学研究的基础知识及基本能力。该类课程包括数学和基础科学类课程、专业大类基础课程。

数学和基础科学类课程：旨在培养学生具有扎实、深厚的数学和物理、化学等自然科学基本理论、基本方法及基本技能。

专业大类基础课程：旨在培养学生具有较宽广的专业视野，扎实、深厚的自动化专业大类基础理论、基本方法及基本技能。

示例：

1）数学和基础科学类课程

序　号	课 程 名 称	建 议 学 分	建 议 学 时
1	高等数学（Ⅰ）	6	96
2	高等数学（Ⅱ）	5	80
3	线性代数	2	32

续表

序　号	课程名称	建议学分	建议学时
4	概率论与数理统计	3	48
5	复变函数与积分变换	3	48
6	大学物理（Ⅰ）	3	48
7	大学物理（Ⅱ）	3	48
8	大学物理实验（Ⅰ）	1	32
9	大学物理实验（Ⅱ）	1	32

2）专业大类基础课程

序　号	课程名称	建议学分	建议学时
1	大学计算机	2	32
2	计算机程序设计基础	4	64
3	工程制图	3	48
4	电路与模拟电子技术	6	96
5	数字电路与嵌入式系统	4	64
6	数字信号处理	3	48
7	科技写作与专业英语	2	32
8	新生研讨课	1	16
9	工程伦理	1	24

3. 专业课程

说明：专业课程应既能覆盖本专业的核心内容，又能引领专业前沿，注重知识交叉融合，与国际接轨，增加学生根据自身发展方向选修课程的灵活度，给予学生口径宽窄适度的专业培养与职业能力训练。专业课程分为专业核心课程和专业选修课程。

专业核心课程：是本专业最为核心且相对稳定的课程，该类型课程为必修课，旨在培养学生在自动化领域内应具有的主干知识和毕业后可持续发展的能力。

专业选修课程：旨在培养学生在自动化领域内某1～2个专业方向上具备综合分析、处理（研究、设计）问题的技能和解决复杂工程问题的能力，按专业方向或模块设置，鼓励学生根据自身的特长和兴趣在更专业的深度或更宽广的领域培养和发展个性。专业选修课程要充分体现各学校专业特点和学生个性化发展需求，从而拓展学生自主选择的空间。

示例：

1）专业核心课程

序　号	课程名称	建议学分	建议学时
1	自动控制原理	4	64
2	现代控制理论	3	48

续表

序 号	课 程 名 称	建 议 学 分	建 议 学 时
3	微机原理及接口技术	4	64
4	系统建模与仿真	3	48
5	工业控制器原理与应用（PLC、DCS、现场总线）	3	48
6	计算机过程控制工程	4	64
7	检测与工业大数据技术	3	48
8	电机原理与传动技术	3	48
9	人工智能原理与实践	3	48
10	计算机网络	3	48

2）专业选修课程

序 号	课 程 名 称	建 议 学 分	建 议 学 时
1	机器人控制技术	2	32
2	模糊控制	2	32
3	先进控制技术	2	32
4	EDA 技术应用	2	32
5	电子系统故障检测与排除	2	32
6	离散数学	3	48
7	Python 语言程序设计	3	48
8	面向对象程序设计	3	48
9	数据库技术与应用	3	48
10	数据结构	3	48
11	操作系统	2	32
12	物联网技术及应用	3	48
13	智能传感技术	2	32

4. 集中实践

说明：集中实践环节旨在培养学生工程意识、工程实践能力和社会意识，树立学以致用、以用促学、知行合一的认知理念，围绕解决自动化系统工程设计、产品集成、运营维护、技术服务复杂工程问题的能力培养，重点聚焦培养自动化系统工程原理分析基础能力、电子系统综合设计能力、计算机硬件与软件应用能力、自动控制系统分析设计及仿真能力、自动控制系统设计及产品集成能力、自动控制系统安装调试运行维护能力、企业实践能力等工程应用能力目标。包括各类课程设计、专业综合实验、工程实训、校企合作实践课程、认识实习、专业实习、毕业实习、毕业设计等。

示例：

序　号	课程名称	建议学分	建议学时
1	工程训练	2	2周
2	电子工程设计	3	3周
3	计算机编程能力实训	2	2周
4	控制系统综合设计	3	3周
5	单片机工程实训	2	2周
6	计算机过程控制工程综合实践	3	3周
7	运行维护与安全实训	1	1周
8	过程装置专业实习	1	1周
9	仪表技术专业实习	1	1周
10	工业控制器原理与应用实习	1	1周
11	计算机过程控制工程实习	1	1周
12	岗位实习	2	4周
13	毕业设计	10	320

7.5　专业课程先修关系

示例：

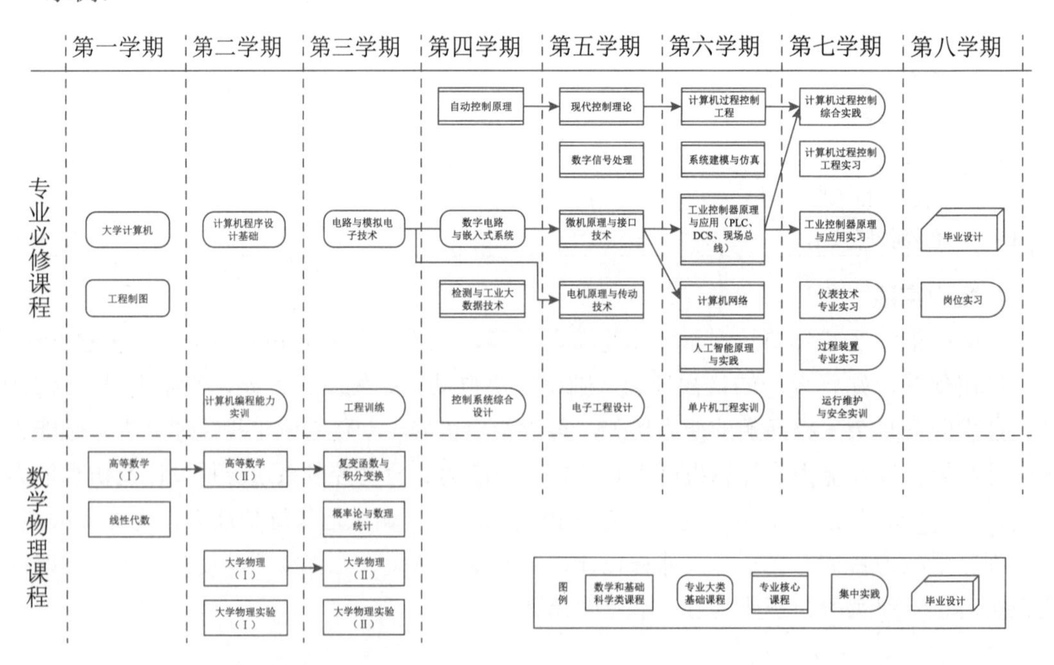

7.6　建议学程安排

示例：

1. 第一学年

秋季学期						
序　号	课程名称	学　分	学　时	讲　课	实　验	说　明
1	思想道德与法治	3	48	48		
2	中国近现代史纲要	3	48	48		
3	形势与政策（Ⅰ）	0.25	8	8		
4	高等数学（Ⅰ）	6	96	96		
5	线性代数	2	32	32		
6	大学计算机	2	32	16	16	
7	工程制图	3	48	48		
8	大学英语读写译（Ⅰ）	4	64	64		
9	大学英语视听说（Ⅰ）	2	32	32		
10	体育（Ⅰ）	1	32	32		
11	新生研讨课	1	16	16		
合计		27.25				
12	全校通识选修课程					
春季学期						
序　号	课程名称	学　分	学　时	讲　课	实　验	说　明
1	马克思主义基本原理	3	48	48		
2	习近平新时代中国特色社会主义思想概论	3	48	48		
3	形势与政策（Ⅱ）	0.25	8	8		
4	高等数学（Ⅱ）	5	80	80		
5	大学物理（Ⅰ）	3	48	48		
6	大学物理实验（Ⅰ）	1	32		32	
7	计算机程序设计基础	4	64	40	24	
8	大学英语读写译（Ⅱ）	3	48	48		
9	大学英语视听说（Ⅱ）	2	32	32		
10	体育（Ⅱ）	1	32	32		
11	计算机编程能力实训	2	2 周			学期实训
合计		27.25				
12	全校通识选修课程					

2. 第二学年

秋季学期						
序　号	课程名称	学　分	学　时	讲　课	实　验	说　明
1	形势与政策（Ⅲ）	0.25	8	8		
2	概率论与数理统计	3	48	48		
3	复变函数与积分变换	3	48	48		
4	大学物理（Ⅱ）	3	48	48		
5	大学物理实验（Ⅱ）	1	32		32	
6	电路与模拟电子技术	6	96	72	24	
7	体育（Ⅲ）	1	32	32		
8	科技写作与专业英语	2	32	32		
9	大学生劳动教育	1	32	16	16	
10	专业选修课程	3				*
11	工程训练	2	2 周			学期实训
合计		25.25				
12	全校通识选修课程					
* 说明：建议在专业选修模块课程“Python 语言程序设计”或“面向对象程序设计”中选择一门						
春季学期						
序　号	课程名称	学　分	学　时	讲　课	实　验	说　明
1	毛泽东思想和中国特色社会主义理论体系概论	2	32	32		
2	形势与政策（Ⅳ）	0.25	8	8		
3	自动控制原理	4	64	56	8	
4	数字电路与嵌入式系统	4	64	48	16	
5	检测与工业大数据技术	3	48	40	8	
6	体育（Ⅳ）	1	32	32		
7	工程伦理	1	24	24		
8	专业选修课程	3				
9	控制系统综合设计	3	3 周			学期实训
10	国情调研与实践	2	2 周			暑期安排
合计		23.25				
11	全校通识选修课程					

3. 第三学年

秋季学期						
序　号	课程名称	学　分	学　时	讲　课	实　验	说　明
1	形势与政策（Ⅴ）	0.25	8	8		
2	现代控制理论	3	48	48		
3	微机原理及接口技术	4	64	54	10	
4	数字信号处理	3	48	48		
5	电机原理与传动技术	3	48	40	8	
6	专业选修课程	2				
7	电子工程设计	3	3周			学期实训
合计		18.25				
8	全校通识选修课程					
春季学期						
序　号	课程名称	学　分	学　时	讲　课	实　验	说　明
1	形势与政策（Ⅵ）	0.25	8	8		
2	工业控制器原理与应用（PLC、DCS、现场总线）	3	48	32	16	
3	计算机过程控制工程	4	64	48	16	
4	系统建模与仿真	3	48	32	16	
5	计算机网络	3	48	40	8	
6	人工智能原理与实践	3	48	32	16	
7	专业选修课程	2				
8	单片机工程实训	2	2周		2周	学期实训
合计		20.25				
9	全校通识选修课程					

4. 第四学年

秋季学期						
序　号	课程名称	学　分	学　时	讲　课	实　验	说　明
1	形势与政策（Ⅶ）	0.25	8	8		
2	计算机过程控制综合实践	3	3周			
3	专业选修课程	2				
4	过程装置专业实习	1	1周			企业实习
5	仪表技术专业实习	1	1周			企业实习
6	工业控制器原理与应用实习	2	2周			企业实习

续表

序　　号	课 程 名 称	学　　分	学　　时	讲　　课	实　　验	说　　明
7	计算机过程控制工程实习	2	2 周			企业实习
8	运行维护与安全实训	1	1 周			企业实习
合计		12.25				
9	全校通识选修课程					
春季学期						
序　　号	课 程 名 称	学　　分	学　　时	讲　　课	实　　验	说　　明
1	形势与政策（Ⅷ）	0.25	8	8		
2	毕业设计（论文）	10	320			
3	岗位实习	2	4 周			企业实习
合计		12.25				

第8章 自动化专业核心课程教学大纲（本科应用型）

8.1 “计算机程序设计基础”理论课程教学大纲

8.1.1 课程基本信息

<table>
<tr><td rowspan="2">课程名称</td><td colspan="3">计算机程序设计基础</td></tr>
<tr><td colspan="3">Foundations of Computer Program Design</td></tr>
<tr><td>课程学分</td><td>4</td><td>总学时</td><td>64（讲课 / 实验：40 /24）</td></tr>
<tr><td>课程类型</td><td colspan="3">■ 专业大类基础课　□ 专业核心课　□ 专业选修课　□ 集中实践</td></tr>
<tr><td>开课学期</td><td colspan="3">□1-1　■1-2　□2-1　□2-2　□3-1　□3-2　□4-1　□4-2</td></tr>
<tr><td>先修课程</td><td colspan="3">无</td></tr>
<tr><td>参考资料</td><td colspan="3">[1] 谭浩强 . C 程序设计 [M]. 5 版 . 北京：清华大学出版社，2017.
[2] 谭浩强 . C 程序设计学习辅导 [M]. 5 版 . 北京：清华大学出版社，2017.
[3] 何钦铭，颜晖 . C 语言程序设计 [M]. 3 版 . 北京：高等教育出版社，2015.
[4] 颜晖，等 . C 语言程序设计实验与习题指导 [M]. 北京：高等教育出版社，2015.
[5] 苏小红，等 . C 语言大学实用教程 [M]. 4 版 . 北京：电子工业出版社，2017.
[6] 苏小红，等 . C 语言大学实用教程学习指导 [M]. 4 版 . 北京：电子工业出版社，2017.</td></tr>
</table>

8.1.2 课程描述

“计算机程序设计基础”是高校本科电气信息类专业的软件技术基础必修课。本课程大纲是依据专业认证理念和卓越工程师教育培养计划编写的。教学目标是从工程角度培养学生的程序设计能力。在 Microsoft Visual C++ 6.0 平台下，以 C 语言为载体，以编程应用为驱动，紧扣专业，从解决专业相关的实际问题和案例引出课程内容，编程、调试、测试一体化，采用课堂讲解和上机实训紧密结合的方式，学习计算机程序设计的思想和方法。

Foundations of Computer Program Design is a required course of software technology for undergraduate electrical information majors. The syllabus is based on the concept of professional certification and excellent engineer education and training plan. The teaching goal is to cultivate students' programming ability from the perspective of engineering. Under the platform of Microsoft Visual C++ 6.0, taking C language as the carrier, programming application as the driving force, and focusing on the major, the course content is introduced from solving the practical problems and cases related to the major. This course integrates programming, debugging and testing, and adopts the way of combining classroom explanation with computer practice to learn the ideas and methods of computer programming.

8.1.3 课程教学目标和教学要求

【课程目标】

课程目标 1：掌握 C 语言的基础语法体系、结构化程序设计的思路和方法，具有抽象与自动计算的计算思维能力，能将其用于程序设计。

课程目标 2：具备基本的程序设计和算法分析能力，能够熟练使用 C 语言编写顺序结构、选择结构和循环结构的基本程序，熟悉查找、排序等常用算法；能够根据需求进行程序模块设计与实现，体现创新意识，并考虑文化和环境等因素。

课程目标 3：熟悉软件开发流程，具备软件开发的基本素质，能够熟练使用 Microsoft Visual C++ 6.0 或者其他至少一种开发环境进行程序的编写、调试和测试；具备较规范的编程习惯和良好的编程风格；树立软件开发过程中的沟通交流和团队协作精神，项目方案的选择除技术角度外还要兼顾工程实际的意识。

【教学要求】

课程目标支撑的主要毕业要求：

毕业要求	观测点	课程目标
1. 工程知识：能够将数学、自然科学、工程基础和自动化专业知识用于解决自动化系统的工程设计、产品集成、运行维护、技术服务等复杂工程问题，并了解自动化行业的前沿发展现状和趋势	1.4 自动化领域所需的计算机应用知识及计算思维能力	课程目标 1：掌握 C 语言的基础语法体系、结构化程序设计的思路和方法，具有抽象与自动计算的计算思维能力，能将其用于程序设计
3. 设计 / 开发解决方案：在综合考虑社会、健康、安全、法律、文化以及环境等因素前提下，具有自动化系统的工程设计、产品集成、运行维护、技术服务等复杂工程问题的系统、部件及流程的设计能力，能够在设计环节中体现创新意识	3.1 计算机程序设计、编程与调试能力	课程目标 2：具备基本的程序设计和算法分析能力，能够熟练使用 C 语言编写顺序结构、选择结构和循环结构的基本程序，熟悉查找、排序等常用算法；能够根据需求进行程序模块设计与实现，体现创新意识，并考虑文化和环境等因素

续表

毕业要求	观测点	课程目标
5. 使用现代工具：在解决自动化系统工程设计、产品集成、运行维护、技术服务复杂工程问题活动中，具有开发、选择与使用恰当的技术、资源、现代工程工具和信息技术工具进行工程实践的能力，包括对复杂工程问题的预测与模拟，并理解其局限性	5.4 使用信息技术工具开发利用各类现代网络资源的能力	课程目标 3：熟悉软件开发流程，具备软件开发的基本素质，能够熟练使用 Microsoft Visual C++ 6.0 或者其他至少一种开发环境进行程序的编写、调试和测试；具备较规范的编程习惯和良好的编程风格；树立软件开发过程中的沟通交流和团队协作精神，项目方案的选择除技术角度外还要兼顾工程实际的意识
12. 终身学习：具有自主学习和终身学习的意识，有不断学习和适应发展的能力	12.3 掌握文献检索、资料查询的基本方法，具有运用现代信息技术获取相关信息的学习能力，并与世界科技发展保持同步	

课程目标达成途径（或教学设计）：

课程目标	达成途径	考核方式
课程目标 1：掌握 C 语言的基础语法体系、结构化程序设计的思路和方法，具有抽象与自动计算的计算思维能力，能将其用于程序设计	案例驱动：通过实际生活或者专业领域中存在的相关案例引出课程内容，激发学习兴趣、探究热情，并将案例作为知识点的应用情境。 集中讲授：对于重点和难点内容由教师进行精讲，板书与多媒体相结合，启发式讲授，引导学生思考，注重师生互动交流，及时掌握学生理解情况，关注每一个学生的学习收获。 上机实践：学生通过完成布置的实践内容，对所学知识进行举一反三的应用实践，达到巩固知识、培养能力的目标。 平时测验：通过随堂测验帮助学生巩固知识，检验学习效果，反馈教学难点，引导下一步教学。 小组学习：通过划分学习小组，构建学生沟通交流、互教互学的环境，辅助教学目标的达成	考试试题 课堂作业 平时作业 平时测验
课程目标 2：具备基本的程序设计和算法分析能力，能够熟练使用 C 语言编写顺序结构、选择结构和循环结构的基本程序，熟悉查找、排序等常用算法；能够根据需求进行程序模块设计与实现，体现创新意识，并考虑文化和环境等因素	案例驱动：通过实际生活或者专业领域中存在的相关案例引出课程内容，激发学习兴趣、探究热情，并将案例作为知识点的应用情境。 集中讲授：对于重点和难点内容由教师进行精讲，板书与多媒体相结合，启发式讲授，引导学生思考，注重师生互动交流，及时掌握学生理解情况，关注每一个学生的学习收获。 上机实践：学生通过完成布置的实践内容，对所学知识进行举一反三的应用实践，达到巩固知识、培养能力的目标。 平时测验：通过随堂测验帮助学生巩固知识，检验学习效果，反馈教学难点，引导下一步教学。 小组学习：通过划分学习小组，构建学生沟通交流、互教互学的环境，辅助教学目标的达成	考试试题 实验操作 平时作业

续表

课程目标	达成途径	考核方式
课程目标 3：熟悉软件开发流程，具备软件开发的基本素质，能够熟练使用 Microsoft Visual C++ 6.0 或者其他至少一种开发环境进行程序的编写、调试和测试；具备较规范的编程习惯和良好的编程风格；树立软件开发过程中的沟通交流和团队协作精神，项目方案的选择除技术角度外还要兼顾工程实际的意识	案例驱动：通过实际生活或者专业领域中存在的相关案例引出课程内容，激发学习兴趣、探究热情，并将案例作为知识点的应用情境。 集中讲授：对于重点和难点内容由教师进行精讲，板书与多媒体相结合，启发式讲授，引导学生思考，注重师生互动交流，及时掌握学生理解情况，关注每一个学生的学习收获。 上机实践：学生通过完成布置的实践内容，对所学知识进行举一反三的应用实践，达到巩固知识、培养能力的目标。 平时测验：通过随堂测验帮助学生巩固知识，检验学习效果，反馈教学难点，引导下一步教学。 小组学习：通过划分学习小组，构建学生沟通交流、互教互学的环境，辅助教学目标的达成。 项目实践：基于 CDIO 教学模式，由教师提供综合程序设计任务，学生进行综合案例程序设计实践，并对典型思路、编程重点进行讲解，达成教学目标	考试试题 实验操作 平时作业

8.1.4 教学内容简介

章节顺序	章节名称	知识点	参考学时
1	C 语言概述，C 语言程序结构框架和语法基础知识	了解软件、程序、语言等基本概念；掌握 C 语言的特点、基本构成、最基本的程序编写框架结构及程序的编辑、编译和运行步骤及方法	5（含上机 3）
2	顺序结构程序设计	掌握 C 语言的语法基础知识，包括数据类型、常量、变量、运算符、表达式和赋值语句；掌握格式化输入、输出函数的基本用法；掌握顺序结构程序设计方法、流程图的绘制；掌握程序运行、调试和测试的基本方法	9（含上机 3）
3	分支结构程序设计	掌握逻辑运算符与逻辑表达式的使用方法，运算符的结合性、优先级；掌握两种分支语句的使用方法，分支结构程序的设计、调试和测试方法	7（含上机 3）
4	循环结构程序设计	掌握三种循环语句的基本用法，循环结构程序设计、调试和测试方法；掌握多项式求和、统计量计算、求极值、判断素数等常用算法	7（含上机 3）
5	用函数实现模块化的程序设计	了解函数的作用，掌握函数的定义、调用、参数传递的方法，变量的存储类别，函数的编写及调试方法	9（含上机 3）
6	用数组编程处理批量数据	掌握一维和二维数组的定义、引用和初始化方法，字符串的概念，数组的基本编程应用方法，查找、排序、进制转换、转秩等常用算法，数组作为函数参数的方法	9（含上机 3）

续表

章节顺序	章节名称	知识点	参考学时
7	指针	掌握指针和地址的概念，指针变量的定义和应用，指针作为函数参数的使用方法，字符串的编程应用；了解动态内存分配的概念	4
8	利用结构体建立自定义数据类型	了解结构体的作用，掌握结构体变量的定义和引用	2
9	读写文件实现程序的输入和输出	了解文件的类型、访问方法，掌握基于库函数的文件访问方法	2
10	综合案例分析	理解实际项目的分析、任务分解、抽象、具体编程实现的过程和方法及进一步学习的方向	10（含上机 6）

8.1.5　教学安排详表

序号	教学内容	学时分配	教学方式（授课、实验、上机、讨论）	教学要求（知识要求及能力要求）
第 1 章	为什么要学习 C 语言	2	授课	本章重点：C 语言概述。 能力要求：了解软件、程序、语言等基本概念；掌握 C 语言的特点、基本构成、最基本的程序编写框架结构及程序的编辑、编译和运行步骤及方法。熟悉在 VC++ 6.0 环境如何编辑、编译、运行 C 程序；通过运行简单的 C 程序，初步了解 C 程序的特点
	C 程序的运行环境和运行 C 程序的方法	3	上机	
第 2 章	C 数据类型	2	授课	本章重点：C 语言语法基础，格式化输入、输出，顺序结构程序设计。 能力要求：掌握 C 语言的语法基础知识，包括数据类型、常量、变量、运算符、表达式和赋值语句；掌握格式化输入、输出函数的基本用法；掌握顺序结构程序设计方法，流程图的绘制；掌握程序运行、调试和测试的基本方法
	简单的算术运算和表达式	2	授课	
	键盘输入和屏幕输出	2	授课	
	顺序结构程序设计上机实验	3	上机	
第 3 章	逻辑运算符、逻辑表达式、if 语句、switch 语句	2	授课	本章重点：逻辑运算符、逻辑表达式、if 语句、switch 语句。 能力要求：掌握逻辑运算符与逻辑表达式的使用方法，运算符的结合性、优先级；掌握两种分支语句的使用方法，分支结构程序的设计、调试和测试方法
	选择控制结构应用	2	授课、讨论	
	选择结构程序设计上机实验	3	上机	

续表

序号	教学内容	学时分配	教学方式（授课、实验、上机、讨论）	教学要求（知识要求及能力要求）
第 4 章	循环控制结构：for 循环、while 循环和 do…while 循环	2	授课	本章重点：三种循环语句。 能力要求：掌握三种循环语句的基本用法，循环结构程序设计、调试和测试方法；掌握多项式求和、统计量计算、求极值、判断素数等常用算法
	循环控制结构应用	2	授课、讨论	
	循环结构程序设计上机实验	3	上机	
第 5 章	函数的定义与调用	2	授课	本章重点：函数的定义和调用。 能力要求：了解函数的作用，掌握函数的定义、调用、参数传递的方法，变量的存储类别，函数的编写及调试方法
	向函数传递值、变量作用域及存储类型	2	授课	
	模块化程序设计实例	2	授课、讨论	
	函数上机实验	3	上机	
第 6 章	数组的定义、初始化及引用	2	授课	本章重点：数组的定义、初始化、引用。 能力要求：掌握一维和二维数组的定义、引用和初始化方法，字符串的概念，数组的基本编程应用方法，查找、排序、进制转换、转秩等常用算法，数组作为函数参数的方法
	字符数组维数组的定义、引用、初始化、程序举例	2	授课	
	参数传递、排序查找算法	2	授课	
	数组上机实验	3	上机	
第 7 章	指针概述、指针和数组的关系	2	授课	本章重点：指针、指针变量、指针指向数组。 能力要求：掌握指针和地址的概念，指针变量的定义和应用，指针作为函数参数的使用方法，字符串的编程应用；了解动态内存分配的概念
	用指针变量作函数参数	2	授课	
第 8 章	结构体与共用体	2	授课	本章重点：结构体。 能力要求：了解结构体的作用，掌握结构体变量的定义和引用
第 9 章	文件的基本知识，打开、关闭文件，顺序读写数据文件，随机读写数据文件	2	授课	本章重点：打开关闭文件。 能力要求：了解文件的类型、访问方法，掌握基于库函数的文件访问方法
第 10 章	综合案例分析	4	授课、讨论	本章重点：程序设计与实现。 能力要求：理解实际项目的分析、任务分解、抽象、具体编程实现的过程和方法及进一步学习的方向。能够综合应用顺序、分支、循环三种基本程序结构编写具有一

续表

序号	教学内容	学时分配	教学方式（授课、实验、上机、讨论）	教学要求（知识要求及能力要求）
第 10 章	综合编程上机实验	6	上机	定逻辑复杂度的程序解决问题。基于 CDIO 教学模式，由教师提供综合程序设计任务及设计框架，学生进行综合案例程序设计实践；理解软件开发的流程；以工程的视角抽象问题、分析问题、把握核心、由繁到简、逐步求解

8.1.6 考核及成绩评定方式

【考核方式】

采用过程性评价、实验考核、期末考试等多样化的考核方式，以评价课程教学目标达成情况为目标，将教学目标、教学过程、考核方式、达成度评价相关联，加强过程考核，组成形成性评价与终结性评价相结合的考核方式。

【成绩评定】

过程性评价 20%，实验考核 20%，期末考试 60%。

最终成绩由百分制成绩转成对应的字母制成绩。

百分制	90～100	86～89.9	83～85.9	80～82.9	76～79.9	73～75.9	70～72.9	66～69.9	63～65.9	60～62.9	60 以下
字母记分制	A	A−	B+	B	B−	C+	C	C−	D+	D	F

大纲制定者： 王淑鸿、刘建东（北京石油化工学院）

大纲审核者： 戴波、郑恩让

最后修订时间： 2022 年 8 月 24 日

8.2 “电机原理与传动技术”理论课程教学大纲

8.2.1 课程基本信息

课程名称	电机原理与传动技术		
	Motors Principle and Driving Technology		
课程学分	3	总学时	48

续表

课程类型	□ 专业大类基础课 ■ 专业核心课 □ 专业选修课 □ 集中实践
开课学期	□1-1 □1-2 □2-1 □2-2 ■3-1 □3-2 □4-1 □4-2
先修课程	电路与模拟电子技术、数字电路与嵌入式系统、自动控制原理
参考资料	[1] 王秀和．电机学 [M]. 3 版．北京：机械工业出版社，2018 [2] 李发海．电机与拖动基础 [M]. 4 版．北京：清华大学出版社，2012 [3] 阮毅．电力拖动自动控制系统——运动控制系统 [M]. 北京：机械工业出版社，2018

8.2.2 课程描述

本课程主要讲述直流电动机、变压器和交流电动机的基本结构和工作原理，以及直流调速系统的简单控制方法。课程通过介绍电机、变压器数学模型的建立方法，重点培养学生的理论分析能力；通过分析各种电机的机械特性、起动、制动以及调速过程中各物理量的变化情况及动态特性，重点培养学生的系统思维方式和综合分析能力；通过介绍直流调速系统，培养学生应用自动控制理论解决直流电动机调速系统分析与设计等的能力。

This course mainly introduces the basic structure and working principle of DC motor, transformer and AC motor, as well as the simple control method of DC speed regulation system. The course focuses on cultivating students' theoretical analysis ability by introducing the establishment method of mathematical model of motors and transformer. By analyzing the mechanical characteristics of various motors, the changes and dynamic characteristics of various physical quantities in the process of starting, braking and speed regulation, the students' systematic thinking mode and comprehensive analysis ability are mainly cultivated. Through the introduction of DC speed regulation system, the ability of students to apply automatic control theory to solve practical problems such as DC motor speed regulation system analysis and design is trained.

8.2.3 课程教学目标和教学要求

【课程目标】

（1）掌握交流、直流电动机及变压器的电气构造和基本工作原理；电力拖动系统的动力学基础知识；电机调速的基本原理；直流电动机的动态分析与运动控制方法。

（2）培养系统的思维方式，具有用工程观点处理电机控制工程实际问题的工程分析和研究能力。

（3）具有良好沟通交流能力、团队合作意识，以及电机控制系统的工程理论研究能力。

【教学要求】

基于 OBE（学习产出）理念明确课程教学目标及教学要点，反向设计课程教学环节和教学方法，依据教学效果持续改进课程教学。

课程设计原则：物理概念、数学概念、工程概念并重；理论教学、实验教学以及自主学习相结合；现代教育技术与传统理论教学相融合。

课程教学过程：为实现课程教学目标，将理论课、实验课与课外自主学习统一安排，实现电机理论学习和实际应用的有机结合，有序提升学生的系统思维能力、理论分析和设计能力。

教学环节：课堂讲课、课上交流互动、实验操作、随堂测试、自主学习辅导。

课程支撑的主要毕业要求：

毕 业 要 求	观 测 点	课 程 目 标
1. 工程知识：能够将数学、自然科学、工程基础和自动化专业知识用于解决自动化系统工程设计、产品集成、运行维护、技术服务复杂工程问题，并了解自动化行业的前沿发展现状和趋势	1.2 自动化系统工程开发所需的工程原理知识及认知能力	课程目标 1：掌握交流、直流电动机及变压器的电气构造和基本工作原理；电力拖动系统的动力学基础知识；电机调速的基本原理；直流电动机的动态分析与运动控制方法
2. 问题分析：具有运用相关知识对自动化系统工程设计、产品集成、运行维护、技术服务复杂工程问题进行识别和提炼、定义和表达、分析和实证及文献研究的能力，并能获得有效结论	2.1 自动化系统对象、各环节及系统的数学描述、分析、建模能力	课程目标 2：培养系统的思维方式，具有用工程观点处理电机控制工程实际问题的工程分析和研究能力
4. 研究：能够基于科学原理并采用科学方法对自动化系统工程设计、产品集成、运行维护、技术服务复杂工程问题进行研究，包括设计实验、分析与解释数据，并通过信息综合得到合理有效的结论	4.2 检验实验假设，对实验数据、计算数据和工程数据进行分析解释的数据处理能力	课程目标 3：具有良好沟通交流能力、团队合作意识，以及电机控制系统的工程理论研究能力

课程目标达成途径：

课 程 目 标	达 成 途 径	考 核 方 式
课程目标 1：掌握交流、直流电动机及变压器的电气构造和基本工作原理；电力拖动系统的动力学基础知识；电机调速的基本原理；直流电动机的动态分析与运动控制方法	课堂讲课：基于电磁学和刚体动力学理论，结合本课程教学目标，通过板书和 PPT，讲解与本课程最相关的物理学原理。 课上交流互动：提问学生在电路分析、大学物理等先修课程中学过的与本课程相关的原理知识 课堂讲课：根据物理学基本原理，通过板书和 PPT，详细推导直流电动机、变压器和异步电动机的基本方程的建立步骤，并介绍重要参数的分析和计算方法。 课上交流互动：对本课程所需掌握的基础知识进行反复提问	课堂问答

续表

课程目标	达成途径	考核方式
课程目标 2：培养系统的思维方式，具有用工程观点处理电机控制工程实际问题的工程分析和研究能力	详细介绍直流电动机降压、降磁调速的操作方法；采用“自动控制原理”课程中讲授的有关被控对象动态建模和时频域分析方法，详细阐述开环直流调速系统存在的问题。 示范操作：对直流电动机调速实验的重要步骤进行现场演示操作。 学生操作检查：教师检查每个实验台上学生的接线正误和操作规范性。 课上交流互动：提问学生在“自动控制原理”课程中学过的与本课程相关的基础知识	课堂问答 随堂测试
课程目标 3：具有良好沟通交流能力、团队合作意识，以及电机控制系统的工程理论研究能力	课堂讲课：在实验课上，通过板书和 PPT，详细介绍直流电动机调速实验以及单相变压器空载、短路和负载实验的参数测定和数据处理方法，使学生加深对相关基础知识的理解。 示范操作：对实验的重要步骤进行现场演示操作。 学生操作检查：教师检查每个实验台上学生的接线正误和操作规范性	课堂研讨 操作检查 实验报告

8.2.4 教学内容简介

章节顺序	章节名称	知识点	参考学时
1	磁路与电力拖动系统的动力学基础	磁路的基本定律及铁磁材料的特性；电力拖动系统的运动方程；生产机械的负载转矩特性；电力拖动系统稳定运行的条件	3
2	直流电动机原理	直流电动机工作原理；直流电动机铭牌数据的含义；直流电动机电磁转矩和电枢电动势的计算公式及其性质；直流电动机稳态运行时的功率平衡关系式；直流电动机的工作特性和机械特性	7
3	他励直流电动机的运行	他励直流电动机的机械特性、起动方法、电气制动方法及制动特性、调速方法	6
4	变压器	变压器的基本结构和工作原理；单相变压器空载运行和负载运行状态下的基本方程、等效电路及参数测定方法；变压器绕组折算的基本方法	6
5	异步电动机原理	交流绕组的感应电动势和磁动势的分析和计算方法；三相异步电动机的基本结构和工作原理；三相异步电动机绕组折算和频率折算的基本概念，并据此建立各种运行状态下的电磁关系、等效电路及相量图；三相异步电动机的工作特性以及机械特性	9

续表

章节顺序	章节名称	知识点	参考学时
6	三相异步电动机的启动与制动	三相异步电动机的各种起动方法；三相异步电动机的常用电磁制动方法和调速方法	3
7	直流电动机的动态分析与运动控制	晶闸管－直流电动机开环调速系统的工作原理及调速特性；直流电动机调速系统的稳态性能指标以及开环调速存在的问题；转速单闭环控制直流调速系统的组成、静特性和动态分析方法	6

8.2.5　教学安排详表

序号	教学内容	学时分配	教学方式（授课、实验、上机、讨论）	教学要求（知识要求及能力要求）
第 1 章	本课程概述（成绩构成、纪律要求等）；磁场与磁路的概念	1	授课	本章重点：电力拖动系统的稳定运行条件。 能力要求：掌握与电机运行相关的磁路基本定律、负载转矩特性和电力拖动系统运动方程
	铁磁材料特性；电感和磁场储能；机电能量转换基本原理；电力拖动系统的稳定运行条件	2	授课	
第 2 章	直流电动机的基本工作原理、结构与型号；直流电动机电枢绕组	2	授课	本章重点：直流电动机运行的功能转换关系，感应电动势和电磁转矩的计算方法。 能力要求：掌握直流电动机的基本方程，重要参数的分析和计算方法
	直流电动机的磁路；电枢电动势与电磁转矩	1	授课	
	直流发电机；直流电动机运行原理	2	授课	
	直流电动机运行特性（重点是他励直流电动机的机械特性）	2	授课，实验	
第 3 章	他励直流电动机的启动与调速	1	授课，实验	本章重点：直流电动机启动、制动与调速的原理和基本方法。 能力要求：能分析直流电动机运行过程，并计算重要参数
	他励直流电动机的电动运行	1	授课	
	他励直流电动机的制动运行	4	授课	
第 4 章	变压器概述和空载运行	2	授课，实验	本章重点：变压器的基本工作原理与分析方法。 能力要求：掌握变压器运行的基本方程，能测量或计算重要参数
	变压器参负载运行	2	授课，实验	
	标幺值；变压器参数测定	2	授课，实验	

续表

序号	教学内容	学时分配	教学方式（授课、实验、上机、讨论）	教学要求（知识要求及能力要求）
第 5 章	交流电动机的共同问题	4	授课	本章重点：三相异步电动机的电磁转矩及机械特性、工作特性。 能力要求：掌握异步电动机的基本方程，重要参数的分析和计算方法
	三相异步电动机结构、额定数据与工作原理	1	授课	
	三相异步电动机的磁动势、磁场和等效电路模型	2	授课	
	三相异步电动机的电磁转矩及机械特性、工作特性	2	授课	
第 6 章	三相异步电动机的起动	1	授课	本章重点：三相异步电动机的起动、调速与制动。 能力要求：掌握三相异步电动机的各种起动方法，了解常用电磁制动方法和调速方法
	三相异步电动机的制动与调速	2	授课	
第 7 章	直流电动机开环调速系统的工作原理及调速特性	2	授课	本章重点：直流电动机开环调速与转速单闭环调速的原理和特性。 能力要求：应用自动控制理论解决直流电动机调速系统的分析与设计等实际问题
	直流电动机调速系统的稳态性能指标以及开环调速存在的问题	2	授课	
	转速单闭环直流调速系统的组成、静特性和动态分析方法	2	授课	

8.2.6 考核及成绩评定方式

【考核方式】

课堂提问、课后作业、随堂测试、课程实验、期末考试（笔试，开卷）。

【成绩评定】

总评成绩由学生平时成绩、实验成绩和期末考试 3 部分组成；平时成绩占总成绩 30%，由课后作业、随堂测试和平时表现成绩构成；课程实验成绩占总成绩 20%，由预习报告（实验成绩 20%）、实验操作（实验成绩 40%）和实验报告（实验成绩 40%）构成；期末考试成绩占学生总评成绩 50%。

大纲制定者：董然、王伟（北京石油化工学院）
大纲审核者：戴波、郑恩让
最后修订时间：2022 年 8 月 24 日

8.3 “工业控制器原理与应用（DCS、PLC、FCS）”理论课程教学大纲

8.3.1 课程基本信息

课 程 名 称	工业控制器原理与应用（DCS、PLC、FCS）		
	Principle and Application of Industrial Controller（DCS、PLC、FCS）		
课 程 学 分	3	总 学 时	48 学时，授课 32，实验 16
课 程 类 型	□ 专业大类基础课　■ 专业核心课　□ 专业选修课　□ 集中实践		
开 课 学 期	□1-1　□1-2　□2-1　□2-2　□3-1　■3-2　□4-1　□4-2		
先 修 课 程	自动控制原理、微机原理与接口技术		
参 考 资 料	[1] 纪文刚，张立新，魏文渊 . DCS、PLC、FCS 原理与应用自编讲义 . 2011. [2] 纪文刚，张立新，魏文渊 . DCS、PLC、FCS 原理与应用实验参考书 . 2011. [3] 何衍庆 . 集散控制系统原理及应用 [M]. 3 版 . 北京：化学工业出版社，2010. [4] 张德泉 . 集散控制系统原理及其应用 [M]. 北京：电子工业出版社，2015. [5] 胡学林 . 可编程控制器原理与应用 [M]. 北京：电子工业出版社，2012. [6] 阳宪惠 . 现场总线技术及其应用 [M]. 2 版 . 北京：清华大学出版社，2015.		

8.3.2 课程描述

本课程是自动化专业的专业核心课程。课程面向应用、强调实践，主要讲述集散控制系统、可编程序控制器和现场总线系统等自动化装置的工作原理和应用，指导学生在学习系统结构和工作原理的基础上，构建控制器的硬件软件平台，学会 DCS、PLC、FCS 等控制器的硬件和软件设计技术，用行业规范设计控制系统的硬件配置和选型，用梯形图等编程语言和组态软件设计应用系统软件。与本课程配套的“工业控制器原理与应用实习”课程将重点结合控制对象开展系统组态，并扩展现场总线的应用组态。课程目标是培养学生用 DCS、PLC、FCS 等工业控制器，设计、集成、安装调试和运行维护自动化系统的能力，为学生解决自动化系统复杂工程问题奠定基础。

This course is the core professional course for automation majors. The course is oriented towards application and emphasizes practice. It mainly discusses the working principles and applications of automation devices such as distributed control systems, programmable controllers, and fieldbus systems. It guides students to build a hardware and software platform for controllers based on learning system structure and working principles. Learn the hardware and software design techniques for controllers such as DCS/PLC/FCS, use industry standards to design the hardware configuration and selection of control systems, and use programming languages such as ladder diagrams and configuration software to design application system software. The “Industrial Controller Principles and Application Internship” course, which is accompanied by this course, will focus on combining control objects to carry out system configuration and expanding the application configuration of fieldbus. The course objective is to cultivate students’ ability to design, integrate, install, debug, and operate maintenance automation systems using industrial controllers such as DCS/PLC/FCS, laying the foundation for students to solve complex engineering problems in automation systems.

8.3.3 课程教学目标和教学要求

【课程目标】

（1）能够掌握常用工业控制器（含传感器、检测元件、仪表设备、集散控制系统、可编程序控制器、现场总线等）的原理和编程组态知识；

（2）具有 DCS、PLC、FCS 等控制系统的应用设计、集成、调试的能力；

（3）能够有效理解团队的基本规章制度；掌握团队交流和写作策略，实施有效交流；掌握团队理解与沟通的基本方法。

【教学要求】

以 OBE（学习产出）理念，明确课程教学目标及教学要点，反向设计课程教学环节和教学方法，依据教学效果持续改进课程教学。

课程设计原则：本课程与“工业控制器原理与应用实习”集中实践环节是一对课程，本课程侧重理论教学，在学校完成；“工业控制器原理与应用实习”课程侧重实践，是校企合作实践课程，在企业完成。两门课程配合，面向工程，理论教学、实验教学相结合，现代教育技术与传统理论教学相融合，以学生为中心“做中学、学中做”。

课程教学过程：面向工程实际，在课堂和实验室环境下，学习常用工业计算机控制系统的基本概念和原理，形成典型系统基本的编程、组态能力。不拘泥于某个具体的控制系统，而是重视所有控制系统遵循的基本原理，为学生工作中面对不同系统增加了适应性，进而提升了竞争力。应重视学生的编程和组态能力的培养，边讲边练，理论课堂讲授的同时，开展实际系统的编程演示；课后作业以编程组态训练为主，开展实验室编程组态实际操作，逐步提升学生的系统设计和集成能力。

教学环节：理论讲授 + 课堂编程演示、课外离线编程与组态、8 学时集中实验、综述报告和实验报告撰写与答辩，分组进行除理论课外的各个教学环节。

课程支撑的主要毕业要求：

毕业要求	观测点	课程目标
1. 工程知识：能够将数学、自然科学、工程基础和自动化专业知识用于解决自动化系统工程设计、产品集成、运行维护、技术服务复杂工程问题，并了解自动化行业的前沿发展现状和趋势	1.6 解决自动化系统的工程设计、产品集成、运行维护、技术服务等复杂工程问题所需的自动化工程知识及认知能力	1. 能够掌握常用工业控制器（含传感器、检测元件、仪表设备、集散控制系统、可编程序控制器、现场总线等）的原理和编程组态知识
3. 设计 / 开发解决方案：在综合考虑社会、健康、安全、法律、文化以及环境等因素前提下，具有自动化系统的工程设计、产品集成、运行维护、技术服务等复杂工程问题的系统、部件及流程的设计能力，能够在设计环节中体现创新意识	3.3 DCS、PLC、FCS 控制系统组态、软件设计与调试能力	2. 具有 DCS、PLC、FCS 等控制系统的应用设计、集成、调试的能力
9. 个人和团队：具有团队合作和在多学科背景环境中发挥作用的能力，理解个体、团队成员以及负责人的角色	9.2 理解团队成长和演变的基本规律，团队工作有效运行	3. 能够有效理解团队的基本规章制度；掌握团队交流和写作策略，实施有效交流；掌握团队理解与沟通的基本方法

课程目标达成途径：

课程目标	达成途径	考核方式
课程目标 1： 能够掌握常用工业控制器（含传感器、检测元件、仪表设备、集散控制系统、可编程序控制器、现场总线等）的原理和编程组态知识	课上讲授：通过原理讲授，并布置相关作业。 离线编程：布置课内外编程练习，指导学生学习基本原理和编程组态以及系统设计。 考试：通过考试，全面检验学生设计、集成和分析系统的能力	作业 考试试题
课程目标 2： 具有 DCS、PLC、FCS 等控制系统的应用设计、集成、调试的能力	实验操作及报告撰写：通过实操及验收考核以及实验报告撰写。 考试：通过考试，全面检验学生调试、运行和维护系统的能力	实验验收及报告 考试试题
教学目标 3： 能够有效理解团队的基本规章制度；掌握团队交流和写作策略，实施有效交流；掌握团队理解与沟通的基本方法	分组实验：通过相关实验任务，实现学生小组的系统解决方案	实验验收及报告

8.3.4 教学内容简介

1. 理论课（32 学时）

章节顺序	章节名称	知识点	参考学时
1	DCS 原理与应用	1. 集散系统概论 2. 典型集散系统介绍（中控 / 霍尼韦尔等） 3. 集散系统的硬件及常规控制组态	6
2	PLC 原理与应用 （西门子 / 台达 / 万可等）	1. PLC 系统的产生、特点、分类和发展 2. PLC 系统的结构和工作原理 3. 典型 PLC 系统的指令系统和梯形图编程 4. PLC 系统的通信和组态软件 5. PLC 系统的规范化工程设计	20
3	FCS 原理与应用 （FF/Profibus/Modbus 等）	1. 现场总线技术概述 2. 现场总线技术基础知识 3. 基金会现场总线 4. Profibus 现场总线 5. Modbus-TCP 总线技术	6

2. 实验课（16 学时）

1）典型集散系统的认识实验　　2 学时　验证性实验（必开）

实验目的：典型集散系统的硬件构成和组态软件的认知，要求学生具有集散系统的各节点硬件组态能力。

2）典型 PLC 系统的认识实验　　6 学时　验证性实验（必开）

实验目的：典型 PLC 系统的硬件构成和编程软件的认知，要求学生具有硬件结构、硬件配置、编程软件的使用和编写简单的控制程序并调试的能力。

3）典型 PLC 系统设计与调试　　4 学时　设计性实验（必开）

实验目的：针对特定工艺进行 PLC 控制系统的设计，要求学生具有典型 PLC 系统的设计和调试能力。

4）基于 Modbus/TCP 的数据交换　　4 学时　设计性实验（必开）

实验目的：协议原理的认知，具有协议下的数据交换的编程能力。

8.3.5 教学安排详表

序号	教学内容	学时分配	教学方式（授课、实验、上机、讨论）	教学要求（知识要求及能力要求）
第 1 章	1.1 集散系统概论	2	讲授、讨论	概论 集散控制系统 DCS、可编程序控制器 PLC 和现

续表

序号	教学内容	学时分配	教学方式（授课、实验、上机、讨论）	教学要求（知识要求及能力要求）
第 1 章	1.1 集散系统概论	2	讲授、讨论	场总线系统 FCS 等自动化装置的产生、概念、特点、构成、应用和发展趋势等的认知
	1.2 典型集散系统介绍（中控/霍尼韦尔等）	2	讲授、讨论	典型集散系统的构成与组态 具有典型集散系统的基本构成和各模块的组成和功能、集散系统通信网络结构、集散系统组态软件的应用能力。包括集散系统的硬件网络的组态和常规控制组态、自定义控制的组态、操作画面组态、流程图画面的组态，以及监控软件的应用能力
	1.3 集散系统的硬件及常规控制组态	2	讲授、讨论	
第 2 章	2.1 PLC 系统的产生、特点、分类和发展	2	讲授、讨论	PLC 系统概论 可编程控制器的产生、特点、分类、应用和发展的认知，可编程控制器的组成（CPU、存储器、输入单元、输出单元、电源单元、编程器）、PLC 输入接口电路、PLC 输出接口电路等的认知
	2.2 PLC 系统的结构和工作原理	2	讲授、讨论	
	2.3 典型 PLC 系统的指令系统和梯形图编程	6	讲授、讨论	典型 PLC 的指令系统和梯形图编程 具有基本逻辑指令、梯形图编制控制程序，设计基本的 PLC 控制程序并进行调试的能力
	2.4 PLC 系统的通信和组态软件	6	讲授、讨论	典型 PLC 的通信与人机系统 典型 PLC 的通信与人机系统基本构成原理的认知，PLC 通信系统的发展历程的认知，具有人机系统通用组态软件的组态能力
	2.5 PLC 系统的规范化工程设计	4	讲授、讨论	PLC 控制系统的工程设计 PLC 控制系统规范化工程设计的一般原则的认知，具有一定的设计能力
第 3 章	3.1 现场总线技术概述	1	讲授、讨论	现场总线技术概述 现场总线的基本概念及发展过程、现场总线的特点与优点、几种有影响的现场总线技术、以现场总线为基础的企业信息系统的认知
	3.2 现场总线技术基础知识	1	讲授、讨论	控制网络的基础知识 通信信道和数据传输方式、网络的拓扑结构、数据传输设备、介质访问控制方式、数据交换、差错控制、网络互连等的认知，开放系统互连参考模型结构的认知
	3.3 基金会现场总线	1	讲授、讨论	典型现场总线技术介绍 FF、Profibus、Modbus 现场总线标准及具体实现的认知，各总线传输协议的认知，具有
	3.4 Profibus 现场总线	1	讲授、讨论	

续表

序号	教学内容	学时分配	教学方式（授课、实验、上机、讨论）	教学要求（知识要求及能力要求）
第 3 章	3.4 Modbus-TCP 总线技术	2	讲授、讨论	通信节点的地址排列、数据传输协议及与主机数据交换技术等的能力

8.3.6 考核及成绩评定方式

【考核方式】

总成绩采用百分制；考试采取开卷理论测试 50% + 实验操作与答辩 20% + 检索与文献综述 10% + 实验报告 20% 等四种考核方式。提交的各种报告包括纸质和电子版。

【评分标准】

实验操作与答辩（20 分）

序　　号	课 程 目 标	权　　重	考 核 形 式
1	能够掌握常用工业控制器（含传感器、检测元件、仪表设备、集散控制系统、可编程序控制器、现场总线等）的原理和编程组态知识	0.2	实验操作（编程 + 组态） 回答问题 小组合作（整个过程的评价：组长 + 教师）
2	具有 DCS、PLC、FCS 等控制系统的应用设计、集成、调试的能力	0.4	
3	能够有效理解团队的基本规章制度；掌握团队交流和写作策略，实施有效交流；掌握团队理解与沟通的基本方法	0.4	

实验报告（20 分）

序　　号	课 程 目 标	权　　重	考 核 形 式
1	能够掌握常用工业控制器（含传感器、检测元件、仪表设备、集散控制系统、可编程序控制器、现场总线等）的原理和编程组态知识	0.3	评分形式：5 级分 DCS、PLC、FCS 实验预习，实验报告； 组态实验预习、实验报告
2	具有 DCS、PLC、FCS 等控制系统的应用设计、集成、调试的能力	0.3	
3	能够有效理解团队的基本规章制度；掌握团队交流和写作策略，实施有效交流；掌握团队理解与沟通的基本方法	0.4	

检索与文献综述（10 分）

序　　号	考核目标（教学要点）	权　　重	考 核 形 式
1	能够掌握常用工业控制器（含传感器、检测元件、仪表设备、集散控制系统、可编程序控制器、现场总线等）的原理和编程组态知识	0.7	评分形式：10 级分
2	能够有效理解团队的基本规章制度；掌握团队交流和写作策略，实施有效交流；掌握团队理解与沟通的基本方法	0.3	

开卷考试（50 分）

序　号	考核目标（教学要点）	权　重	考核形式
1	能够掌握常用工业控制器（含传感器、检测元件、仪表设备、集散控制系统、可编程序控制器、现场总线等）的原理和编程组态知识	0.5	第一题：基本概念 + 设计基础 10 分
			第二题：编程 25 分
			第三题：综述题 5 分
2	具有 DCS、PLC、FCS 等控制系统的应用设计、集成、调试的能力	0.5	第四题：系统设计 + 编程题 10 分

大纲制定者：纪文刚（北京石油化工学院）
大纲审核者：戴波、郑恩让
最后修订时间：2022 年 8 月 24 日

8.4 “计算机过程控制工程”理论课程教学大纲

8.4.1 课程基本信息

课程名称	计算机过程控制工程		
	Computer Process Control Engineering		
课程学分	4	总学时	64
课程类型	□ 专业大类基础课　■ 专业核心课　□ 专业选修课　□ 集中实践		
开课学期	□1-1　□1-2　□2-1　□2-2　□3-1　■3-2　□4-1　□4-2		
先修课程	自动控制原理、现代控制理论、工业大数据采集与处理		
参考资料	[1] 孙洪程，翁维勤，魏杰 . 过程控制系统及工程 [M]. 3 版 . 北京：化学工业出版社，2010. [2] 于微波，刘克平，张德江 . 计算机控制系统 [M]. 2 版 . 北京：机械工业出版社，2016. [3] 梁昭峰，李兵，裴旭东 . 过程控制工程 [M]. 北京：北京理工大学出版社，2010. [4] 何克忠，李伟 . 计算机控制系统 [M]. 北京：清华大学出版，2011. [5] F.G. Shinskey. 过程控制系统——应用、设计与整定 [M]. 4 版 . 北京：清华大学出版社，2014. [6] 戴连奎，于玲，田学民，等 . 过程控制工程 [M]. 3 版 . 北京：化学工业出版社，2012. [7] 马昕，张贝克 . 深入浅出过程控制——小锅带你学过控 [M]. 北京：高等教育出版社，2013. [8] 慕延华，华臻，林忠海 . 过程控制系统 [M]. 北京：清华大学出版社，2018.		

8.4.2 课程描述

“计算机过程控制工程”是自动化专业的重要专业核心课程。课程主要讲述计算机过程控制的基本概念、理论与方法以及过程控制系统分析、设计。通过对过程控制系统的离散化和模拟化讲解，使学生具有基本分析和设计能力；简单、串级、复杂控制系统的设计、投运和整定，培养学生具有健康、安全、环境意识的工程分析、设计和投运能力，为学生解决自动化系统工程设计集成、运行维护、技术服务等复杂工程问题奠定坚实的专业基础。

Computer Process Control Engineering is an important professional core course for students who major in automation. The basic concepts, theories and methods of computer process control, as well as the analysis and design of process control system will be introduced in this course. By learning the discretization and continuation method of the process control system, students can acquire basic abilities on the analysis and design. Also by learning the design, operation and turning on simple, cascade and complex control systems, students' engineering analysis, design and operation ability with health, safety and environmental awareness will be cultivated. This will lay a firm professional foundation for students to solve complex engineering problems such as automation system engineering design integration, operation and maintenance, and technical services.

8.4.3 课程教学目标和教学要求

【课程目标】

课程目标 1：计算机过程控制系统的基本理论知识的认知：掌握计算机过程控系统的基本概念，掌握计算机过程控系统的数据处理，掌握过程对象特性，掌握 PID 控制、串级控制、前馈控制等复杂控制控制算法，典型工艺单元传热设备、精馏等的控制认知。

课程目标 2：具有健康、安全、环境等意识的计算机过程控制系统设计能力：根据系统特性与给定的性能指标提出改善系统特性的控制方案；根据工艺对象特性，考虑健康、安全、环境等因素选取控制系统被控参数和控制参数、选择测量变送单元和执行机构、确定控制方案和控制规律，设计集成自动控制系统、绘制管道仪表图（P&ID 图）。

课程目标 3：工艺过程对象的实验建模能力，计算机过程控制系统的投运，控制参数整定、系统调试和运行的能力：掌握工艺过程对象的实验建模方法，实验获取特性的实验数据，分析对象特性的机理模型，建立对象的数学模型；掌握控制系统的连接调试、投运，控制参数的工程整定，控制系统运行。

课程目标 4：锻炼学生的团队合作意识，使得实验能够顺利、准确完成。

【教学要求】

基于学习产出（OBE）理念，明确课程目标及教学要点，反向设计课程教学环节和教学方法，依据教学效果持续改进课程教学。

课程设计原则：本课程与“计算机过程控制工程实习”集中实践环节是一对课程，本课程侧重理论教学，在学校完成；“计算机过程控制工程实习”课程侧重实践，是校企合作实践课程，在企业完成。两门课程配合，理论与工程应用并重，理论教学、实验教学相结合，现代教育技术与传统理论教学相融合，以学生为中心“做中学、学中做”。

课程教学过程：为实现课程目标，将理论课程、实验课程统一安排，在教学方式上，根据具体教学内容灵活综合选用课堂讲授和演示、课堂练习、课堂讨论、发现学习法和自学指导法，通过引入问题和启发式教学，使学生更加明确课程教学内容的知识体系，引导学生主动学习，关注每一名学生激发其内在学习动机，提高学习积极性。以实验工程项目任务为导向，学生实验小组为团队，设计实验内容，设计控制方案，确定控制系统目标、功能、结构和系统技术性能指标，在实验中“做中学，学中做”，有序提升学生的计算机过程控制系统的分析设计能力、参数整定和投运能力，对学生的复杂工程问题从分析、建模、设计、实施等全过程、全生命周期角度加以培养。通过作业、练习、答疑与实验等环节，发现学生问题并解决问题，促进课程目标达成；通过期末考试等考查课程目标达成情况，改进下一年级课程教学设计，提高课程目标达成度。

教学环节：课堂讲授、平时作业、课堂练习、实验操作。

课程目标支撑的主要毕业要求：

课程目标	毕业要求观测点	毕业要求
1. 计算机过程控制系统的基本理论知识的认知	1.6 解决自动化系统工程设计集成、运行维护、技术服务等复杂工程问题所需的自动化工程知识及认知能力	1. 工程知识：能够将数学、自然科学、工程基础和自动化专业知识用于解决自动化系统的工程设计、产品集成、运行维护、技术服务等复杂工程问题，并了解自动化行业的前沿发展现状和趋势
2. 具有健康、安全、环境等意识的计算机过程控制系统设计能力	3.4 具有健康、安全、环境等意识的自动控制系统工程设计集成能力	3. 设计 / 开发解决方案：在综合考虑社会、健康、安全、法律、文化以及环境等因素前提下，具有自动化系统的工程设计、产品集成、运行维护、技术服务等复杂工程问题的系统、部件及流程的设计能力，能够在设计环节中体现创新意识
3. 工艺过程对象的实验建模能力，计算机过程控制系统的投运，控制参数整定、系统调试和运行的能力	4.3 综合分析实验假设、实验方案、实验数据、理论模型和工程实际，探寻解决方案的能力	4. 研究：能够基于科学原理并采用科学方法对自动化系统的工程设计、产品集成、运行维护、技术服务等复杂工程问题进行研究，包括设计实验、分析与解释数据，并通过信息综合得到合理有效的结论
4. 锻炼学生的团队合作意识，使得实验能够顺利、准确完成	9.2 理解团队成长和演变的基本规律，团队工作有效运行	9. 具有团队合作和在多学科背景环境中发挥作用的能力，理解个体、团队成员以及负责人的角色

课程目标达成途径（或教学设计）：

课程目标	达成途径	考核方式
课程目标 1： 计算机过程控制系统的基本理论知识的认知	课上讨论：通过实例引导，布置相关任务，学生分组内部讨论解决方案。 提问练习：布置课堂练习，注重师生互动交流，引导学生思考，关注学生的具体学习情况。 考试：通过考试，全面检验学生设计、集成和分析系统的能力	考试试题 课堂作业 平时作业
课程目标 2： 具有健康、安全、环境等意识的计算机过程控制系统设计能力	提问练习：通过启发式提问，注重师生互动交流，引导学生思考，关注学生的具体学习情况。 考试：通过考试，全面检验学生设计、集成、调试、运行和维护系统的能力	考试试题 实验操作 平时作业
课程目标 3： 工艺过程对象的实验建模能力，计算机过程控制系统的投运，控制参数整定、系统调试和运行的能力	课上讨论：通过实例引导，布置相关任务，学生内部讨论解决方案。 提问练习：布置课堂练习，注重师生互动交流，引导学生思考，关注学生的具体学习情况。 考试：通过考试，全面检验学生理解与评价实践过程的能力	考试试题 平时作业
课程目标 4： 锻炼学生的团队合作意识，使得实验能够顺利、准确完成	课上讨论：实验过程中，对实验进行分组，布置相关任务，学生内部分工完成相关内容，然后进入实验室进行实验	实验操作

8.4.4 教学内容简介

章节顺序	章节名称	知识点	参考学时
1	概述	过程控制工程部分课程的基本内容和专业地位；基本概念、特点、分类、性能指标及发展趋势	4 学时理论
2	简单控制系统	简单控制系统结构和组成、过程检测和控制流程图；过程控制对象的动态特性和建立过程动态模型；控制系统设计步骤；被控变量与操纵变量选择。检测与变送；执行器；调节器正反作用选择；阀门定位器及控制阀流量特性；控制系统的整定和投运	8 学时理论 10 学时实验
3	串级控制系统	串级控制系统的基本原理、特点；串级控制系统的设计；串级控制系统控制器的参数整定及投运	6 学时理论 2 学时上机
4	比例控制系统	比例控制系统的基本原理、主要结构形式、比例系数计算、设计及投运和整定	2 学时理论 2 学时上机
5	均匀控制系统	均匀控制系统的基本原理、主要结构形式、控制规律的选择和参数整定	2 学时理论

续表

章节顺序	章节名称	知识点	参考学时
6	前馈控制系统	前馈控制系统的基本原理、主要结构形式、设计及工程应用的问题	2 学时理论 2 学时上机
7	选择性控制系统	选择控制系统的基本原则、主要结构形式、设计及工程应用的问题	2 学时理论
8	分程控制系统	分程控制系统的基本原理与应用、阀位控制系统的基本原理及应用	2 学时理论
9	常用石化过程控制设备的控制	概述、传热设备的控制；精馏塔的控制	4 学时理论
10	线性离散系统的模拟化设计	数字 PID 的位置算式，增量算式，积分分离控制，不完全微分控制、微分先行控制、带死区的 PID；PID 参数对控制性能的影响，控制规律选择；参数整定：扩充临界比例度法、扩充响应曲线法和归一化法等参数整定法	6 学时理论
11	线性离散系统的离散化设计	Z 变换及反变换、Z 传递函数、线性离散系统的稳定性、性能、有限拍有纹波调节器的设计。无纹波调节器的设计	6 学时理论
12	计算机控制系统的数据处理技术	数字滤波与标度变换；数字滤波与标度变换；总结	4 学时理论

8.4.5　教学安排详表

序号	教学内容	学时分配	教学方式（授课、实验、上机、讨论）	教学要求（知识要求及能力要求）
第 1 章	课程的基本内容和专业地位； 过程控制基本概念、特点	2	授课 讨论	本章重点：计算机过程控制概念及基本特点。 计算机控制系统的分类、构成及性能指标。 能力要求：计算机过程控制工程的基本概念、特点和任务的认知，具有计算机控制系统的分类、构成、性能指标以及发展趋势的应用能力
	过程控制分类、性能指标； 计算机控制系统发展趋势	2	授课 讨论	
第 2 章	简单控制系统结构和组成； 过程检测和控制流程图	2 2 实验	授课 实验 讨论	本章重点：过程控制系统基本术语。 控制系统表示方法。 过程动态特性建模与分析，模型参数对性能的影响、建模方法。 实际过程控制系统设计步骤。
	过程控制对象的动态特性； 建立动态模型过程	2 2 实验	授课 实验 讨论	

续表

序号	教学内容	学时分配	教学方式（授课、实验、上机、讨论）	教学要求（知识要求及能力要求）
第 2 章	控制系统设计步骤； 被控变量与操纵变量选择； 检测与变送、执行器选择	2 3 实验	授课 实验 讨论	能力要求：控制系统的管道及仪表流程图——P&ID 图描述和方框图描述方法的认知，具有单回路反馈控制系统组成分析、设计、投运和整定能力。 具有过程控制对象的动态特性建模与分析能力，对象动态特性的物理意义及实验测试能力
	调节器正反作用选择； 阀门定位器及控制阀流量特性； 控制系统的整定和投运	2 3 实验	授课 实验 讨论	
第 3 章	串级控制系统的基本原理、特点	2	授课 上机 讨论	本章重点：串级控制系统方框图及常用术语。 串级控制系统的设计原则，主辅调节器确定、被控对象正反作用。 串级控制系统的工程整定。 能力要求：串级控制的基本概念、基本构成原理和应用特点的认知。 具有串级控制系统的主、副变量的选择能力。 具有串级控制系统的分析与设计能力。 具有串级控制系统的投运和整定能力
	串级控制系统的设计	2	授课 上机 讨论	
	串级控制系统控制器的参数整定及投运	2 2 上机	授课 上机 讨论	
第 4 章	比例控制系统的基本原理、主要结构形式； 比例系数计算、投运和整定	2 2 上机	授课 上机 讨论	本章重点：基本原理、结构类型和性能分析。 比例系数计算。 能力要求：比例控制的概念和类型的认知。具有比例控制系统主、副参数的选择及比例系数的计算能力。 具有比例控制的基本方案分析、设计和实现能力。 具有比例控制系统的投运和整定能力
第 5 章	均匀控制系统的基本原理、主要结构形式； 控制规律的选择和参数整定	2	授课 上机 讨论	本章重点：均匀控制系统提出的背景；控制器参数整定。 能力要求：均匀控制的目的和特点的认知。理解均匀控制与定值控制的区别，具有均匀控制系统的基本原理和结构分析能力，均匀控制系统的设计能力。 具有均匀控制系统的整定和投运能力

续表

序号	教学内容	学时分配	教学方式（授课、实验、上机、讨论）	教学要求（知识要求及能力要求）
第 6 章	前馈控制系统的基本原理、主要结构形式； 前馈控制系统设计及工程应用的问题	2 2 上机	授课 上机 讨论	本章重点：前馈不变性原理。 前馈与反馈相结合及各自优缺点。 能力要求：前馈控制的思想和意义的认知。具有前馈控制器的基本原理的分析能力及前馈控制器的整定应用能力，能够合理选择前馈量进行前馈控制系统设计。 具有前馈反馈控制系统的基本原理分析、设计应用能力
第 7 章	选择控制系统的基本原则、主要结构形式、设计及工程应用的问题	2	授课 讨论	本章重点：选择器类型——选择目的及控制器正反作用形式。 能力要求：选择控制的目的的认知。具有选择性控制系统的基本原理和结构的分析能力。 具有选择控制中选择器的确定能力。 具有选择控制系统的分析和设计能力
第 8 章	分程控制系统的基本原理与应用	2	授课 讨论	本章重点：分程控制基本原理、结构和性能分析。 能力要求：分程控制的应用目的认知，具有分程控制的基本原理和结构分析能力、分程控制的设计和应用能力
第 9 章	传热设备的控制	2	授课 讨论	本章重点：传热设备和精馏塔的基本控制方案和应用特点。 能力要求：常用石化过程设备的认知。传热设备和精馏塔的基本控制方案和应用特点，使学生进一步理解本课程介绍的各种控制技术在实际工况中的应用
	精馏塔的控制	2	授课 讨论	
第 10 章	数字 PID 的位置算式，增量算式； 常见改进的 PID	2	授课 讨论	本章重点：位置式 PID 公式、增量式推导。 改进的数字 PID 算法的原理。 能力要求：具有数字 PID 的位置算式、增量算式算法的原理、特点分析和计算能力，改进的数字 PID 算法的原理、特点的认知。 具有数字 PID 控制器参数的整定能力。 具有史密斯纯滞后补偿控制算法的原理、特点分析应用能力
	PID 参数对控制性能的影响； 控制规律选择	2	授课 讨论	
	PID 参数整定方法	2	授课 讨论	

续表

序号	教学内容	学时分配	教学方式（授课、实验、上机、讨论）	教学要求（知识要求及能力要求）
第 11 章	Z变换及反变换、Z传递函数	2	授课 讨论	本章重点：线性常系数差分方程的几种求解方法。 能力要求：具有有限拍有纹波调节器的设计、有限拍无纹波调节器的设计能力。 具有达林算法的原理、特点的分析应用能力
	线性离散系统的稳定性、性能	2	授课 讨论	
	有限拍有纹波调节器的设计； 无纹波调节器的设计	2	授课 讨论	
第 12 章	数字滤波	2	授课 讨论	本章重点：几种数字滤波的特点及数学表达。 线性标度变换。 能力要求：具有计算机控制系统的数字滤波原理和特点、量程的标度变换的分析和应用能力
	标度变换、总结	2	授课 讨论	

8.4.6 考核及成绩评定方式

【考核方式】

课程总成绩评定方法为平时成绩（作业、课堂练习）15%；实验成绩 25%（共有 4 个实验，实验一 16 分，预习报告 20%，实验操作 40%，实验报告 40%；实验二～四各 3 分，只需提交实验报告）；期末考试为开卷成绩 60%。成绩采用百分制。

【成绩评定】

对每个考核环节，制定以相关课程目标实现程度为目标的考核评分标准。

1. 平时成绩（15%）

序　号	课程目标	分　值	评分标准
1	计算机过程控制系统的基本理论知识的认知	5 分	按作业及课堂练习成绩考核。 考核第 3、4、5 章作业及课堂练习成绩，均须利用设备的控制原理，根据 P&ID 图提供的控制方案进行分析计算
2	具有健康、安全、环境等意识的计算机过程控制系统设计能力	10 分	按作业及课堂练习成绩考核。 考核第 1、2、6、7 章作业及课堂练习成绩，重点考核设计型题目。作业均须设计控制方案，控制规律采用 PID，或根据 P&ID 图提供的控制方案进行执行机构的选取，控制器正反作用的判断

2. 实验成绩（25%）（共有 4 个实验，实验一 16 分，预习报告 20%，实验操作 40%，实验报告 40%；实验二～四各 3 分，只需提交实验报告）

序号	课程目标	评分标准				
			5	4	3	<3
1	1. 计算机过程控制系统的基本理论知识的认知； 2. 具有健康、安全、环境等意识的计算机过程控制系统设计能力； 3. 工艺过程对象的实验建模能力，计算机过程控制系统的投运，控制参数整定、系统调试和运行的能力； 4. 团队合作意识，使得实验能够顺利、准确完成	预习报告	根据实验项目要求，实验小组预习充分，分工明确，正确地设计实验内容、控制方案，画出了 P&ID 图、仪表接线图等，规划好了实验步骤和实验操作方法	根据实验项目要求，实验小组进行了预习，分工明确，较好地设计实验内容、控制方案，画出了 P&ID 图、仪表接线图等，较好地规划了实验步骤和实验操作方法。	根据实验项目要求，实验小组进行了预习，分工比较明确，基本的设计实验内容、控制方案，画出了 P&ID 图、仪表接线图等，初步规划了实验步骤和实验操作方法	未按要求写完预习报告
2		实验操作	正确地按实验项目完成操作，获得正确的实验数据，完成控制系统的投运、控制参数整定等实验任务	正确地按实验项目，完成操作，获得较好的实验数据，良好地完成控制系统的投运、控制参数整定等等实验任务	基本正确地按实验项目，完成操作，获得实验数据，基本完成控制系统的投运、控制参数整定等实验任务	未完成实验
3		实验报告	按实验要求很好地完成了实验报告的各项内容，实验数据处理正确，结论正确	按实验要求较好地完成了实验报告的各项内容，实验数据处理正确，结论正确	按实验要求完成了实验报告的各项内容，实验数据处理基本正确，结论合理	未按要求完成实验报告

3. 考试（60%），评分形式：卷面百分制，开卷考试

序　　号	课 程 目 标	评 分 标 准
1	1. 计算机过程控制系统的基本理论知识的认知	见教学档案 A、B 卷评分标准
2	2. 具有健康、安全、环境等意识的计算机过程控制系统设计能力	

大纲制定者： 李振轩、魏文渊（北京石油化学院）
大纲审核者： 戴波、郑恩让
最后修订时间： 2022 年 8 月 24 日

8.5 “计算机网络”理论课程教学大纲

8.5.1 课程基本信息

课程名称	计算机网络 Computer Networks		
课程学分	3	总学时	48 学时，授课 40，实验 8
课程类型	□ 专业大类基础课 ■ 专业核心课 □ 专业选修课 □ 集中实践		
开课学期	□1-1 □1-2 □2-1 □2-2 □3-1 ■3-2 □4-1 □4-2		
先修课程	计算机程序设计基础		
参考资料	[1] 张晓明 . 计算机网络教程 [M]. 3 版 . 北京：清华大学出版社，2021. [2] 谢希仁 . 计算机网络 [M]. 7 版 . 北京：电子工业出版社，2017. [3] 吴功宜，吴英 . 计算机网络 [M]. 4 版 . 北京：清华大学出版社，2017. [4]Andrew S. Tanenbaum. Computer Networks[M]. 5th. Prentice Hall，2010.		

8.5.2 课程描述

本课程是自动化、计算机类专业的专业核心课程，课程以 TCP/IP 协议簇为核心，涵盖了网络层次模型、物理层、数据链路层、网络层、传输层、应用层、网络安全等，突出理论和实践相结合，既有网络原理和协议分析、算法分析等理论知识，又有网络系统设计、数据包分析、网络配置与故障排查等工程实践训练。课程通过实际网络设计提高学习的实战性和应用效果，为今后从事真实网络工程、网络控制系统设计与系统实现打下基础。

This course is one of the core professional courses for automation and computer majors. With TCP/IP protocol cluster as the core, it covers the network hierarchy model, physical layer, data link layer, network layer, transport layer, application layer, network security, etc., highlighting the combination of theory and practice. It not only has theoretical knowledge such as network principles and protocol analysis, algorithm analysis, but also has network system design, data packet analysis, engineering practical training on network configuration and troubleshooting. The course enhances the practicality and application effectiveness of learning through practical network design, laying the foundation for future work in real network engineering, network control system design, and system implementation.

8.5.3　课程教学目标和教学要求

【课程目标】

课程目标 1：能够将计算机网络原理、TCP/IP 协议描述知识应用于计算机网络系统中。

课程目标 2：能够通过网络调研和文献研究，分析复杂的计算机网络系统问题并得出有效结论。

课程目标 3：能够运用计算机网络的基本原理，分析和设计中小型复杂网络应用模型，并在应用系统中验证其有效性和安全性。

课程目标 4：能够基于计算机网络原理和方法选择研究路线，对复杂网络工程问题进行分解。

课程目标 5：能够运用网络技术和工具，配置网络综合环境和服务，分析网络性能和排查复杂网络故障；并通过开发工具，对网络应用进行建模设计。

【教学要求】

课程目标对毕业要求的支撑关系：

毕业要求	观测点	课程目标
1. 工程知识	1.5 掌握计算机网络的原理、协议编程和工程应用方法，能将其用于计算机系统的网络建模和性能分析	课程目标 1
2. 问题分析	2.4 能够通过文献研究，对特定需求计算机复杂工程问题解决方案进行分析和验证，以获得有效结论	课程目标 2
3. 设计 / 开发解决方案	3.3 能够针对特定需求，对计算机复杂工程问题进行分解和细化，具有网络系统设计、实现和管理能力，体现创新意识，并考虑社会、健康、安全、法律、文化以及环境等因素	课程目标 3
4. 研究	4.1 能够基于计算机学科相关原理和方法，选择研究路线，设计可行的实验方案	课程目标 4
5. 使用现代工具	5.1 能够恰当选用建模工具和技术资源，完成计算机工程项目的模拟与仿真分析，并能够理解其局限性	课程目标 5

课程教学目标达成途径（或教学设计）：

课程目标	达成途径	考核方式
课程目标 1	课堂讲授：板书与多媒体相结合，重点突出、思路清晰、注重师生互动交流，及时掌握学生学习情况，关注每一个学生的学习。 课外作业：通过完成布置的习题，巩固网络基本原理知识，形成基本应用能力。 专题报告：学生通过网络调研、课堂讲述和撰写报告，深入了解网络知识及其工程应用效果。 期末考试：通过闭卷考试，全面检验网络协议模型与网络原理的理论掌握程度	课外作业 专题报告 期末考试

续表

课程目标	达成途径	考核方式
课程目标 2	课堂讲授：以文献分析为例，阐述新时代网络主题的影响力。 专题报告：学生通过网络调研、课堂讲述和撰写报告，深入了解网络工程技术的社会需求及其应用情况	专题报告
课程目标 3	课堂讲授：板书与多媒体相结合，重点突出、思路清晰、注重师生互动交流，及时掌握学生学习情况，关注每一个学生的学习。 随堂测验：通过网络设计和算法模块应用的课堂测试，及时检查学生对课程知识掌握情况，促进学生的课前预习与课堂听课。 实验教学：开展中小型局域网设计和子网设计，提高网络系统设计能力。 期末考试：通过闭卷考试，全面检验网络系统设计与应用能力	随堂测验 实验教学 期末考试
课程目标 4	课堂讲授：板书与多媒体相结合，明确网络实验方案，注重课堂师生互动交流。 实验教学：开展无线局域网配置及其测试数据处理，提高网络系统配置性能。 期末考试：通过闭卷考试，全面检验网络系统的方案研究能力	实验教学 期末考试
课程目标 5	课堂讲授：板书与网络演示相结合，重点突出网络抓包的分析思路和方法。 实验教学：开展网络抓包与数据分析实验，模拟攻防双方的应对，提高网络实战能力	实验教学

8.5.4 教学内容简介

1. 理论课（40 学时）

章节顺序	章节名称	知识点	参考学时
1	概述	（1）计算机网络的发展历史，计算机网络的概念、组成与功能； （2）计算机网络的分类； （3）计算机网络体系结构，OSI 参考模型和 TCP/IP 协议	2
2	物理层	（1）物理层和数据通信的基本概念，网络传输介质； （2）编码方法，调制技术，多路复用技术，交换技术； （3）物理层协议及其应用	2
3	数据链路层	（1）组帧方法； （2）差错控制方法； （3）停－等算法、滑动窗口等可靠传输机制； （4）数据链路层协议，如 HDLC 协议和 PPP 协议	6
4	介质访问控制子层和局域网	（1）局域网分类和标准，IEEE802 体系结构； （2）信道分配策略，以太网规范； （3）无线局域网，虚拟局域网； （4）局域网互联，网桥与转发表	4

续表

章节顺序	章节名称	知识点	参考学时
5	网络层	（1）网络层提供的服务类型，网络互联方式与设备； （2）IP 地址分配：标准分类，内部地址，子网划分，CIDR，NAT，IPv6 等； （3）网络拓扑结构，路由协议与算法，路由表生成； （4）常见网络层协议格式：ICMP 协议，IP 协议，ARP 协议	12
6	传输层	（1）传输层提供的服务，端口号分配； （2）UDP 协议，数据校验和计算； （3）TCP 协议，连接建立与释放过程，TCP 协议的流量控制，拥塞控制	6
7	应用层	（1）网络应用模型分类； （2）域名系统，电子邮件系统及其协议，FTP 协议，HTTP 协议，DHCP 协议	4
8	网络安全	（1）网络安全体系结构，加密标准； （2）网络安全协议及其应用方法	2
9	网络技术专题	网络技术专题调研活动	2

2. 实验课（8 学时）

1）小型局域网的设计实验　　4 学时　设计性实验

实验目的：利用 VISIO 工具，设计一个小型局域网，使学生具备小型网络的分析和设计能力；通过网络信息查找，能够完成小型网络的布局图设计并计算性价比。

2）协议分析工具的使用实验　　4 学时　设计性实验

实验目的：使用协议分析工具 Wireshark，捕获和分析网络应用（如 PING 操作、FTP 应用、HTTP 应用）过程中各协议数据单元的组成，加深对网络协议的理解和运用能力。

8.5.5　教学安排详表

序号	教学内容	学时分配	教学方式（授课、实验、上机、讨论）	教学要求（知识要求及能力要求）
1	概述 （1）计算机网络的发展历史，计算机网络的概念、组成与功能； （2）计算机网络的分类； （3）计算机网络体系结构，OSI 参考模型和 TCP/IP 协议	2	讲授、讨论	能够分析计算机网络的发展过程，能够分辨校园网和企业网等环境下的计算机网络类型，深入比较 OSI 模型和 TCP 协议的异同点

续表

序号	教学内容	学时分配	教学方式（授课、实验、上机、讨论）	教学要求（知识要求及能力要求）
2	物理层 （1）物理层和数据通信的基本概念，网络传输介质； （2）编码方法，调制技术，多路复用技术，交换技术； （3）物理层协议及其应用	2	讲授、讨论、上机	能够在系统设计中选用合适的网络传输介质，绘制常见的信息编码和调制模型，比较 4 种交换技术及其特点，深入认知物理层协议和串口通信实现方式
3	数据链路层 （1）组帧方法； （2）差错控制方法； （3）停－等算法、滑动窗口等可靠传输机制； （4）数据链路层协议，如 HDLC 协议和 PPP 协议	6	讲授、讨论、上机	深入认知组帧方法及其应用，能够分析与使用典型的差错检验方法，具有 CRC 校验算法和停－等协议算法的分析与模拟实现能力，深入认知滑动窗口机制及其协议的工作模型；通过使用抓包软件，深入认知数据链路层协议和数据包格式
4	介质访问控制子层和局域网 （1）局域网分类和标准，IEEE802 体系结构； （2）信道分配策略，以太网规范； （3）无线局域网，虚拟局域网； （4）局域网互联，网桥与转发表	4	讲授、讨论、上机	能够记忆 IEEE802 体系和以太网特点，能够配置无线局域网络，具有中小型局域网络的分析与设计能力；深入认知透明网桥转发表生成过程，且具有透明网桥自学习算法的分析与设计能力
5	网络层 （1）网络层提供的服务类型，网络互联方式与设备； （2）IP 地址分配：标准分类，内部地址，子网划分，CIDR，NAT，IPv6 等； （3）网络拓扑结构，路由协议与算法，路由表生成； （4）常见网络层协议格式：ICMP 协议，IP 协议，ARP 协议	12	讲授、讨论、上机	具有中小型网络模型的分析和设计能力，能够基于网络设备搭建小型网络；深入运用网络 IP 地址划分方法，能够配置网络 IP 地址并正确上网；通过网络工具软件，能够排查常见网络故障，并分析数据包格式；深入运用路由协议及其算法，并具有网络分析与仿真能力
6	传输层 （1）传输层提供的服务，端口号分配； （2）UDP 协议，数据校验和计算； （3）TCP 协议，连接建立与释放过程，TCP 协议的流量控制，拥塞控制	6	讲授、讨论、上机	能够比较传输层提供的服务特点和端口号分配规则；能够分析比较 UDP 和 TCP 协议的特点和数据包格式；具有网络协议校验和计算算法的设计与模拟实现能力；深入掌握 TCP 协议的连接管理、流量控制和拥塞控制机制

续表

序号	教学内容	学时分配	教学方式（授课、实验、上机、讨论）	教学要求（知识要求及能力要求）
7	应用层 （1）网络应用模型分类； （2）域名系统，电子邮件系统及其协议，FTP 协议，HTTP 协议，DHCP 协议	4	讲授、讨论、上机	能够分析网络域名系统和电子邮件系统，能够配置常见网络服务（FTP 和 HTTP 协议）；能够通过网络工具排查网络应用故障，并分析应用层协议数据；具有个人网页设计和实现能力
8	网络安全 （1）网络安全体系结构，加密标准； （2）网络安全协议及其应用方法	2	讲授、讨论、上机	能够分析比较网络安全体系和网络攻击类型，深入掌握对称加密和非对称加密方法；在计算机网络系统的设计和应用中，具有较强的安全防范意识和一定的漏洞检测能力
9	网络技术专题	2	讲授、讨论、上机	通过互联网环境，能够探索和分析计算机网络的关键技术要点，锻炼网络应用实战能力

8.5.6　考核及成绩评定方式

【考核方式】

采用随堂测验、课外作业、实验验收与报告、专题调研报告、期末考试等多样化的考核方式，以评价课程教学目标达成情况为目标，将教学目标、教学过程、考核方式、达成度评价相关联，加强过程考核，组成形成性评价与终结性评价相结合的考核方式。

考核成绩组成：按百分制的总评成绩 = 随堂测验（满分 10 分）+ 课外作业（满分 10 分）+ 实验教学（满分 20 分）+ 专题调研报告（满分 10 分）+ 期末测验成绩（满分 50 分）。

最终成绩由百分制成绩转成对应的字母制成绩。

【考核评价标准】

序号	课程目标	考核方式	权重系数	考核方式详细说明（每种考核方式对应的评分标准）
1	课程目标 1	课外作业	1.0	布置课外习题 5 次，每次满分 2 分。内容涵盖层次模型、主要网络协议和网络安全，培养学生运用网络原理进行协议分析与应用的能力
		专题报告	0.5	通过互联网对所选网络主题内容进行收集、整理后，形成报告文档并制作 PPT，根据课堂上讲述情况和报告质量，分别给分。满分各占 5 分，合计 10 分。本部分考查对网络知识的运用能力
		期末考试	0.6	基于选择、判断、简答题和计算题，考查学生对网络基础知识的基本运用能力

续表

序号	课程目标	考核方式	权重系数	考核方式详细说明（每种考核方式对应的评分标准）
2	课程目标 2	专题报告	0.5	通过互联网对所选网络主题内容进行收集、整理后，形成报告文档并制作 PPT，根据课堂上讲述情况和报告质量，分别给分。满分各占 5 分，合计 10 分。本部分考查对网络技术应用的分析能力
3	课程目标 3	随堂测验	1.0	通过数据编码、差错检测、透明网桥算法、路由算法、子网划分设计、拥塞控制算法等至少 5 次短时随堂测验，每次满分 2 分。考查学生对网络协议基本原理的应用能力。要求学生限时作答，并通过蓝墨云班课提交结果
		实验教学	0.50	通过开展小型局域网设计、IP 协议模拟程序设计或网页爬虫设计等，培养学生的网络系统设计与应用能力
		期末考试	0.30	基于网络设计题，考查学生对网络协议应用和系统设计能力
4	课程目标 4	实验教学	0.25	通过网络抓包数据分析，培养学生在复杂网络环境下的方案设计与数据分析能力
		期末考试	0.10	基于算法运用题，考查学生对网络工程的研究分析能力
5	课程目标 5	实验教学	0.25	通过网络设备（路由器、交换机等）的配置和实际运用，培养学生网络工程规划设计和网络测试能力

大纲制定者：张晓明（北京石油化工学院）
大纲审核者：戴波、郑恩让
最后修订时间：2022 年 8 月 24 日

8.6 “检测与工业大数据技术”理论课程教学大纲

8.6.1 课程基本信息

课程名称	检测与工业大数据技术		
	Detection and Industrial Big Data Technology		
课程学分	3	总学时	48 学时，授课 40，实验 8
课程类型	□ 专业大类基础课 ■ 专业核心课 □ 专业选修课 □ 集中实践		
开课学期	□1-1 □1-2 □2-1 ■2-2 □3-1 □3-2 □4-1 □4-2		
先修课程	电路与模拟电子技术		

续表

参考资料	[1] 张毅 . 自动检测技术及仪表控制系统 [M]. 3 版 . 北京：化学工业出版社，2020. [2] 彭振云 . 工业大数据采集、处理与应用 [M]. 北京：机械工业出版社，2010. [3] 沈怀洋 . 化工测量与仪表 [M]. 北京：中国石化出版社，2011. [4] 吴勤勤 . 控制仪表及装置 [M]. 4 版 . 北京：化学工业出版社，2019. [5] 厉玉鸣 . 化工仪表及自动化 [M]. 6 版 . 北京：化学工业出版社，2019. [6] 张晨 . 工业大数据分析在流程制造行业的应用 [M]. 北京：电子工业出版社，2020.

8.6.2 课程描述

本课程是自动化专业的专业核心课程。课程主要讲述检测技术与仪表的基本概念，各种工业生产过程参数的检测方法及仪表、控制仪表和执行器的基本理论知识，以及大数据分析和处理方法。通过本课程的学习，使学生掌握自动化装置和仪表的性能指标、产品、类别等知识，具有自动化仪表的工作原理、功能、结构的系统分析能力，以及工业数据采集、实时数据存储、分类与预测、聚类、关联规则、推荐等数据分析处理的能力。

This course is one of the core courses of the automation major. The course mainly introduces the basic concepts of detection technology and instruments, various industrial production process parameter detection methods, basic theoretical knowledge of instruments, control instruments, and actuators, as well as big data analysis and processing methods. Through the study of this course, students will master the performance indicators, products, categories, and other knowledge of automation devices and instruments. They will have the ability to systematically analyze the working principles, functions, and structures of automation instruments, as well as the ability to analyze and process industrial data collection, real-time data storage, classification and prediction, clustering, association rules, recommendations, and other data.

8.6.3 课程教学目标和教学要求

【课程目标】

课程目标 1：工业生产参数的检测仪表、控制仪表、执行器的基本内容和发展的认知，了解工业检测技术与仪表的发展现状和趋势，融入思政元素，着重了解国内知名自动化仪表厂家、公司产品的生产情况等。掌握自动化仪表的性能、指标、类别和功能，具有自动化仪表装置的工作原理、组成、结构的系统分析能力。

课程目标 2：理解数据全生命周期的过程以及常见分类与预测算法、聚类分析方法、关联规则算法等大数据分析处理方法；掌握大数据处理工具，能够通过编程语言接口进行试验的模拟和仿真，并结合人工智能中的具体应用，利用大数据分析进行模拟和预测，并理解技术的局限性。

课程目标 3：具有健康、安全、环境等意识，正确选择和使用检测仪表、控制器和执行器，构成控制系统的设计、集成、安装和调试的能力。掌握自动化仪表的功能、特性、接口、使用等，考虑安全、环境等因素，具有正确选择、运用自动化仪表，集成自动控制系统的能力，首先考虑选用国产优质的自动化仪表装置。

【教学要求】

课程目标与毕业要求的支撑关系：

毕业要求	观测点	课程目标
1. 工程知识：能够将数学、自然科学、工程基础和自动化专业知识用于解决自动化系统工程设计、产品集成、运行维护、技术服务复杂工程问题，并了解自动化行业的前沿发展现状和趋势	1.3 解决自动化系统的工程设计、产品集成、运行维护、技术服务等复杂工程问题所需的自动化工程知识及认知能力	1. 工业生产参数的检测仪表、控制仪表、执行器的基本内容和发展的认知，了解工业检测技术与仪表的发展现状和趋势，融入思政元素，着重了解国内知名自动化仪表厂家、公司产品的生产情况等。掌握自动化仪表的性能、指标、类别和功能，具有自动化仪表装置的工作原理、组成、结构的系统分析能力
3. 设计 / 开发解决方案：综合考虑社会、健康、安全、法律、文化以及环境等因素，具有自动化系统工程设计、产品集成、运行维护、技术服务复杂工程问题的系统、部件及流程的设计能力，能够在设计环节中体现创新意识	2.3 DCS、PLC、FCS 控制系统组态、软件设计与调试能力	3. 具有健康、安全、环境等意识，正确选择和使用检测仪表、控制器和执行器，构成控制系统的设计、集成、安装和调试的能力。掌握自动化仪表的功能、特性、接口、使用等，考虑安全、环境等因素，具有正确选择、运用自动化仪表，集成自动控制系统的能力，首先考虑选用国产优质的自动化仪表装置
4. 使用现代工具：在解决自动化系统工程设计、产品集成、运行维护、技术服务复杂工程问题活动中，具有开发、选择与使用恰当的技术、资源、现代工程工具和信息技术工具进行工程实践的能力，包括对复杂工程问题的预测与模拟，并理解其局限性	4.3 自动化仪器 / 仪表 / 装置的使用能力及自动化系统工程的调试、运行和维护能力	2. 理解数据全生命周期的过程以及常见分类与预测算法、聚类分析方法、关联规则算法等大数据分析处理方法；掌握大数据处理工具，能够通过编程语言接口进行实验的模拟和仿真，并结合人工智能中的具体应用，利用大数据分析进行模拟和预测，并理解技术的局限性；能够使用恰当的技术、资源和开发工具对大数据科学领域的复杂工程问题进行预测和模拟，并理解其局限性

课程目标达成途径（或教学设计）：

课 程 目 标	目标达成途径		达成度 评价方法
	学生的学法	教师的教法	
1. 工业生产参数的检测仪表、控制仪表、执行器的基本内容和发展的认知，了解工业检测技术与仪表的发展现状和趋势，融入思政元素，着重了解国内知名自动化仪表厂家、公司产品的生产情况等。掌握自动化仪表的性能、指标、类别和功能，具有自动化仪表装置的工作原理、组成、结构的系统分析的能力	听课、习题、作业、测验、讨论、答疑等	以 OBE(学习产出)理念，明确课程教学目标及教学要点，反向设计课程教学环节和教学方法，依据教学效果持续改进课程教学。有课程思政设计，包括思辨能力培养、严谨求实学风熏陶、师生交流、学风要求等，立德树人。讲授、提问、答疑、测试、作业情况反馈等	习题及作业情况、课堂学习情况、期中测验、期末考试、实验报告等
2. 理解数据全生命周期的过程以及常见分类与预测算法、聚类分析方法、关联规则算法等大数据分析处理方法；掌握大数据处理工具，能够通过编程语言接口进行实验的模拟和仿真，并结合人工智能中的具体应用，利用大数据分析进行模拟和预测，并理解技术的局限性	听课、习题、作业、测验、讨论、答疑等	理论与工程应用并重，理论教学、实验教学相结合，现代教育技术与理论教学相融合，做中学、学中做。课堂讲授、实验操作、平时作业、课堂练习、期中测验等	习题及作业情况、课堂学习情况、期中测验、期末考试、实验报告等
3. 具有健康、安全、环境等意识，正确选择和使用检测仪表、控制器和执行器，构成控制系统的设计、集成、安装和调试的能力。掌握自动化仪表的功能、特性、接口、使用等，考虑安全、环境等因素，具有正确选择、运用自动化仪表，集成自动控制系统的能力，首先考虑选用国产优质的自动化仪表装置	听课、习题、作业、测验、讨论、答疑等	理论与工程应用并重，理论教学、实验教学相结合，现代教育技术与理论教学相融合，做中学、学中做。课堂讲授、实验操作、平时作业、课堂练习、期中测验等	习题及作业情况、课堂学习情况、期中测验、期末考试、实验报告等

8.6.4　教学内容简介

章节顺序	章节名称	知 识 点	参考学时
1	绪论和基本概念	检测技术及仪表，工业大数据，误差理论	4
2	检测技术及仪表	温度检测与变送，压力检测与变送，流量检测与变送 物位检测与变送，变送单元	22
3	过程工业仪表	变送仪表，控制仪表，执行仪表	6
4	工业大数据	工业大数据采集，工业大数据预处理，工业大数据建模，工业大数据分析	8
5	实验一	仪表认识与液位及流量测量实验	4
6	实验二	应变片测量压力和 Pt 热电阻测温实验	4

8.6.5 教学安排详表

序号	教学内容	学时分配	教学方式（授课、实验、上机、讨论）	教学要求（知识要求及能力要求）
1	绪论和基本概念	4	讲授、讨论	工业大数据概述，检测技术及仪表的基本概念、仪表的分类和发展的认知，检测技术的测量方法、检测系统的构成及检测过程的误差概念和误差分析处理方法、仪表精度等级等仪表的基本性能指标，仪表防爆的基本知识和防爆措施的认知
2	温度检测与变送	6	讲授、讨论	温度的测量原理、测温仪表构成及特点的认知，培养学生具有工业生产中常用的热电偶温度计和热电阻温度计的测量原理、组成等分析和应用能力。温度变送器原理的认知和使用能力，能够依据介质特性及温度高低进行一定条件下的温度测量系统设计
	压力检测与变送	6	讲授、讨论	压力测量原理的认知，具有生产中常用的弹性式压力计、电容式压力传感器以及应变式压力传感器的测量原理、构成等的分析和应用能力，压电式、压阻式传感器的原理、结构及特点的认知，要求具有压力仪表的校验、量程及精度选择的能力
	流量检测与变送	6	讲授、讨论	流量测量方法、测量仪表及特点的认知，培养学生具有生产中常用的差压式流量计、电磁流量计、转子流量计等的测量原理、仪表组成的分析和应用能力、质量流量计的原理的认知，能够依据介质特性进行流量测量系统的设计
	物位检测与变送	4	讲授、讨论	物位测量方法的认知，培养学生具有工业生产中常用的差压式液位测量仪表和电容式液位计的测量原理、仪表构成的分析和应用能力，浮力式、超声波式等物位测量原理的认知，具有差压变送器原理和液位测量的零点迁移的分析和计算能力，能够依据介质特性进行相应条件下物位测量系统的设计
	变送单元	2	讲授、讨论	变送单元是首要环节和重要组成部分，它将各种过程参数如温度、压力、流量、液位转换成相应的统一标准信号，以供系统显示或进行下一步的调整控制所用
3	控制单元	2	讲授、讨论	具有控制器的 PID 控制规律分析和应用能力，控制器的基本概念、控制器的工作原理和构成的认知，具有模拟控制器和智能控制器的应用能力
	执行单元	2	讲授、讨论	执行器的分类、组成、结构的认知，具有气动执行器工作原理的分析和应用能力，具有执行器的选择能力，电气阀门定位器的原理和作用的认知

续表

序号	教学内容	学时分配	教学方式（授课、实验、上机、讨论）	教学要求（知识要求及能力要求）
4	工业大数据采集	2	讲授、讨论	工业大数据的全生命周期过程的理解；工业大数据的采集方式、数据采集系统的部署方法；根据业务需求完成 PLC 数据的采集与存储
4	工业大数据预处理	2	讲授、讨论	理解数据清洗、转换和加载的作用与过程；理解数据仓库的基本概念和构建方法
	工业大数据建模	2	讲授、讨论	理解统一建模语言 UML 类图的表示方法；掌握 UML 描述信息模型的基本方法，能够绘制车间设备的信息模型和生产过程的信息模型
	工业大数据分析	2	讲授、讨论	认知大数据分析过程，理解机器学习（人工智能）的相关概念，理解常见的回归和分类预测算法的应用场景
5	实验一	4	实验	仪表认识与液位及流量测量实验
6	实验二	4	实验	应变片测量压力和 Pt 热电阻测温实验

8.6.6 考核及成绩评定方式

【考核方式】

课程总成绩评定方法为平时成绩（作业；可以包含运用蓝墨云进行的头脑风暴、测验、小组学习等）10%，实验成绩 15%，期中测验成绩 15%，期末考试采用笔试闭卷形式，成绩 60%。

大纲制定者：赵国新、王凤全（北京石油化工学院）
大纲审核者：戴波、郑恩让
最后修订时间：2022 年 8 月 24 日

8.7 “人工智能原理与实践”理论课程教学大纲

8.7.1 课程基本信息

课 程 名 称	人工智能原理与实践		
	Principles and Practices of Artificial Intelligence		
课 程 学 分	3	总 学 时	48 学时，授课 32，实验 16
课 程 类 型	□ 专业大类基础课 ■ 专业核心课 □ 专业选修课 □ 集中实践		

续表

开课学期	□1-1　□1-2　□2-1　□2-2　□3-1　■3-2　□4-1　□4-2
先修课程	计算机程序设计基础、离散数学、数据结构
参考资料	[1] 王万良 . 人工智能及其应用 [M]. 4 版 . 北京：高等教育出版社，2020. [2] Stuart Russell，Peter Norvig. 人工智能：一种现代的方法 [M]. 3 版 . 北京：清华大学出版社，2013. [3] 吴飞 . 人工智能导论：模型与算法 [M]. 北京：高等教育出版社，2020.

8.7.2 课程描述

本课程是自动化、计算机类专业的专业核心课程，课程主要讲授人工智能的基本概念、基本原理方法和重要学习算法，包括知识表示、推理、搜索、专家系统、机器学习、人工神经网络和自然语言处理，同时通过实践教学开展智能算法、机器学习和深度学习等人工智能典型技术应用实训，学习如何用计算机软件和硬件去实现智能体的感知、决策与智能行为，为学生今后从事人工智能和智能控制方向的研究、工作打下坚实基础。

This course is one of the core professional courses for automation and computer majors. It mainly teaches the basic concepts, basic principles and methods of artificial intelligence and important learning algorithms, including knowledge representation, reasoning, search, expert systems, machine learning, artificial neural networks and natural language processing. At the same time, it carries out practical training on the application of typical AI technologies such as intelligent algorithms, machine learning and deep learning through practical teaching, Learn how to use computer software and hardware to achieve the perception, decision-making, and intelligent behavior of intelligent agents, laying a solid foundation for students to engage in research and work in artificial intelligence and intelligent control in the future.

8.7.3 课程教学目标和教学要求

【课程目标】

课程目标 1：掌握人工智能基本原理，能够对人工智能算法进行需求描述、分析和建模。

课程目标 2：具有人工智能算法设计与分析能力，能够根据需求进行程序模块设计与实现，体现创新意识并考虑文化和环境等因素。

课程目标 3：能够利用人工智能技术分析和解释数据，通过信息综合得到合理有效的结论。

课程目标 4：能够恰当地选用软件开发平台及编程工具，完成人工智能项目的开发。

课程目标 5：能够通过调研与实践，理解和评价人工智能复杂工程应用的价值，其与人文、环境之间的关系以及持续改进问题。

课程目标 6：能够不断探索和学习人工智能领域的新方法和新技术，正确认识人工智能道德准则和社会价值观，培养自学能力和工程职业素养。

【教学要求】

课程目标对毕业要求的支撑关系：

毕业要求	观测点	课程目标
1. 问题分析	能够针对计算机软件类模块与系统进行需求描述、系统分析和建模	课程目标 1
2. 设计 / 开发解决方案	具有基本的程序设计和算法分析能力；能够根据需求进行程序模块设计与实现，体现创新意识，并考虑文化和环境等因素	课程目标 2
3. 研究	能够分析和解释数据，并通过信息综合得到合理有效的结论	课程目标 3
4. 使用现代工具	能够开发恰当的技术和资源，并恰当选用软件开发平台及编程工具，完成计算机软件和人工智能项目的开发	课程目标 4
5. 环境和可持续发展	能够针对智能化复杂工程问题的工程实践，理解和评价其面临的可持续发展问题	课程目标 5
6. 终身学习	能够追踪自动化领域发展动态和行业需求，有不断学习和适应发展的能力	课程目标 6

课程目标达成途径（或教学设计）：

课程目标	达成途径	考核方式
课程目标 1	课堂讲授：板书与多媒体相结合，重点突出、思路清晰、注重师生互动交流，及时掌握学生学习情况，关注每一个学生的学习。 课堂表现：利用蓝墨云班课、教育在线等现代教学辅助手段激励学生通过提前预习、课堂讨论、课堂提问、随堂测验等多种形式达成学习目标。	课堂表现 课后作业 期末考试
课程目标 1	课后作业：利用书面作业和蓝墨云班课、教育在线等现代教学辅助手段保证课程留有巩固学生学习内容的课后作业，并全批全改，及时反馈。 期末考试：通过闭卷考试，全面检验人工智能基本原理、方法的理解掌握程度	课堂表现 课后作业 期末考试
课程目标 2	课堂讲授：板书与多媒体相结合，边讲边练，重点突出，注重师生互动交流，注意观察学生课堂状态，及时掌握学生学习情况。 课堂表现：利用蓝墨云班课、教育在线等现代教学辅助手段激励学生通过提前预习、课堂讨论、课堂提问、随堂测验等多种形式达成学习目标。 课后作业：利用书面作业和蓝墨云班课、教育在线等现代教学辅助手段保证课程留有巩固学生学习内容的课后作业，并全批全改，及时反馈。 实验考核：熟悉常用的人工智能典型算法及应用场景，根据给定的实验题目，选择合适的开发工具和编程语言，设计解决复杂 AI 问题，进行程序设计与实现，并在数据集上进行实验与分析，得出有效结论。 期末考试：通过闭卷考试，全面检验人工智能模型与算法的理解设计能力	课堂表现 课后作业 实验考核 期末考试

续表

课程目标	达成途径	考核方式
课程目标 3	课堂讲授：板书与多媒体相结合，边讲边练，重点突出，注重师生互动交流，注意观察学生课堂状态，及时掌握学生学习情况。 课堂表现：利用蓝墨云班课、教育在线等现代教学辅助手段激励学生通过提前预习、课堂讨论、课堂提问、随堂测验等多种形式达成学习目标。 课后作业：利用书面作业和蓝墨云班课、教育在线等现代教学辅助手段保证课程留有巩固学生学习内容的课后作业，并全批全改，及时反馈。 实验考核：熟悉常用的人工智能典型算法及应用场景，根据给定的实验题目，选择合适的开发工具和编程语言，设计解决复杂 AI 问题，进行程序设计与实现，并在数据集上进行实验与分析，得出有效结论。 期末考试：通过闭卷考试，全面检验 AI 技术分析和解释数据能力	课堂表现 课后作业 实验考核 期末考试
课程目标 4	课堂讲授：板书与多媒体相结合，重点突出、思路清晰、注重师生互动交流，及时掌握学生学习情况，关注每一个学生的学习。 实验考核：熟悉常用的人工智能典型算法及应用场景，根据给定的实验题目，选择合适的开发工具和编程语言，设计解决复杂 AI 问题，进行程序设计与实现，并在数据集上进行实验与分析，得出有效结论	实验考核
课程目标 5	课堂讲授：板书与多媒体相结合，重点突出、思路清晰、注重师生互动交流，及时掌握学生学习情况，关注每一个学生的学习。 实验考核：熟悉常用的人工智能典型算法及应用场景，根据给定的实验题目，选择合适的开发工具和编程语言，设计解决复杂 AI 问题，进行程序设计与实现，并在数据集上进行实验与分析，得出有效结论	实验考核
课程目标 6	课堂讲授：板书与多媒体相结合，重点突出、思路清晰、注重师生互动交流，及时掌握学生学习情况，关注每一个学生的学习。 课后作业：利用书面作业和蓝墨云班课、教育在线等现代教学辅助手段保证课程留有巩固学生学习的内容的课后作业，并全批全改，及时反馈。	课后作业 实验考核
课程目标 6	实验考核：熟悉常用的人工智能典型算法及应用场景，根据给定的实验题目，选择合适的开发工具和编程语言，设计解决复杂 AI 问题，进行程序设计与实现，并在数据集上进行实验与分析，得出有效结论	课后作业 实验考核

8.7.4 教学内容简介

1. 理论课（32 学时）

章节顺序	章节名称	知识点	参考学时
1	人工智能绪论	（1）什么是人工智能 （2）人工智能的发展 （3）人工智能的研究内容 （4）人工智能研究的主要方法 （5）人工智能的应用	2

续表

章节顺序	章节名称	知识点	参考学时
2	知识表示方法	（1）知识与知识表示的概念 （2）谓词逻辑表示法 （3）产生式表示法 （4）语义网络法	4
3	确定性推理	（1）推理的基本概念 （2）自然演绎推理 （3）归结反演推理	4
4	不确定性推理	（1）不确定性推理的基本概念 （2）可信度方法 （3）证据理论 （4）模糊推理方法	2
5	搜索与求解策略	（1）搜索的概念 （2）状态空间的搜索策略 （3）盲目的图搜索策略 （4）启发式图搜索策略	6
6	专家系统与机器学习	（1）专家系统的概念与工作原理 （2）专家系统实例 （3）机器学习的基本概念与分类 （4）机器学习的基本方法 （5）机器学习的典型应用	6
7	人工神经网络及其应用	（1）神经元与神经网络 （2）BP 神经网络及其学习算法 （3）卷积神经网络 （4）循环神经网络	4
7	人工神经网络及其应用	（5）应用实例	4
8	自然语言处理及其应用	（1）自然语言处理的概念 （2）自然语言处理的发展历程 （3）NLP 的常用方法 （4）NLP 的典型应用	4

2. 实验课（16 学时）

1）逻辑程序设计及搜索算法实验　　4 学时　设计性实验

实验目的：熟悉并理解用逻辑程序设计解决复杂问题，熟悉并理解常用搜索算法的基本原理。

2）机器学习实验　　4 学时　设计性实验

实验目的：熟悉常用的机器学习算法及典型应用场景，根据给定的实验题目，选择合适的开发工具和编程语言，设计实现相应的机器学习算法，并在数据集上进行实验与分析，得出有效结论。

3）人工神经网络实验　　4 学时　设计性实验

实验目的：熟悉常用的人工神经网络算法及典型应用场景，根据给定的实验题目，选择合适的开发工具和编程语言，设计构造人工神经网络模型，并在数据集上进行实验与分析，得出有效结论。

4）综合项目实践　　4 学时　设计性实验

实验目的：通过实际项目锻炼，培养学生理解人工智能的典型应用，熟悉算法设计与实现、模型运行、调优与评价等人工智能应用全过程，根据项目需求恰当地选用软件开发平台及编程工具，完成项目开发，学会分析和解释数据，有效评价应用效果，并不断探索改进，学习人工智能领域的新方法和新技术。

8.7.5　教学安排详表

序号	教学内容	学时分配	教学方式（授课、实验、上机、讨论）	教学要求（知识要求及能力要求）
第 1 章	人工智能绪论 （1）什么是人工智能 （2）人工智能的发展 （3）人工智能的研究内容 （4）人工智能研究的主要方法 （5）人工智能的应用	2	讲授、讨论	理解并掌握：人工智能的基本概念、发展简史、研究的基本内容、主要研究领域
	知识表示方法 （1）知识与知识表示的概念 （2）谓词逻辑表示法 （3）产生式表示法 （4）语义网络法	4	讲授、讨论、上机	理解并掌握：知识与知识表示的概念、一阶谓词逻辑表示法、产生式表示法、语义网络法
第 2 章	确定性推理 （1）推理的基本概念 （2）自然演绎推理 （3）归结反演推理	4	讲授、讨论、上机	熟悉并理解推理的基本概念，掌握自然演绎与归结反演的原理与方法
	不确定性推理 （1）不确定性推理的基本概念 （2）可信度方法 （3）证据理论 （4）模糊推理方法	2	讲授、讨论、上机	熟悉并理解不确定性推理的基本概念，掌握可信度、证据理论和模糊推理方法

续表

序号	教学内容	学时分配	教学方式（授课、实验、上机、讨论）	教学要求（知识要求及能力要求）
第 2 章	搜索与求解策略 （1）搜索的概念 （2）状态空间的搜索策略 （3）盲目的图搜索策略 （4）启发式图搜索策略	6	讲授、讨论、上机	掌握搜索的基本概念，熟悉并理解常用的搜索策略与方法，包括状态空间表示法、宽度优先、深度优先、启发式搜索、A* 搜索算法等
	专家系统与机器学习 （1）专家系统的概念与工作原理 （2）专家系统实例 （3）机器学习的基本概念与分类 （4）机器学习的基本方法 （5）机器学习的典型应用	6	讲授、讨论、上机	掌握专家系统、机器学习的基本概念，理解专家系统的工作原理，熟悉常用的机器学习算法，包括决策树、K 均值聚类、支持向量机等，熟悉其典型应用场景及使用方法
第 3 章	人工神经网络及其应用 （1）神经元与神经网络 （2）BP 神经网络及其学习算法 （3）卷积神经网络 （4）循环神经网络 （5）应用实例。	4	讲授、讨论、上机	掌握人工神经网络的基本概念，理解 BP 神经网络、卷积神经网络、循环神经网络等的基本原理，熟悉人工神经网络的典型应用场景及使用方法
	自然语言处理及其应用 （1）自然语言处理的概念 （2）自然语言处理的发展历程 （3）NLP 的常用方法 （4）NLP 的典型应用	4	讲授、讨论、上机	熟悉自然语言处理的基本概念，了解 NLP 的历史与前沿热点，熟悉 NLP 典型的应用场景及常用的技术与使用方法

8.7.6　考核及成绩评定方式

【考核方式】

采用平时成绩、实验验收与报告、期末测验等多样化的考核方式，以评价课程教学目标达成情况为目标，将教学目标、教学过程、考核方式、达成度评价相关联，加强过程考核，组成形成性评价与终结性评价相结合的考核方式。

考核成绩组成：百分制总评成绩 = 平时成绩（20%）+ 实验成绩（30%）+ 期末测验成绩（50%）。

最终成绩由百分制成绩转成对应的字母制成绩。

【考核评价标准】

序号	课程目标	考核方式	权重系数	考核方式详细说明（每种考核方式对应的评分标准）
1	课程目标 1	平时考核	0.3	由任课教师布置相关的随堂测验和课后作业，要求学生按时作答，并通过蓝墨云班课提交结果
		期末考试	$0.4\times m_1\%$	期末考试中考查学生掌握人工智能基本概念和方法，该部分占 $0.4\times m_1\%$（$m_1\%$ 大于或等于 40%）
2	课程目标 2	平时考核	0.3	由任课教师布置相关的随堂测验和课后作业，要求学生按时作答，并通过蓝墨云班课提交结果
		实验验收与报告	0.2	通过编程实践，学生能够掌握人工智能方法和典型应用，根据给定的实验题目，进行算法设计，编程解决相应的人工智能复杂工程问题，得出有效结论，撰写实验报告
		期末考试	$0.3\times m_2\%$	期末考试中考查学生人工智能算法分析和设计能力，该部分占 $0.3\times m_2\%$（$m_2\%$ 小于或等于 30%）
3	课程目标 3	平时考核	0.3	由任课教师布置相关的随堂测验和课后作业，要求学生按时作答，并通过蓝墨云班课提交结果
		实验验收与报告	0.2	通过编程实践，学生能够掌握人工智能的基本原理，根据给定的实验题目，选择合适的开发工具和编程语言，设计复杂的人工智能解决方案，进行程序设计与实现，并撰写实验报告
		期末考试	$0.3\times m_3\%$	期末考试中考查学生解决复杂人工智能应用问题的能力，该部分占 $0.3\times m_3\%$（$m_3\%$ 小于或等于 30%）
4	课程目标 4	实验验收与报告	0.3	考查学生对于人工智能常用开发工具的掌握程度，根据给定的实验题目，选择合适的开发工具和编程语言，完成数据获取、分析与处理、算法实现、系统开发等各阶段任务
5	课程目标 5	实验验收与报告	0.2	考查学生针对人工智能复杂工程问题进行分析，通过调研与实践，理解和评价人工智应用的持续改进问题
6	课程目标 6	平时考核	0.1	由任课教师布置相关的随堂测验和课后作业，要求学生按时作答，并通过蓝墨云班课提交结果
		实验验收与报告	0.1	通过编程实践，学生能够不断探索和学习人工智能领域的新方法和新技术，并加以实践应用，撰写实验报告

大纲制定者：王芳、徐文星（北京石油化工学院）
大纲审核者：戴波、郑恩让
最后修订时间：2022 年 8 月 24 日

8.8 “微机原理及接口技术”理论课程教学大纲

8.8.1 课程基本信息

<table>
<tr><td rowspan="2">课 程 名 称</td><td colspan="3">微机原理及接口技术</td></tr>
<tr><td colspan="3">Microcomputer Principles and Interface Technology</td></tr>
<tr><td>课 程 学 分</td><td>4</td><td>总 学 时</td><td>64</td></tr>
<tr><td>课 程 类 型</td><td colspan="3">□ 专业大类基础课 ■ 专业核心课 □ 专业选修课 □ 集中实践</td></tr>
<tr><td>开 课 学 期</td><td colspan="3">□1-1 □1-2 □2-1 □2-2 ■3-1 □3-2 □4-1 □4-2</td></tr>
<tr><td>先 修 课 程</td><td colspan="3">计算机程序设计基础、电路与模拟电子技术、数字电路与嵌入式系统</td></tr>
<tr><td>参 考 资 料</td><td colspan="3">[1] 杨居义 . 微机原理与接口技术项目教程 [M]. 北京：清华大学出版社，2013.
[2] 周明德 . 微型计算机原理及应用 [M]. 6 版 . 北京：清华大学出版社，2018.
[3] 牟琦 . 微机原理与接口技术 [M]. 3 版 . 北京：清华大学出版社，2018.
[4] 戴胜华 . 微机原理与接口技术 [M]. 3 版 . 北京：清华大学出版社，2019.</td></tr>
</table>

8.8.2 课程描述

本课程是高校本科电气信息类专业的一门重要的专业基础课，是自动化专业的专业核心课程。课程主要讲述微机及接口技术、硬件及汇编语言程序设计的专业基础知识，本课程的任务是使学生从理论和实践上掌握微型机的基本组成、工作原理、接口电路及硬件的连接，建立微机系统整体概念，了解当今计算机硬件的新技术和新理论，使学生具有微机应用系统的硬件、软件（汇编语言）设计开发的初步能力。

This course is an important basic course of undergraduate electrical information major in universities, and one of the core courses of automation. The course mainly describes the basic knowledge of hardware and assembly language programming of microcomputer and interface technology. The task of this course is to enable students to master the basic composition, working principle, interface circuit and hardware connection of Microcomputer in theory and practice, establish the overall concept of microcomputer system and understand the new technology and new theory of computer hardware. The students have the preliminary ability of hardware and software (assembly language) design and development of microcomputer application system.

8.8.3 课程教学目标和教学要求

【课程目标】

课程目标 1：掌握计算机硬件及汇编语言程序设计的知识。

课程目标 2：掌握微机应用系统程序设计、编程与调试的方法，提高学生分析和解决问题的能力。

课程目标 3：能够对微机应用电子系统的硬件、软件（汇编语言）系统进行设计开发与调试，设计开发时具有健康、安全、环境等意识。

【教学要求】

课程目标支撑的主要毕业要求：

毕业要求	观测点	课程目标
1. 工程知识：能够将数学、自然科学、工程基础和自动化专业知识用于解决自动化系统的工程设计、产品集成、运行维护、技术服务等复杂工程问题，并了解自动化行业的前沿发展现状和趋势	1.4 自动化领域所需的计算机应用知识及计算思维能力	课程目标 1：掌握计算机硬件及汇编语言程序设计的知识。 课程目标 2：掌握微机应用系统程序设计、编程与调试的方法，提高学生分析和解决问题的能力。 课程目标 3：能够对微机应用电子系统的硬件、软件（汇编语言）系统进行设计开发与调试，设计开发时具有健康、安全、环境等意识
3. 设计 / 开发解决方案：在综合考虑社会、健康、安全、法律、文化以及环境等因素前提下，具有自动化系统的工程设计、产品集成、运行维护、技术服务等复杂工程问题的系统、部件及流程的设计能力，能够在设计环节中体现创新意识	3.1 计算机程序设计、编程与调试能力	课程目标 2：掌握微机应用系统程序设计、编程与调试的方法，提高学生分析和解决问题的能力。 课程目标 3：能够对微机应用电子系统的硬件、软件（汇编语言）系统进行设计开发与调试，设计开发时具有健康、安全、环境等意识
5. 使用现代工具：在解决自动化系统工程设计、产品集成、运行维护、技术服务复杂工程问题活动中，具有开发、选择与使用恰当的技术、资源、现代工程工具和信息技术工具进行工程实践的能力，包括对复杂工程问题的预测与模拟，并理解其局限性	5.4 使用信息技术工具开发利用各类现代网络资源的能力	课程目标 2：掌握微机应用系统程序设计、编程与调试的方法，提高学生分析和解决问题的能力。 课程目标 3：能够对微机应用电子系统的硬件、软件（汇编语言）系统进行设计开发与调试，设计开发时具有健康、安全、环境等意识

课程目标达成途径（或教学设计）：

课程目标	达成途径	考核方式
课程目标 1：掌握计算机硬件及汇编语言程序设计的知识	集中讲授：对于重点和难点内容由教师进行精讲，板书与多媒体相结合，启发式讲授，引导学生思考，注重师生互动交流，及时掌握学生理解情况，关注每一个学生的学习收获。 小组学习：通过划分学习小组，构建学生沟通交流、互教互学的环境，辅助教学目标的达成。 实验教学：开展实验教学，提高计算机硬件应用及汇编语言程序设计能力。 课外作业与课堂练习：通过完成布置的习题，巩固基本原理知识，形成基本应用能力。 平时测验：通过随堂测验帮助学生巩固知识，检验学习效果，反馈教学难点，引导下一步教学。 期末考试：通过闭卷考试，全面检验计算机硬件及汇编语言程序设计的知识掌握程度	考试试题 课堂作业 平时作业 平时测验
课程目标 2：掌握微机应用系统程序设计、编程与调试的方法，提高学生分析和解决问题的能力	集中讲授：对于重点和难点内容由教师进行精讲，板书与多媒体相结合，启发式讲授，引导学生思考，注重师生互动交流，及时掌握学生理解情况，关注每一个学生的学习收获。 小组学习：通过划分学习小组，构建学生沟通交流、互教互学的环境，辅助教学目标的达成。 实验教学：开展实验教学，提高计算机硬件应用及汇编语言程序设计能力。 案例教学：通过接口技术相关工程案例，在应用情境中深化课程内容，激发学习兴趣、培养应用能力。 课外作业与课堂练习：通过完成布置的习题，巩固基本原理知识，形成基本应用能力。 平时测验：通过随堂测验帮助学生巩固知识，检验学习效果，反馈教学难点，引导下一步教学。 期末考试：通过闭卷考试，全面检验计算机硬件及汇编语言程序设计的知识掌握程度	考试试题 实验操作 平时作业
课程目标 3：能够对微机应用电子系统的硬件、软件（汇编语言）系统进行设计开发与调试，设计开发时具有健康、安全、环境等意识	集中讲授：对于重点和难点内容由教师进行精讲，板书与多媒体相结合，启发式讲授，引导学生思考，注重师生互动交流，及时掌握学生理解情况，关注每一个学生的学习收获。 小组学习：通过划分学习小组，构建学生沟通交流、互教互学的环境，辅助教学目标的达成。 实验教学：开展实验教学，提高计算机硬件应用及汇编语言程序设计能力。 案例教学：通过接口技术相关工程案例，在应用情境中深化课程内容，激发学习兴趣、培养应用能力。 课外作业与课堂练习：通过完成布置的习题，巩固基本原理知识，形成基本应用能力。 平时测验：通过随堂测验帮助学生巩固知识，检验学习效果，反馈教学难点，引导下一步教学。 期末考试：通过闭卷考试，全面检验计算机硬件及汇编语言程序设计的知识掌握程度	考试试题 实验操作 平时作业

8.8.4 教学内容简介

章节顺序	章节名称	知识点	参考学时
1	概论	微型计算机的基本结构的认知，微型计算机的性能指标的认知，具有获取计算机系统的组成以及计算机硬件、软件知识的能力，具有获取计算机常用的几种数据表示方法知识的能力	4
2	8086 微处理器	具有获取 8086 微处理器内部结构、各种寄存器、存储器地址、8086 总线操作时序知识的能力，80x86 系列微处理器简介的认知	6
3	8086 指令系统与汇编语言程序设计	具有获取 8086/8088 的通用指令知识的能力，具有简单汇编语言程序程序设计的能力，BIOS 和 DOS 中断的认知	12
4	存储器	具有获取存储器的分类、读写存储器 RAM、只读存储器 ROM、存储器分配与存储器扩展技术知识的能力	8
5	并行 I/O 接口	I/O 接口的功能的认知，几种常用 I/O 接口电路的认知，具有可编程并行接口 8255A 方式 0 的应用的能力。8255A 其他工作方式及应用的认知，具有获取静态、动态 LED 接口方法、简单行列式键盘的识别方法（*）、接口电路以及它们编程方法知识的能力	6
6	中断系统	具有获取 8086 中断的概念、8086 的中断类型、8086 的中断矢量、8086 的中断矢量表、8086 的中断过程知识的能力	4
7	可编程定时器 / 计数器 8253	具有获取定时器 / 计时器的基本原理知识的能力，具有其程序的编写能力，具有 8253 芯片的基本工作方式应用的能力；8253 其他工作方式及应用的认知	6
8	串行通行	具有获取通信的基础概念、异步通信的格式、计算机双机通信的接口方法知识的能力，通信的基本标准 RS232、RS422、RS485、USB 总线等的认知	4
9	数模（D/A）转换接口技术	具有获取常用 D/A 芯片的接口方法知识的能力，具有其软件编程能力。 D/A 转换的原理的认知，性能指标的认知，其他数模转换芯片的认知	3
10	模数（A/D）转换接口技术	具有获取常用 A/D 芯片的接口方法知识的能力，具有其软件编程能力。 A/D 转换的原理的认知，性能指标的认知，其他模数转换芯片的认知	3

8.8.5　教学安排详表

序　号	教学内容	学时分配	教学方式（授课、实验、上机、讨论）	教学要求
第 1 章	第 1 章 微型计算机系统概述 1.0 课程引入 1.1 概述 1.2 微型计算机的组成结构 1.3 CPU 与输入 / 输出 IO 接口之间的数据传送方式	4	授课、课上测试、课后作业	1. 掌握微型计算机系统是由什么组成的。 2. 掌握微型计算机是由什么组成的。 3. 掌握微型计算机的典型结构图，并写出各部分的作用。 4. 掌握微处理器 CPU 是由什么组成的。 5. 掌握存储器地址线、数据线、存储器容量、内存单元内容、内存单元地址等概念。 6. 掌握 CPU 与接口之间的 4 种数据传送方式 7. 掌握十进制转换成二进制、十六进制；二进制、十六进制转换成十进制；二进制转换成十六进制；十六进制转换成二进制（自学）
第 2 章	第 2 章 8086 微处理器 2.1 8086 微处理器	2	授课、课上测试、课后作业	1. 掌握 8086CPU 基本参数。 2. 了解 8086CPU 的内部构成。 3. 掌握 8086CPU 的 14 个寄存器。 4. 掌握 8086CPU 访问的存储器物理地址、逻辑地址、存储器的分段等
	2.2 8086 微处理器引脚功能	2	授课、课上测试、课后作业	1. 了解 8086CPU 的所有管脚。 2. 掌握下述管脚：AD0 ～ AD15、A16 ～ A19、/RD、READY、MN//MX、M//IO、/WR、ALE。 3. 掌握 8086CPU 最小模式下三种总线的产生。 4. 掌握 8086CPU 最小模式典型配置图
	2.3 8086 总线的操作时序	2	授课、课上测试、课后作业	1. 掌握几个基本概念（时钟周期、主频、指令周期、总线周期）。 2. 掌握具有等待状态的存储器读、IO 口读时序图，能够具体说明 T1、T2、T3、T4 状态 CPU 所做的工作。 3. 掌握具有等待状态的存储器写、IO 口写时序图，能够具体说明 T1、T2、T3、T4 状态 CPU 所做的工作

续表

序　　号	教学内容	学时分配	教学方式（授课、实验、上机、讨论）	教学要求
第3章	第3章 8086指令系统与汇编语言程序设计 3.1 汇编语言指令格式与寻址方式	2	授课、课上测试、课后作业、实验	1. 掌握8086汇编语言指令格式。 2. 掌握8086汇编语言的4种操作数。 3. 掌握8086汇编语言的4种寻址方式
	3.2 数据传送指令与串操作类指令	2	授课、课上测试、课后作业、实验	1. 掌握传送指令MOV、PUSH、POP、XCHG、IN/OUT、XLAT、LEA，了解其他传送指令。 2. 掌握堆栈的概念。 3. 掌握串传送指令MOVSB、MOVSW，了解其他串传送指令。 4. 学会单步调试汇编语言程序
	3.3 算术运算指令与位操作指令	2	授课、课上测试、课后作业、实验	1. 掌握算术运算指令与位操作指令3种操作数。 2. 掌握常用几种算术运算指令与位操作指令。 3. 掌握各种指令对符号位的影响
	3.4 控制转移指令与处理器控制指令	2	授课、课上测试、课后作业、实验	1. 掌握无条件段内直接转移指令JMP OPR执行的操作。 2. 掌握常用几条有条件转移指令。 3. 掌握LOOP指令。 4. 掌握段内直接调用子程序指令CALL执行的操作。 5. 掌握段内子程序返回指令RET、中断指令INT、中断返回指令IRET执行的操作。 6. 掌握常用几条处理器控制指令
	3.5 汇编语言程序格式 3.6 部分DOS系统功能调用介绍	2	授课、课上测试、课后作业、实验	1. 掌握8086/8088汇编语言的基本格式。 2. 掌握8086/8088汇编语言的伪指令。 3. 了解BIOS中断、DOS中断。 4. 掌握BIOS键盘中断（INT 16H）。 5. 掌握DOS中断（INT 21H）
	3.7 汇编语言程序结构	2	授课、课上测试、课后作业、实验	1. 掌握8086/8088汇编语言程序的结构。 2. 掌握8086/8088汇编语言中子程序的应用。

续表

序　号	教学内容	学时分配	教学方式（授课、实验、上机、讨论）	教学要求
第3章	3.7 汇编语言程序结构	2	授课、课上测试、课后作业、实验	3. 能够设计简单汇编语言程序。 4. 能够在计算机上对源程序进行调试
第4章	第4章 存储器 4.1 存储器分类	2	授课、课上测试、课后作业	1. 了解存储器芯片的性能指标。 2. 了解存储器芯片的基本概念。 3. 掌握存储器芯片的分类
	4.2 读写存储器 RAM 4.3 只读存储器 ROM	2	授课、课上测试、课后作业	1. 了解静态 RAM 基本存储单元的原理。 2. 了解动态 RAM 基本存储单元的原理
	4.4 存储器分配与存储器扩展技术	4	授课、课上测试、课后作业	掌握典型静态 RAM、EPROM 与计算机三种总线的连接方法
第5章	第5章　并行接口 5.1 I/O 接口电路的功能 5.2 几种可作为接口电路的典型芯片及其与三种总线的连线。 5.3 了解 8255 的引脚及内部结构 5.4 掌握 8255 控制字、工作方式	2	授课、课上测试、课后作业、实验	1. 掌握 I/O 接口电路的功能。 2. 了解几种可作为接口电路的典型芯片及其与三种总线的连线。 3. 了解 8255 的引脚及内部结构。 4. 掌握 8255 控制字、工作方式（教学重点）
	5.5 8255 与计算机三种总线的连线。 5.6 8255 方式 0 的应用 5.7 8255 方式 1、方式 2 的特点及应用	2	授课、课上测试、课后作业、实验	1. 掌握 8255 与计算机三种总线的连线（教学重点）。 2. 掌握 8255 方式 0 的应用（教学难点）。 3. 了解 8255 方式 1、方式 2 的特点及应用
	5.8 项目扩展与工程应用	2	授课、课上测试、课后作业、实验	1. 掌握利用 8255 扩展 I/O 口控制 LED 数码管的硬件及其编程（静态显示、动态显示）（教学难点）。 2. 了解简单键盘的硬件及其编程（教学难点）
第6章	第6章　中断系统 6.1 8086 中断系统及应用	2	授课、课上测试、课后作业	1. 掌握 8086 中断的概念。 2. 掌握一般 CPU 中断的过程。 3. 掌握 8086 的中断类型。 4. 掌握 8086 的中断矢量表。 5. 了解 8086 的中断过程

续表

序号	教学内容	学时分配	教学方式（授课、实验、上机、讨论）	教学要求
第 6 章	6.2 8259A 芯片引脚和内部结构	2	授课、课上测试、课后作业	1. 了解 8259A 的芯片的功能。 2. 了解 8259A 的芯片引脚及内部结构
第 7 章	第 7 章 可编程定时器 / 计数器 8253 7.1 8253 的功能、引脚与内部结构、控制字及应用	2	授课、课上测试、课后作业、实验	1. 了解 8253 的功能、引脚与内部结构。 2. 掌握 8253 控制字，掌握 8253 的初始化编程。 3. 了解 8253 的 6 种工作方式。 4. 掌握 8253 的方式 0、方式 3
	7.2 8253 的工作方式	2	授课、课上测试、课后作业、实验	
	7.3 项目扩展与工程应用	2	授课、课上测试、课后作业、实验	掌握项目 1、项目 2 编程
第 8 章	第 8 章 串行通信 8.1 串行通信基础	2	授课、课上测试、课后作业	1. 掌握串行通信的基本概念（串行通信、并行通信）。 2. 掌握串行通信的 3 种传送方式。 3. 了解串行通信的同步通信的格式。 4. 掌握串行通信的异步通信的格式
	8.2 串行通信接口连接的几个标准	2	授课、课上测试、课后作业	掌握串行通信接口连接的几个标准： （1）RS-232-C 标准； （2）RS-422 标准； （3）RS-485 标准
第 9 章	第 9 章 数模（D/A）转换 9.1 模数 D/A 转换原理、参数、典型芯片 9.2 D/A 项目扩展与工程应用	3	授课、课上测试、课后作业、实验	1. 了解 D/A 转换的原理。 2. 掌握 D/A 的主要技术指标。 3. 掌握 D/A 的应用
第 10 章	第 10 章 模数（A/D）转换 10.1 模数 A/D 转换原理、参数、典型芯片 10.2 A/D 项目扩展与工程应用	3	授课、课上测试、课后作业、实验	1. 了解 A/D 的主要技术指标。 2. 了解 ADC0809 芯片特点。 3. 掌握 ADC0809 芯片引脚功能与内部结构。 4. 掌握 ADC0809 与 CPU 的接口与应用

8.8.6 考核及成绩评定方式

【考核方式】

平时作业、课堂测试、练习考核、实验考核、期末考试（笔试，闭卷）。

采用过程性评价、实验考核、期末考试等多样化的考核方式，以评价课程教学目标达成情况为目标，将教学目标、教学过程、考核方式、达成度评价相关联，加强过程考核，组成形成性评价与终结性评价相结合的考核方式。

【成绩评定】

平时作业占 10%、课堂测试、练习考核 10%、实验考核 20%，期末考试（笔试，闭卷）60%。其中过程性评价 20%，实验考核 20%，期末考试 60%。

最终成绩由百分制成绩转成对应的字母制成绩。

百分制	90～100	86～89.9	83～85.9	80～82.9	76～79.9	73～75.9	70～72.9	66～69.9	63～65.9	60～62.9	60 以下
字母记分制	A	A−	B+	B	B−	C+	C	C−	D+	D−	F

大纲制定者： 张立新（北京石油化工学院）

大纲审核者： 戴波、郑恩让

最后修订时间： 2022 年 8 月 24 日

8.9 “系统建模与仿真”理论课程教学大纲

8.9.1 课程基本信息

<table>
<tr><td rowspan="2">课程名称</td><td colspan="3">系统建模与仿真</td></tr>
<tr><td colspan="3">System Modeling and Simulation</td></tr>
<tr><td>课程学分</td><td>3</td><td>总学时</td><td>48 学时，授课 32，实验 16</td></tr>
<tr><td>课程类型</td><td colspan="3">□ 专业大类基础课　■ 专业核心课　□ 专业选修课　□ 集中实践</td></tr>
<tr><td>开课学期</td><td colspan="3">□1-1　□1-2　□2-1　□2-2　□3-1　■3-2　□4-1　□4-2</td></tr>
<tr><td>先修课程</td><td colspan="3">自动控制原理</td></tr>
<tr><td>参考资料</td><td colspan="3">[1] 萧德云 . 系统辨识理论及应用 [M]. 北京：清华大学出版社，2014
[2] 李鹏波 . 系统辨识 [M]. 北京：中国水利水电出版社，2010
[3] 李国勇 . 计算机仿真技术与 CAD[M]. 4 版 . 北京：电子工业出版社，2016
[4] 张晓华 . 系统建模与仿真 [M]. 4 版 . 北京：机械工业出版社，2020</td></tr>
</table>

8.9.2 课程描述

本课程是自动化专业的专业核心课程。课程讲述系统建模与仿真的基本概念、基本原理和方法；介绍 MATLAB 软件及其动态仿真集成环境 Simulink；讲解常用的辨识技术、分析其辨识原理及辨识系统设计方法；讲解连续系统数学模型及其转换、连续系统和离散时间系统的仿真方法。课程主要培养学生进行系统建模与仿真的能力，促进学生利用仿真软件对控制系统建模与仿真，增强分析和解决自动化复杂工程问题的能力。

This course is one of the core courses of the automation major. The course introduces the basic concepts, principles, and methods of system modeling and simulation. Introduce MATLAB software and its dynamic simulation integration environment Simulink; Explain commonly used identification techniques, analyze their identification principles, and design methods for identification systems; Explain the mathematical models of continuous systems and their transformations, as well as the simulation methods for continuous systems and discrete-time systems. The course mainly cultivates students' ability to model and simulate systems, promotes the use of simulation software to model and simulate control systems, and enhances their ability to analyze and solve complex automation engineering problems.

8.9.3 课程教学目标和教学要求

【课程目标】

课程目标 1：理解和掌握系统建模与仿真的基本原理与方法。

课程目标 2：能够应用系统建模与仿真的方法对系统进行研究，合理分析结果，提升学生思辨能力，培养学生自觉遵守工程职业道德。

课程目标 3：掌握常用的系统建模与仿真软件，培养利用软件辅助控制系统分析与设计的能力。

【教学要求】

课程目标与毕业要求的支撑关系：

专业毕业要求	专业毕业要求观测点	课程目标
2. 问题分析：具有运用相关知识对自动化系统的工程设计、产品集成、运行维护、技术服务等复杂工程问题进行识别和提炼、定义和表达、分析和实证及文献研究的能力，并能获得有效结论	2.1 自动控制系统对象、各环节及系统的数学描述、分析、建模能力	课程目标 1
4. 研究：能够基于科学原理并采用科学方法对自动化系统的工程设计、产品集成、运行维护、技术服务等复杂工程问题进行研究，包括设计实验、分析与解释数据，并通过信息综合得到合理有效的结论	4.2 检验实验假设，对实验数据、计算数据和工程数据进行分析解释的数据处理能力	课程目标 2
5. 使用现代工具：在解决自动化系统的工程设计、产品集成、运行维护、技术服务等复杂工程问题活动中，具有开发、选择与使用恰当的技术、资源、现代工程工具和信息技术工具进行工程实践的能力，包括对复杂工程问题的预测与模拟，并理解其局限性	5.2 常用工程软件使用能力，机械、电气、制图能力和自动控制系统数字仿真能力	课程目标 3

课程目标达成途径（或教学设计）：

课 程 目 标	目标达成途径		达成度评价方法
	学生的学法	教师的教法	
课程目标 1	理论学习、实验实践	理论讲解、实验指导	课后作业、测验、实验、期末考试
课程目标 2	理论学习、实验实践	理论讲解、实验指导	实验
课程目标 3	理论学习、实验实践	理论讲解、实验指导	课后作业、测验、实验、期末考试

8.9.4　教学内容简介

1. 理论课（32 学时）

章节顺序	章 节 名 称	知 识 点	参考学时
1	系统描述与辨识模型	1. 辨识的一些基本概念 2. 随机信号的描述与分析 3. 过程的数学描述	4
2	经典的辨识方法	1. 相关分析法 2. 频率响应辨识 3. 脉冲响应辨识 4. 谱分析法 5. 周期图法 6. 由非参数模型求传递函数	2
3	最小二乘类参数辨识方法	1. 最小二乘类参数辨识方法（Ⅰ） 2. 最小二乘类参数辨识方法（Ⅱ） 3. 模型阶次的确定及辨识问题的一些实际考虑 4. 辨识问题的一些实际考虑	10
4	系统仿真	1. 仿真技术简介 2. 仿真软件 MATLAB 3. 控制系统的数学模型及其转换 4. 连续系统的数字仿真 5. 连续系统按环节离散化的数字仿真 6. 采样控制系统的数字仿真 7. 动态仿真集成环境 Simulink	16

2. 实验课（16 学时）

1）基于 OLS 法的系统辨识数字仿真实验　　4 学时

实验目的：理解和掌握伪随机二位式信号的生成方法及普通最小二乘法，并能够利用 MATLAB 辨识对象的数学模型。

2）基于 RLS 法的系统辨识数字仿真实验　　4 学时

实验目的：理解和掌握递推最小二乘法，并能够利用 MATLAB 辨识对象的数学模型。

3）连续系统面向方程的数字仿真　　4 学时

实验目的：理解数字仿真的过程及仿真程序的组成；能够应用 MATLAB 对以数学方程形式描述的连续系统进行数字仿真并分析步长对仿真的影响。

4）连续系统按典型环节离散化的数字仿真　　4 学时

实验目的：理解按典型环节离散化的数字仿真程序；能够应用 MATLAB 对线性和含有典型非线性环节的系统进行仿真。

8.9.5 教学安排详表

序号	教学内容	学时分配	教学方式（授课、实验、上机、讨论）	教学要求（知识要求及能力要求）
第 1 章	辨识的一些基本概念	1	讲授、讨论	了解系统辨识的产生、分类、功能和发展。掌握系统辨识的内容和工作原理
	随机信号的描述与分析	2	讲授、讨论	理解和掌握随机过程的基本概念及其数学描述
	过程的数学描述	1	讲授、讨论	理解和掌握输入输出模型和状态空间模型以及数学模型之间的转换
第 2 章	经典的辨识方法	2	讲授、讨论	了解阶跃响应法、脉冲响应法、频率响应法。理解和掌握相关分析法
第 3 章	最小二乘类参数辨识方法（Ⅰ）	3	讲授、讨论	理解最小二乘问题的提法及最小二乘问题的解和最小二乘估计的几何解释。了解最小二乘参数估计量的统计性质、噪声方差的估计。掌握最小二乘参数估计的递推算法
	最小二乘类参数辨识方法（Ⅱ）	3	讲授、讨论	理解适应算法和偏差补偿最小二乘法，了解增广最小二乘法、广义最小二乘法、辅助变量法及二步法和多级最小二乘法等方法。比较最小二乘类辨识方法并进行实例分析
	模型阶次的确定及辨识问题的一些实际考虑	2	讲授、讨论	了解模型阶次的估计方法，重点掌握根据 Hankel 矩阵的秩估计模型阶次的方法
	系统辨识问题的一些实际考虑	2	讲授、讨论	了解开环辨识问题及模型类、准则函数、算法初始值的选择，了解实时在线辨识和模型检验以及模型变换的计算机实现及辨识软件包
第 4 章	仿真技术简介	2	讲授、讨论	理解仿真的定义、分类和意义，掌握数字仿真的步骤，了解仿真的发展过程、应用及发展趋势

续表

序号	教学内容	学时分配	教学方式（授课、实验、上机、讨论）	教学要求（知识要求及能力要求）
第 4 章	仿真软件 MATLAB	2	讲授、讨论	掌握 MATLAB 的基本语法及程序的编写
	控制系统的数学模型及其转换	2	讲授、讨论	能够利用 MATLAB 表示系统的数学模型及实现模型之间的相互转换
	连续系统的数字仿真	4	讲授、讨论	理解数值积分法的原理，掌握基本的数值积分算法，清楚仿真程序的组成，能够编写面向方程的数字仿真程序
	连续系统按环节离散化的数字仿真	4	讲授、讨论	理解离散相似法的原理，能够应用离散相似法进行模型离散化，理解按典型环节离散化的数字仿真程序
	采样控制系统的数字仿真	1	讲授、讨论	了解采样控制系统数字仿真的方法
	动态仿真集成环境 Simulink	1	讲授、讨论	掌握 Simulink 的基本操作，能够利用 Simulink 对系统建模与仿真

8.9.6　考核及成绩评定方式

【考核方式】

采用课后作业、实验、测验、期末考试等多样化的考核方式，以评价课程目标达成情况为目标，将课程目标、教学过程、考核方式、达成度评价相关联，加强过程考核，组成形成性评价与终结性评价相结合的考核方式。

【成绩评定】

课程总成绩评定方法为：按百分制的总评成绩 = 课后作业成绩（满分 20 分）+ 实验成绩（满分 20 分）+ 测验成绩（满分 10 分）+ 期末考试成绩（满分 50 分）。

【评分标准】

序号	教学目标	考核方式	权重系数	考核方式详细说明（每种考核方式对应的评分标准）
1	课程目标 1	课后作业	0.8	根据课后作业提交与完成情况进行评定
		测验	0.5	根据测验完成情况进行评定
		实验	0.1	根据实验情况进行评定
		期末考试	0.85	根据试卷答题情况进行评定
2	课程目标 2	实验	0.5	根据实验情况进行评定
3	课程目标 3	课后作业	0.2	根据 MATLAB 相关课后作业提交与完成情况进行评定
		测验	0.5	根据测验完成情况进行评定

续表

序号	教学目标	考核方式	权重系数	考核方式详细说明（每种考核方式对应的评分标准）
3	课程目标 3	实验	0.4	根据实验情况进行评定
		期末考试	0.15	根据试卷答题情况进行评定

大纲制定者：任丽红、张慧平（北京石油化工学院）

大纲审核者：戴波、郑恩让

最后修订时间：2022 年 8 月 2 日

8.10 “现代控制理论”理论课程教学大纲

8.10.1 课程基本信息

课 程 名 称	现代控制理论		
	Modern Control Theory		
课 程 学 分	3	总 学 时	48 学时，授课 48
课 程 类 型	□ 专业大类基础课 ■ 专业核心课 □ 专业选修课 □ 集中实践		
开 课 学 期	□1-1 □1-2 □2-1 □2-2 ■3-1 □3-2 □4-1 □4-2		
先 修 课 程	复变函数、线性代数、电路与模拟电子技术、自动控制原理		
参 考 资 料	[1] 胡寿松 . 自动控制原理 [M]. 7 版 . 北京：科学出版社，2019. [2] 尾形克彦 . 现代控制工程 [M]. 5 版 . 北京：电子工业出版社，2017. [3] 理查德 C. 多尔夫 . 现代控制系统 [M]. 12 版 . 北京：电子工业出版社，2012.		

8.10.2 课程描述

本课程是高校本科电气信息类专业一门重要的专业基础理论课，是自动化、电气工程及其自动化等专业的专业核心课程。课程主要讲述线性离散系统的分析与校正、非线性控制系统分析和线性系统的状态空间分析与综合等理论知识。通过本课程的学习，学生能够借助 Z 变换分析与设计线性离散系统；理解典型非线性特性对系统动态过程的影响，具有用相平面法和描述函数法分析非线性系统的能力；了解状态空间的基本概念，学会和掌握用现代控制理论的知识对系统进行分析与设计；具有团队协作、自主学习和终身学习的意识。

This course is an important fundamental theoretical course for undergraduate electrical information majors in universities, and is one of the core courses for majors such as automation, electrical engineering. The course mainly introduces the theoretical knowledge of analysis and correction of linear discrete systems, analysis of nonlinear control systems, and state spatial analysis and synthesis of linear system. Through the study of this course, students can analyze and design linear discrete systems with the help of Z-transform; Understand the influence of typical nonlinear characteristics on the dynamic process of the system, and have the ability to analyze the nonlinear system using the phase plane method and the describing function method; Understand the basic concepts of state space, learn and master the knowledge of modern control theory to analyze and design systems; Have a sense of teamwork, self-directed learning, and lifelong learning.

8.10.3　课程教学目标和教学要求

【课程目标】

课程目标 1：具有扎实的现代控制理论基础知识。

课程目标 2：具有自动控制系统原理、结构、系统和工程分析能力。

课程目标 3：具有自动控制系统综合设计以及数字仿真能力。

课程目标 4：由辩证唯物主义的认识论，建立系统的思维方式；树立正确的学习观、世界观、人生观和价值观；培养家国情怀。

【教学要求】

课程目标与毕业要求的支撑关系：

专业毕业要求	专业毕业要求指标点	课程目标
1. 工程知识：能够将数学、自然科学、工程基础和自动化专业知识用于解决自动化系统工程设计、产品集成、运行维护、技术服务复杂工程问题，并了解自动化行业的前沿发展现状和趋势	1.3 自动控制系统认知及系统思维能力	课程目标 1
2. 问题分析：具有运用相关知识对自动化系统工程设计、产品集成、运行维护、技术服务复杂工程问题进行识别和提炼、定义和表达、分析和实证及文献研究的能力，并能获得有效结论	2.3 自动控制系统原理、结构、系统和工程分析能力	课程目标 2
4. 研究：能够基于科学原理并采用科学方法对自动化系统工程设计、产品集成、运行维护、技术服务复杂工程问题进行研究，包括设计实验、分析与解释数据，并通过信息综合得到合理有效的结论	4.3 综合分析实验假设、实验方案、实验数据、理论模型和工程实际，探寻解决方案的能力	课程目标 3
9. 个人和团队：具有团队合作和在多学科背景环境中发挥作用的能力，理解个体、团队成员以及负责人的角色	9.1 多学科背景环境下正确理解个人与团队的关系，组建有效的团队	

续表

专业毕业要求	专业毕业要求指标点	课程目标
12. 终身学习：具有自主学习和终身学习的意识，有不断学习和适应发展的能力	12.1 具有求知欲和终身学习动力	课程目标 4

课程目标达成途径（或教学设计）：

课程目标	目标达成途径	考核方式
课程目标 1	课堂讲授：板书与多媒体相结合，重点突出、思路清晰，注重师生互动交流，及时掌握学生学习情况，关注每一个学生的学习。 课堂提问：注重与学生的互动，促进学生紧跟教师的授课进度，培养学生独立思考的能力。 平时作业：利用云班课平台保证课后留有巩固学生学习内容的作业，并全批全改，及时反馈。 课后答疑：通过微信、企业微信、云班课等多渠道与学生交流；并利用每周固定的答疑时间，及时与学生沟通，发现和解决学生遇到的学习困难，并对学习方法进行指导。 课堂训练：基于云班课平台的“测试活动”，以选择、判断等客观题为主，教师提前准备导入题库，并设计不少于 3 次的课堂训练。组织学生通过手机限时作答，每次训练时间不高于 15 分钟。学生完成后，教师立即反馈结果，并组织学生进行题目解答和分析，提高学生的学习效果。 随堂测验：设计不少于 3 次的随堂测验，综合考查 3 个章节的重要知识点、难点，及时掌握学生的学习情况，从而改进教学方法。 MATLAB 仿真设计：采取扩展阅读、小组讨论等方式，利用 MATLAB 软件完成线性离散系统和非线性控制系统的设计。 期末考试：期末考试中体现本目标的部分题目	平时作业 课堂训练 随堂测验 MATLAB 仿真设计 期末考试
课程目标 2	课堂讲授：板书与多媒体相结合，重点突出、思路清晰，注重师生互动交流，及时掌握学生学习情况，关注每一个学生的学习。 课堂提问：注重与学生的互动，促进学生紧跟教师的授课进度，培养学生独立思考的能力。 平时作业：利用云班课平台保证课后留有巩固学生学习内容的作业，并全批全改，及时反馈。 课后答疑：通过微信、企业微信、云班课等多渠道与学生交流；并利用每周固定的答疑时间，及时与学生沟通，发现和解决学生遇到的学习困难，并对学习方法进行指导。 课堂训练：基于云班课平台的“测试活动”，以选择、判断等客观题为主，教师提前准备导入题库，并设计不少于 3 次的课堂训练。组织学生通过手机限时作答，每次训练时间不超过 15 分钟。学生完成后，教师立即反馈结果，并组织学生进行题目解答和分析，提高学生的学习效果。	平时作业 课堂训练 随堂测验 MATLAB 仿真设计 期末考试

续表

课程目标	目标达成途径	考核方式
课程目标 2	随堂测验：设计不少于 3 次的随堂测验，综合考查 3 个章节的重要知识点、难点，及时掌握学生的学习情况，从而改进教学方法。 MATLAB 仿真设计：采取扩展阅读、小组讨论等方式，利用 MATIAB 软件完成线性离散系统和非线性控制系统的设计。 期末考试：期末考试中体现本目标的部分题目	平时作业 课堂训练 随堂测验 MATIAB 仿真设计 期末考试
课程目标 3	MATLAB 仿真设计：采取扩展阅读、小组讨论等方式，利用 MATIAB 软件完成线性离散系统和非线性控制系统的设计	MATIAB 仿真设计
课程目标 4	课堂讲授：板书与多媒体相结合，通过思政案例的讲授，将本课程蕴含的哲学思想、价值观等育人元素渗透至现代控制理论的发展、模型建立、性能分析等多方面，将思政之“盐”融于课程之“汤”，引导学生由辩证唯物主义的认识论，建立系统的思维方式；树立正确的世界观、人生观和价值观；进一步增强学生的爱国主义情操，培养家国情怀。 师生交流：利用微信、云班课、企业微信及面对面等方式，加强师生之间的交流，建立良好的师生关系，帮助学生树立正确的学习观，激发学生的求知欲和终身学习动力。 平时作业：采取扩展阅读、小组讨论等方式按时完成，重点培养学生的自主学习能力。 自主学习：提供优秀的音频、视频链接，供学生自主学习。 MATLAB 仿真设计：采取扩展阅读、小组讨论等方式，利用 MATIAB 软件完成线性离散系统和非线性控制系统的设计	平时作业 MATIAB 仿真设计

8.10.4　教学内容简介

章节顺序	章节名称	知识点	参考学时
1	线性离散系统的分析与校正	0. 控制理论的发展过程及学科分支 1. 离散系统的基本概念 2. 信号的采样与保持 3. z 变换理论 4. 离散系统的数学模型 5. 离散系统的稳定性与稳态误差 6. 离散系统的动态性能分析	18
2	非线性控制系统分析	1. 非线性控制系统概述 2. 常见非线性特性及其对系统运动的影响 3. 相平面法 4. 描述函数法	14

续表

章节顺序	章节名称	知识点	参考学时
3	线性系统的状态空间分析与综合	1. 线性系统的状态空间描述 2. 线性系统的可控性与可观测性 3. 线性定常系统的反馈结构及状态观测器	16

8.10.5 教学安排详表

序号	教学内容	学时分配	教学方式（授课、实验、上机、讨论）	教学要求（知识要求及能力要求）
第1章	1.0 控制理论的发展过程及学科分支	1	讲授、讨论	了解控制理论的发展过程：经典控制理论——现代控制理论——大系统控制理论——智能控制；了解控制理论的两大学科分支：生命系统方向、工程系统方向
	1.1 离散系统的基本概念	1	讲授、讨论	理解采样控制系统的优点；掌握线性离散系统的基本概念和基本定理；掌握线性连续系统与线性离散系统的联系与区别
	1.2 信号的采样与保持	2	讲授、讨论	了解什么是采样器，熟悉信号的采样过程；掌握采样过程的数学描述、香农采样定理；会根据时域和频域性能指标选择采样周期 T；掌握零阶保持器的数学描述，了解其基本特性
	1.3 Z 变换理论	2	讲授、讨论	熟练掌握 z 变换的定义、方法、性质及 z 反变换的 3 种方法
	1.4 离散系统的数学模型	4	讲授、讨论	了解离散系统的数学定义及数学模型的种类；掌握线性离散系统的差分方程及其解法；理解脉冲传递函数的基本概念；掌握开环脉冲传递函数和闭环脉冲传递函数的建立方法
	1.5 离散系统的稳定性与稳态误差	4	讲授、讨论	掌握 s 域到 z 域的三种映射关系；掌握时域和 z 域中离散系统稳定的充要条件；掌握离散系统的稳定性判据：w 域的劳斯判据和朱利稳定判据；掌握离散系统稳态误差的计算方法；了解离散系统的型别、静态误差系数和稳态误差的关系
	1.6 离散系统的动态性能分析	4	讲授、讨论	理解影响离散系统动态性能的重要因素；了解离散系统闭环极点与动态响应的关系
	课程思政			（1）在介绍控制理论的奠基人维纳时，让学生了解维纳的生平，推荐学生阅读维纳传记《昔日神童》和维纳自传《我是一个数学家》，帮助学生树立正确科学的学习观。

续表

序号	教学内容	学时分配	教学方式（授课、实验、上机、讨论）	教学要求（知识要求及能力要求）
第 1 章	课程思政			（2）在介绍控制理论学科分支时，着重讲述我国科学家钱学森创立的“工程控制论”分支，推荐学生观看影片《钱学森》，阅读《钱学森传》以及钱学森出版的英文版《工程控制论》，学习钱学森为国奉献、报效祖国的爱国情怀。 （3）各种映射体现了不同领域的平等思想，卷积定理蕴含了“不积小流无以成江河，不积跬步无以至千里”的人生道理
第 2 章	2.1 非线性控制系统概述	2	讲授、讨论	了解非线性控制理论的研究意义；掌握非线性系统的基本概念；熟悉非线性系统的基本特征；了解非线性系统的分析与设计方法
	2.2 常见非线性特性及其对系统运动的影响	4	讲授、讨论	掌握非线性特性的等效增益；掌握实际系统中常见的 5 种非线性特性，包括 x-y 曲线、数学描述，并能够根据 x-y 曲线绘制 x-k 曲线
	2.3 相平面法	4	讲授、讨论	了解相平面的基本概念；掌握概略绘制二阶系统相轨迹的等倾线法；掌握系统奇点（平衡点）的计算方法；掌握奇点（平衡点）的类型；熟悉极限环的 3 种类型
	2.4 描述函数法	4	讲授、讨论	掌握描述函数的定义及 3 种特殊情况下，描述函数的简化计算方法；掌握 4 种典型非线性特性（继电特性、死区特性、饱和特性、摩擦特性）描述函数的计算方法；理解非线性系统的简化方法；掌握非线性系统稳定性分析的描述函数法；掌握自振的分析及自振参数的计算方法
	课程思政			（1）将系统控制的“目的性”运用在人生规划中，教育学生积极践行社会主义核心价值观，成为合格的社会主义接班人。 （2）对于控制系统的设计与分析都是以数学理论为基础，引导学生由辩证唯物主义的认识论，阐述如何发现生活中的科学问题，进而如何认识自我，做一个内外兼修的人。 （3）一个完整的控制系统是由若干个不同的元件（包括线性和非线性元件）组成的一个有机整体，各个元件在系统中存在各种联系。系统思维能以整体动态的角度，看到控制系统各元件之间复杂、多维的联系，是建立在宏观认知上的一种思维方式

续表

序号	教学内容	学时分配	教学方式（授课、实验、上机、讨论）	教学要求（知识要求及能力要求）
第3章	3.1 线性系统的状态空间描述	4	讲授、讨论	理解系统数学描述的两种基本类型；掌握系统状态空间描述常用的基本概念；掌握线性定常连续系统状态空间表达式建立的方法及如何求解状态方程；了解状态转移矩阵运算性质的证明过程；会应用状态转移矩阵运算性质解决实际问题；掌握传递函数矩阵的基本概念及其实现方法
	3.2 线性系统的可控性与可观测性	6	讲授、讨论	掌握线性定常连续系统的可控性和可观测性判据；了解线性定常系统的线性变换
	3.3 线性定常系统的反馈结构及状态观测器	6	讲授、讨论	掌握线性定常系统常用的两种反馈结构；掌握线性定常系统的极点可配置条件及单输入－单输出系统的极点配置算法；了解状态反馈对传递函数零点的影响；掌握全维状态观测器及其设计方法
	课程思政			（1）状态变量的选取不唯一，描述同一个系统的不同形式的状态空间模型可以通过数学变换相互转化，是社会主义核心价值观中自由、平等思想最直接的体现。 （2）线性系统的可控性体现了人类能动地改造世界的概念，而线性系统的可观测性体现了人类能动地认识世界的概念，这两个概念的提出丰富和充实了唯物主义哲学的认识论和方法论

8.10.6 考核及成绩评定方式

【考核方式】

采用平时作业、课堂训练、随堂测验、MATLAB 仿真设计、期末考试等多样化的考核方式，以评价课程目标达成情况为目标，将课程目标、教学过程、考核方式、达成度评价相关联，加强过程性考核，建立形成性评价与终结性评价相结合的考核方式。

【成绩评定】

按百分制的总评成绩 = 平时作业成绩（15 分）+ 课堂训练成绩（10 分）+ 随堂测验成绩（5 分）+ MATLAB 仿真设计成绩（20 分）+ 期末考试成绩（50 分）

最终成绩由百分制成绩转成对应的字母制成绩。

百分制	90～100	86～89.9	83～85.9	80～82.9	76～79.9	73～75.9	70～72.9	66～69.9	63～65.9	60～62.9	60 以下
字母记分制	A	A−	B+	B	B−	C+	C	C−	D+	D	F

【考核评价标准】

对每一个考核方式，制定以相关课程目标实现程度为目标的评价标准。

课　程		现代控制理论							
课程目标		课程目标 1	课程目标 2	课程目标 3	课程目标 4	评分标准			
考核方式	权重	考核环节对指标点的权重系数							
						5	4～4.9	3～3.9	<3
平时作业	0.15	0.4	0.5		0.1	①按时交作业 ②作业全部完成 ③作业完成质量很高	①按时交作业 ②作业完成质量较高	①按时交作业 ②作业完成质量一般 或: ①未按时交作业 ②作业全部完成 ③作业完成质量较高	①未按时交作业 ②部分作业未完成 ③作业完成质量较差
课堂训练	0.1	0.7	0.3			见云班课平台课堂训练环节答案及分数设置			
随堂测验	0.05	0.45	0.55			见《现代控制理论》单元测验一～三答案与评分标准			
MATLAB 仿真设计	0.2	0.2	0.2	0.5	0.1	见 MATLAB 仿真设计要求与评分标准			
期末考试	0.5	0.4	0.6			见教学档案 A、B 卷评分标准			

大纲制定者： 唐建（北京石油化工学院）

大纲审核者： 戴波、郑恩让

最后修订时间： 2022 年 8 月 24 日

8.11 “自动控制原理”理论课程教学大纲

8.11.1 课程基本信息

<table>
<tr><td rowspan="2">课程名称</td><td colspan="3">自动控制原理</td></tr>
<tr><td colspan="3">Automatic Control Principle</td></tr>
<tr><td>课程学分</td><td>4</td><td>总学时</td><td>64 学时，授课 56，实验 8</td></tr>
<tr><td>课程类型</td><td colspan="3">□ 专业大类基础课 ■ 专业核心课 □ 专业选修课 □ 集中实践</td></tr>
<tr><td>开课学期</td><td colspan="3">□1-1 □1-2 □2-1 ■2-2 □3-1 □3-2 □4-1 □4-2</td></tr>
<tr><td>先修课程</td><td colspan="3">复变函数、电路与模拟电子技术</td></tr>
<tr><td>参考资料</td><td colspan="3">[1] 胡寿松 . 自动控制原理 [M]. 7 版 . 北京：科学出版社，2019.
[2] 尾形克彦 . 现代控制工程 [M]. 5 版 . 北京：电子工业出版社，2017.
[3] 理查德 C. 多尔夫 . 现代控制系统 [M]. 12 版 . 北京：电子工业出版社，2012.</td></tr>
</table>

8.11.2 课程描述

本课程是高校本科电气信息类专业的一门重要的专业基础理论课，是自动化、电气工程及其自动化、测控技术及仪器等专业的专业核心课程。课程主要讲述自动控制系统的基本概念，控制系统在时域、复域和频域的数学模型，线性控制系统的时域分析法、根轨迹法、频域分析法，以及线性控制系统的校正和设计等经典控制理论知识。课程通过对控制系统的认识和分析，重点培养学生的系统思维方式；通过对控制系统建模、系统稳定性、系统动态特性、系统校正等方法的介绍，重点培养学生控制系统的理论分析设计能力。课程将为学生深入学习自动化专业知识、开展控制系统理论研究和从事自动化系统工程设计、产品集成、运行维护打下坚实的专业理论基础。

This course is an important basic theory course for undergraduate electrical information major in Colleges and universities, and one of the core courses of automation, electrical engineering and automation, measurement and control technology and instruments. The course mainly describes the basic concepts of automatic control system, the mathematical model of control system in time domain, complex domain and frequency domain, time domain analysis method, root locus method, frequency domain analysis method of linear control system, and classical control theory knowledge such as correction and design of linear control system. Through the understanding and analysis of the control system, the course focuses on cultivating the students' systematic thinking mode; Through the introduction of control system modeling, system stability, dynamic characteristics of system and system correction, the paper focuses on training the theoretical analysis and design ability of the control system. The course will lay a solid theoretical foundation for students to learn the knowledge of automation, to carry out the theoretical research of control system and to engage in automation system engineering design, product integration, operation and maintenance.

8.11.3　课程教学目标和教学要求

【课程目标】

课程目标 1：掌握线性连续控制系统分析、设计方法，建立控制系统工程设计、实施的理论基础。

课程目标 2：培养系统思维和反馈控制思想，具有自动控制系统建模、求解、分析、设计的理论推理和工程实践能力。

课程目标 3：具有良好沟通交流能力、团队合作意识，以及自动控制系统的工程理论素质。

【教学要求】

课程目标对毕业要求的支撑关系：

毕 业 要 求	观 测 点	教 学 要 点	课 程 目 标
1. 工程知识：能够将数学、自然科学、工程基础和自动化专业知识用于解决自动化系统的工程设计、产品集成、运行维护、技术服务等复杂工程问题，并了解自动化行业的前沿发展现状和趋势	1.3 自动控制系统认知及系统思维能力	（1）建立系统的认识、描述、分析事物及其相互作用的系统思维方式； （2）反馈控制原理认知； （3）系统结构图（方块图）表达及分析	课程目标 1 课程目标 2
2. 问题分析：具有运用相关知识对自动化系统的工程设计、产品集成、运行维护、技术服务等复杂工程问题进行识别和提炼、定义和表达、分析和实证及文献研究的能力，并能获得有效结论	2.3 自动控制系统原理、结构、系统和工程分析能力	线性连续系统的时域分析、根轨迹分析、频域分析和状态空间分析	课程目标 1 课程目标 2 课程目标 3
3. 设计 / 开发解决方案：在综合考虑社会、健康、安全、法律、文化以及环境等因素前提下，具有自动化系统的工程设计、产品集成、运行维护、技术服务等复杂工程问题的系统、部件及流程的设计能力，能够在设计环节中体现创新意识	3.4 具有健康、安全、环境等意识的自动控制系统工程设计集成能力	（1）控制系统时域、根轨迹、频域、状态空间设计方法； （2）系统校正、PID 控制、最优控制、鲁棒控制、模型预测控制、自适应控制、模糊控制等控制算法	课程目标 1 课程目标 2 课程目标 3

续表

毕业要求	观测点	教学要点	课程目标
4. 研究：能够基于科学原理并采用科学方法对自动化系统的工程设计、产品集成、运行维护、技术服务等复杂工程问题进行研究，包括设计实验、分析与解释数据，并通过信息综合得到合理有效的结论	4.1 针对电子类自动化产品、自动化系统工程开发过程中的需求和技术问题，设计实验方案、实施实验并有效收集数据的能力	（1）开展估计与定性分析； （2）建立假设并设计实验方案； （3）开展实验并有效、合理地收集实验数据	课程目标 1 课程目标 2 课程目标 3
	4.2 检验实验假设，对实验数据、计算数据和工程数据进行分析解释的数据处理能力	（1）处理实验数据并分析实验结果； （2）开展建模、模型计算数据分析等定量分析； （3）检验假设并综合实验数据、理论模型和工程实际探寻知识	课程目标 1 课程目标 2 课程目标 3
	4.3 综合分析实验假设、实验方案、实验数据、理论模型和工程实际，探寻解决方案的能力	（1）工程推理（识别、建模、求解）； （2）实验假设、实验方案、实验数据和理论模型综合	课程目标 1 课程目标 2 课程目标 3

课程目标达成途径（或教学设计）：

课程目标	目标达成途径		达成度评价方法
	学生的学法	教师的教法	
课程目标 1：掌握线性连续控制系统分析、设计方法，建立控制系统工程设计、实施的理论基础	听课、习题、作业、小组学习、小组测验、智能小车竞赛、讨论、答疑等	以 OBE(学习产出) 理念，明确课程教学目标及教学要点，反向设计课程教学环节和教学方法，依据教学效果持续改进课程教学。 课程教学目标：明确教学要点，培养系统、控制的思维方式，具有控制系统分析、设计的能力，建立控制系统工程设计、实施的理论基础。 课程教学设计原则：物理概念、数学概念、工程概念并重；理论教学、实验教学、综合课程设计相结合；现代教育技术与传统理论教学相融合；做中学、学中做。 课程教学过程：为实现课程教学目标，将理论课程、实验课程和综合设计课程统一安排，实现“看”控制、“做”控制、“学”控制的有机结合，有序提升学生的系统、控制思维能力和控制系统理论分析设计能力	平时测验、实验、期末考试、小车竞赛、云班课线上学习、学生自评、同行评价
课程目标 2：培养系统思维和反馈控制思想，具有自动控制系统建模、求解、分析、设计的理论推理和工程实践能力	听课、习题、作业、小组学习、小组测验、智能小车竞赛、讨论、答疑等		

续表

课程目标	目标达成途径		达成度评价方法
	学生的学法	教师的教法	
课程目标3：具有良好沟通交流能力、团队合作意识，以及自动控制系统的工程理论素质	听课、习题、作业、小组学习、小组测验、智能小车竞赛、讨论、答疑等	“看”控制：通过操作控制实验装置，看智能小车竞赛，了解什么是控制、怎么实现控制。 “做”控制：通过实际制作小型控制装置、分组开展智能小车竞赛和用工程案例组织综合课程设计，动手实现装置控制。智能小车竞赛由教师指导学生自己组织比赛，采用小组教学形式，学生成绩由小组成绩、小组个人成绩和报告成绩组成，小组成绩由老师根据小组答辩给出，小组个人成绩由小组内同学给出。 “学”控制：采用学习小组方式促进理论学习，采用专业理论软件包辅助理论课教学，采用工程案例组织一个随理论教学同步进行的课程案例，理论与工程结合。每周每个学习小组抽一位同学代表小组参加考试，加强学习过程考核，加强自主学习、相互学习和相互督促	

8.11.4　教学内容简介

1. 理论课（56学时）

章节顺序	章节名称	知识点	参考学时
1	自动控制的一般概念	1.1 自动控制的基本原理与方式 1.2 自动控制系统示例 1.3 自动控制系统的分类 1.4 对自动控制系统的基本要求 1.5 自动控制系统的分析与设计工具	4
2	控制系统的数学模型	2.1 控制系统的时域数学模型 2.2 控制系统的复数域数学模型 2.3 控制系统的结构图与信号流图 2.4 控制系统建模实例	12
3	线性系统时域分析方法	3.1 系统时间响应的性能指标 3.2 一阶系统的时域分析 3.3 二阶系统的时域分析 3.4 高阶系统的时域分析 3.5 线性系统的稳定性分析 3.6 线性系统的稳态误差计算 3.7 控制系统时域设计	12

续表

章节顺序	章节名称	知识点	参考学时
4	线性系统根轨迹分析方法	4.1 根轨迹法的基本概念 4.2 根轨迹绘制的基本法则 4.3 广义根轨迹 4.4 系统性能的分析 4.5 控制系统复域设计	8
5	线性系统频域分析方法	5.1 频率特性 5.2 典型环节与开环系统的频率特性 5.3 频率域稳定判据 5.4 稳定裕度 5.5 闭环系统的频域性能指标 5.6 控制系统频域设计	12
6	线性系统的校正	6.1 系统的设计与校正问题 6.2 常用校正装置及其特性 6.3 串联校正 6.4 反馈校正 6.5 复合校正 6.6 控制系统校正设计	8

2. 实验课（8 学时）

1）控制系统装置实验 2 学时

实验目的：通过对典型实际控制系统装置的认识，认知实现控制的物理方式，建立控制的系统概念，加深对自动控制原理的理论认识。具有根据实际物理系统画控制系统方块图的能力。

2）典型环节阶跃响应实验 2 学时

实验目的：熟悉并掌握模拟实验箱系统的使用。熟悉各典型环节的电路、传递函数及其特性，具有典型环节的电路模拟与软件仿真研究能力。测量各典型环节的阶跃响应曲线，认知参数变化对其动态特性的影响。

3）MATLAB 软件控制系统分析设计实验 2 学时

实验目的：学会使用 MATLAB 求出系统的阶跃响应；使用 MATLAB 绘制系统的根轨迹。具有利用 MATLAB 软件来分析与设计稳定系统的能力。

4）典型控制装置综合控制实验 2 学时

实验目的：通过对球杆系统（倒立摆系统、水箱系统）进行分析和实验，学生可以通过对物理系统的建模和控制系统的设计，熟悉 PID 控制器的设计，分析各参数对控制性能的影响。

3. 智能小车比赛（随理论课教学课外安排）

以智能小车走迷宫为控制目标，学生分组进行比赛，自行选择传感器，设计检测方案和控制策略，成绩按成功率和用时进行排序，学生自己设计竞赛方案，自己推选裁判小组，自己组织比赛，裁判小组给出最后的成绩。

8.11.5　教学安排详表

序号	教学内容	学时分配	教学方式（授课、实验、上机、讨论）	教学要求（知识要求及能力要求）
第 1 章	1.1 自动控制的基本原理与方式	1	讲授	本章重点：反馈控制。 能力要求：能够讲出常用的控制方式，能够区分开环控制、闭环控制和复合控制
	1.2 自动控制系统示例	1	讲授	
	1.3 自动控制系统的分类	1		
	1.4 对自动控制系统的基本要求	0.5	讲授	
	1.5 自动控制系统的分析与设计工具	0.5	讲授	
第 2 章	2.1 控制系统的时域数学模型	2	讲授	认知系统建模的基本方法，深入认知基于数学模型的控制系统分析，具有典型环节的时域数学模型和复域数学模型建模的能力，具有构建控制系统结构图与信号流图，并进行分析的能力。 本章重点：复数域数学模型和结构图简化。 能力要求：能够建立电路系统、弹簧阻尼系统、电机系统、水箱系统的数学模型，能够对常规控制结构图进行化简
	2.2 控制系统的复数域数学模型	4	讲授，讨论	
	2.3 控制系统的结构图与信号流图	4		
	2.4 控制系统建模实例	2	讲授	
第 3 章	3.1 系统时间响应的性能指标	2	讲授	深入认知线性系统时域分析的基本概念和基本理论，认知时域分析动态与稳态性能指标体系，具有一阶、二阶系统的时域分析的能力，初步具有高阶系统时域分析的能力，熟练进行线性系统稳定性分析和稳态误差计算。 本章重点：二阶系统的时域分析。 能力要求：能够求解二阶系统的性能指标和稳态误差
	3.2 一阶系统的时域分析	1	讲授，讨论	
	3.3 二阶系统的时域分析	2	讲授，讨论	
	3.4 高阶系统的时域分析	1	讲授	
	3.5 线性系统的稳定性分析	2	讲授	
	3.6 线性系统的稳态误差计算	2	讲授	
	3.7 控制系统时域设计	2	讲授	

续表

序号	教学内容	学时分配	教学方式（授课、实验、上机、讨论）	教学要求（知识要求及能力要求）
第 4 章	4.1 根轨迹法的基本概念	2	讲授	深入认知线性系统根轨迹分析方法的基本概念和基本理论。具有 180° 根轨迹和广义根轨迹的绘制能力，熟练应用根轨迹分析法对控制系统稳定性、动态性能等进行分析、计算。 本章重点：180° 根轨迹的绘制。 能力要求：能够绘制多阶系统的 180° 根轨迹的绘制，能够运用更轨迹对系统的稳定性、动态性能进行分析和计算
	4.2 根轨迹绘制的基本法则	2	讲授，讨论	
	4.3 广义根轨迹	2		
	4.4 系统性能的分析	2		
第 5 章	5.1 频率特性	2	讲授	深入认知线性系统频域分析方法的基本概念和基本理论，认知频域分析动态与稳态性能指标体系，具有频率特性分析、幅相曲线和对数频率特性曲线的绘制能力，深入认知稳定裕度的概念，熟练应用频域稳定性判据和稳定裕度分析线性控制系统。 本章重点：稳定裕度。 能力要求：能够绘制系统的幅相曲线和对数频率特性曲线，能够运用奈奎斯特稳定判据对系统的稳定性进行分析
	5.2 典型环节与开环系统的频率特性	2	讲授	
	5.3 频率域稳定判据	2	讲授	
	5.4 稳定裕度	2	讲授	
	5.5 闭环系统的频域性能指标	2	讲授	
	5.6 控制系统频域设计	2	讲授	
第 6 章	6.1 系统的设计与校正问题	2	讲授	综合前面的内容，深入认知线性系统设计与校正的基本概念和基本理论，具有常用校正装置的实现与特性分析的能力，具有进行串联、反馈、复合等常用校正方法的设计能力，实现线性控制系统的初步设计。 本章重点：串联校正。 能力要求：能够采用超前、滞后、滞后 – 超前的校正对系统进行控制，能够采用 PID 算法对系统进行校正控制
	6.2 常用校正装置及其特性	2	讲授	
	6.3 串联校正	2	讲授	
	6.4 反馈校正	1	讲授	
	6.5 复合校正	0.5	讲授	
	6.6 控制系统校正设计	0.5	讲授	

8.11.6　考核及成绩评定方式

【考核方式】

课程总成绩评定方法为平时成绩（作业；可以包含运用蓝墨云进行的头脑风暴、测验、小组任务、小组比赛等）占 30%，实验成绩占 10%（共有 4 个实验，每个实验 5 分，期中预习报告 20%，实验操作 50%，实验报告 30%），期末考试为闭卷成绩占 60%。成绩采用百分制。

【评分标准】

对每个考核环节，制定以相关课程目标实现程度为目标的考核评分标准。

1. 平时成绩（20%）

<table>
<tr><th>序　号</th><th>考核目标（教学要点）</th><th>权　重</th><th colspan="2">考 核 形 式</th></tr>
<tr><td>1</td><td rowspan="3">1.3 建立系统的认识、描述、分析事物及其相互作用的系统思维方式；
1.3 反馈控制原理认知；
1.3 系统结构图（方块图）表达及分析</td><td>0.125</td><td>第 1 章测验</td><td rowspan="8">评分形式：百分制
平时测验方式：将学生分成学习小组，课后每个小组随机抽取一个同学代表小组进行测验，答对者得 100 分，改对者得 80 分，该成绩作为小组每个成员的平时测验成绩。
测验内容：根据课程教学进度通常进行 8 次测验</td></tr>
<tr><td>2</td><td>0.125</td><td>第 2 章测验</td></tr>
<tr><td>3</td><td>0.125</td><td>第 2 章测验</td></tr>
<tr><td rowspan="3">4</td><td rowspan="3">2.3 线性连续系统的时域分析、根轨迹分析、频域分析和状态空间分析</td><td>0.125</td><td>第 3 章测验</td></tr>
<tr><td>0.125</td><td>第 4 章测验</td></tr>
<tr><td>0.125</td><td>第 5 章测验</td></tr>
<tr><td rowspan="2">5</td><td rowspan="2">3.4 控制系统时域、根轨迹、频域、状态空间设计方法；系统校正、PID 控制</td><td>0.125</td><td>第 3 章测验</td></tr>
<tr><td>0.125</td><td>第 5 章测验</td></tr>
</table>

2. 实验成绩（10%）

<table>
<tr><th>序　号</th><th>考核目标（教学要点）</th><th>权　重</th><th>考 核 形 式</th></tr>
<tr><td>1</td><td rowspan="3">1.3 建立系统的认识、描述、分析事物及其相互作用的系统思维方式；
1.3 反馈控制原理认知
1.3 系统结构图（方块图）表达及分析</td><td rowspan="6">预习报告 20%
实验操作 50%
实验报告 30%</td><td rowspan="6">评分形式：5 级计分
实验一预习报告
实验一实验操作
实验一实验报告
实验二预习报告
实验二实验操作
实验二实验报告
实验三预习报告
实验三实验操作
实验三实验报告
实验四预习报告
实验四实验操作
实验四实验报告</td></tr>
<tr><td>2</td></tr>
<tr><td>3</td></tr>
<tr><td>4</td><td>2.3 线性连续系统的时域分析、根轨迹分析、频域分析</td></tr>
<tr><td>5</td><td>3.4 控制系统时域、根轨迹、频域、状态空间设计方法；
3.4 系统校正、PID 控制</td></tr>
<tr><td>6</td><td>4.3 工程推理（识别、建模、求解）；
4.3 实验假设、实验方案、实验数据和理论模型综合</td></tr>
</table>

3. 智能小车比赛（10%）

序　　号	考核目标（教学要点）	权　　重	考 核 形 式
1	1.3 反馈控制原理认知	完成分：50 分 时间分：30 分 成功率分：10 分 报告分：10 分	评分形式：百分制 评分规则：学生分为 4 人一组，学生成绩由小组成绩和组内排序确定。 小组成绩：完成分，时间分，成功率分，报告分。 完成分（50 分）：比赛赛道由三个赛段（左转右转、45° 倾角、死胡同）组成，前两个赛段每个赛段得 15 分完成分，第三个赛段 20 分完成分。 时间分（30 分）：每个赛段成绩按完成时间排名，排名前 30% 为满分 10 分，排名 30% ～ 80% 为 7 分，排名 80% 以后为 5 分，没有完成不得分。 成功率分（10 分）：在三次机会中，成功走到终点 3 次得 10 分，走到终点 2 次得 7 分，走到终点 1 次得 5 分，三次均未成功走到终点得 2 分。 报告分（10 分）：由老师根据每组系统分析报告评分确定。 小组成绩排名前 20% 为优秀，排名前 20% ～ 60% 为良，排名 60% ～ 90% 为中，排名 90% 以后为及格。 小组成绩优秀的：个人成绩两个优两个良（四人组），两个优三个良（五人组）；小组成绩良好的：个人成绩一个优、两个良、一个中（四人组），一个优、两个良、两个中（五人组）；小组成绩中的：个人成绩一个良、两个中、一个及格（四人组），一个良、两个中、两个及格（五人组）；小组成绩及格的：个人成绩两个中、两个及格（四人组），两个中、三个及格（五人组）。 个人成绩：按小组贡献评定，优秀得 95 分，良得 85 分，中得 75 分，及格的得 65 分
2	2.3 线性连续系统的时域分析、根轨迹分析、频域分析和状态空间分析		
3	4.3 工程推理（识别、建模、求解）		

4. 考试（60%）

序　　号	考核目标（教学要点）	权　　重	考 核 形 式	
1	1.3 建立系统的认识、描述、分析事物及其相互作用的系统思维方式	0.05	评分形式：百分制，闭卷考试	1 道题，满分 5 分。考核控制系统基本概念及基本知识，控制系统方块图基本概念及其应用
2	1.3 反馈控制原理认知	0.1		1 道题，满分 10 分。考核反馈控制系统原理

续表

<table>
<tr><th>序　号</th><th>考核目标（教学要点）</th><th>权　重</th><th colspan="2">考 核 形 式</th></tr>
<tr><td>3</td><td>1.3 系统结构图（方块图）表达及分析</td><td>0.1</td><td rowspan="9">评分形式：百分制，闭卷考试</td><td>1 道结构图等效变换题，满分 10 分。考核结构图等效变换或梅森公式求传递函数</td></tr>
<tr><td rowspan="7">4</td><td rowspan="7">2.3 线性连续系统的时域分析、根轨迹分析、频域分析和状态空间分析</td><td>0.1</td><td rowspan="7">7 道计算题，每题 10 分，满分 70 分。考核线性连续控制系统的时域分析（二阶系统的性能指标、劳斯判据、稳态误差）、根轨迹分析（180° 根轨迹、参数根轨迹、0° 根轨迹）、频域分析（奈奎斯特稳定判据、Bode 图、幅值裕度、相角裕度等）方法</td></tr>
<tr><td>0.1</td></tr>
<tr><td>0.1</td></tr>
<tr><td>0.1</td></tr>
<tr><td>0.1</td></tr>
<tr><td>0.1</td></tr>
<tr><td>0.1</td></tr>
<tr><td>5</td><td>4.3 工程推理（识别、建模、求解）</td><td>0.05</td><td>1 道数学建模题，满分 5 分（考核电机机理建模，或 RLC 电路机理建模，或位移系统机理建模，或水箱液位系统建模）</td></tr>
</table>

大纲制定者：盛沙、任丽红（北京石油化工学院）

大纲审核者：戴波、郑恩让

最后修订时间：2022 年 8 月 24 日

第9章 自动化专业本科培养方案调研报告（本科应用型）

9.1 调研思路

自动化专业经过50多年的发展，目前已有507所高校开设本科自动化专业，专业类型多样，服务行业面广，学科交叉复杂，同时又面临计算机科学与技术以及各工科专业自动化技术广泛应用的挑战，调研中注重专业类型定位，注重社会需求调研，注重工程专业认证规范，注重学科交叉融合，注重新工科发展战略和趋势。

1. 明确培养方案模板制定依据

（1）工程教育专业认证相关标准；

（2）《普通高等学校本科专业类教学质量国家标准》；

（3）相关高校自动化专业（本科应用型）培养方案调研；

（4）自动化专业（本科应用型）人才培养社会需求AI大数据分析报告。

2. 开展应用型自动化专业培养方案调研

对地方普通高等学校或原来有行业背景的地方普通高等学校，且本科人才培养定位是应用型的自动化专业，开展应用型自动化专业培养方案调研。

3. 开展应用型自动化专业人才培养社会需求调研

采用走访企业和应用大数据技术等方式，开展专业人才培养社会需求调研。

9.2 调研对象

1. 地方普通高等学校自动化专业（本科应用型）

对43所地方普通高等学校或原来有行业背景的地方普通高等学校的自动化专业，开展培养方案结构、课程体系、学分设置、修订流程等情况调研。主要高校包括：北京信息科技大学、常州大学、江苏大学、南京工业大学、青岛大学、上海大学、石油大学（华东）、安徽工业大学、大连大学、安徽工程大学、东北林业大学、广西大学、河北大学、河北工程大学、河南理工大学、湖北工业大学、湖南工程学院、华北理工大学、丽水学院、南华大学、南京农业大学、内蒙古科技大学、齐鲁工业大学、陕西理工大学、太原理工大学、天津理工大学、长春大学、南京信息工程大学、西安科技大学、西安工业大学、西安工程大学、西南科技大学、西华大学、武汉科技大学、兰州交通大学、兰州理工大学、河北科技大学、河南科技大学、辽宁工程技术大学、长春理工大学、哈尔滨工程大学、杭州电子科技大学、桂林电子科技大学等。

2. 自动化专业（本科应用型）毕业生从业企业

走访调研 100 余家自动化专业（应用型）毕业生从业企业。跟踪调查部分原来有行业背景的地方普通高等学校的自动化专业毕业生就业情况。

3. 全国自动化专业（本科应用型）毕业生及用人单位

全国自动化专业本科毕业生样本 54950 份，其中非双一流高校毕业生 44634 份。全国明确招聘自动化专业 91084 家单位。

9.3　调研情况

1. 地方普通高等学校自动化专业（应用型）培养方案调研

（1）培养方案结构、课程体系和学分设置情况。

总学分基本在 160 ～ 190。课程体系包括通识教育和专业教育，通识教育主要设置思想政治课、体育课、外语、通识教育核心课程和选修课程等模块，专业教育主要设置数学基础、自然科学基础、相关技术基础、专业大类基础课、专业主修课、专业选修课程、独立设置实践环节、毕业设计（论文）等模块。

<table>
<tr><th colspan="13">部分普通本科院校自动化专业培养方案结构和课程体系学分设置情况统计</th></tr>
<tr><th rowspan="2">序号</th><th rowspan="2">学校</th><th rowspan="2">年份</th><th rowspan="2">总学分</th><th colspan="9">专业教育学分</th></tr>
<tr><th>数学基础</th><th>自然科学基础</th><th>相关技术基础</th><th>专业大类基础课</th><th>专业主修课</th><th>选修课程</th><th>独立设置的实践环节（含毕设）</th><th>毕业设计（论文）</th><th>小计</th></tr>
<tr><td>1</td><td>北京信息科技大学</td><td>2020 年</td><td>169.5</td><td colspan="2">26.5</td><td colspan="2">38.5</td><td>24.5</td><td>12</td><td>30</td><td>8</td><td>131.5</td></tr>
<tr><td>2</td><td>常州大学</td><td>2019 年</td><td>180</td><td colspan="2">24.5</td><td colspan="2">42</td><td>14.5</td><td>10</td><td>45</td><td>16</td><td>136</td></tr>
<tr><td>3</td><td>江苏大学</td><td>2020 年</td><td>170</td><td colspan="2">24</td><td>6</td><td>30</td><td>16</td><td>10</td><td>42.5</td><td>14</td><td>128.5</td></tr>
<tr><td>4</td><td>南京工业大学</td><td>2020 年</td><td>169</td><td colspan="2">29</td><td colspan="2">29</td><td>16</td><td>10</td><td>31</td><td>16</td><td>115</td></tr>
<tr><td>5</td><td>青岛大学</td><td>2017 年</td><td>165</td><td>21</td><td>7</td><td colspan="2">17.5</td><td>25</td><td>23</td><td>24.5</td><td>14</td><td>118</td></tr>
</table>

续表

部分普通本科院校自动化专业培养方案结构和课程体系学分设置情况统计

序号	学校	年份	总学分	专业教育学分								
				数学基础	自然科学基础	相关技术基础	专业大类基础课	专业主修课	选修课程	独立设置的实践环节（含毕设）	毕业设计（论文）	小计
6	上海大学	2020 年	260	26	18	29		42	26	58	20	199
7	石油大学（华东）	2020 年	170	28.5		22		8.5	34	34	16	127
8	安徽工业大学	2020 年	173	27.5		45.5		9	10	35	12	127
9	大连大学	2019 年	173	25.5		13	21	11.5	23	36	14	130
10	安徽工程大学	2020 年	180	27		28	15	15	7.5	44	15	136.5
11	东北林业大学	2020 年	162.5	28		27.5		15.5	22	29	11	122
12	广西大学	2017 年	170	26.5		34		8.5	22.5	42.5	12	134
13	河北大学	2019 年	165	25		21		19	14	31	8	110
14	河北工程大学	2017 年	180	23		7	15.5	24.5	12	35	11	117
15	河南理工大学	2018 年	170	28.5		27.5		22	22	28	10	128
16	湖北工业大学	2020 年	175	28		10	21.5	23.5	6	44.5	12	133.5
17	湖南工程学院	2017 年	170.5	25.5		7	39.5	9.5	4	44	16	129.5
18	华北理工大学	2016 年	193	28		9	16	24.5	15	42	18	134.5
19	丽水学院	2020 年	172	26.5		10	16.5	24	22	31	10	130
20	南华大学	2017 年	172	27		7	19.5	25.5	22	36	14	137
21	南京农业大学	2019 年	152	23		14	13	6	17	30	10	103
22	内蒙古科技大学	2018 年	196	30.5		7	17	27.5	18	35.5	16	135.5
23	齐鲁工业大学	2017 年	160	27		5	13	19	24	27	10	115
24	陕西理工大学	2018 年	175	22.5		7	16.5	22.5	14.5	39	12	122
25	太原工业学院	2014 年	192.5	30		17	28	16.5	29	27	10	147.5
26	天津理工大学	2020 年	160.5	27		6	26.5	14	16	32	12	121.5
27	长春大学	2015 年	190	23		7	30	17	19	39	16	135

（2）培养目标和培养方案修订工作流程。

通过国家工程教育专业认证的专业有比较规范的工作流程，部分专业构建了学生中心、成果导向、持续改进的培养目标和培养方案修订工作机制。

部分专业根据社会需求、工程教育专业认证标准、“新工科”内涵与要求，构建的自动化专业培养目标合理性评价与修订工作机制。

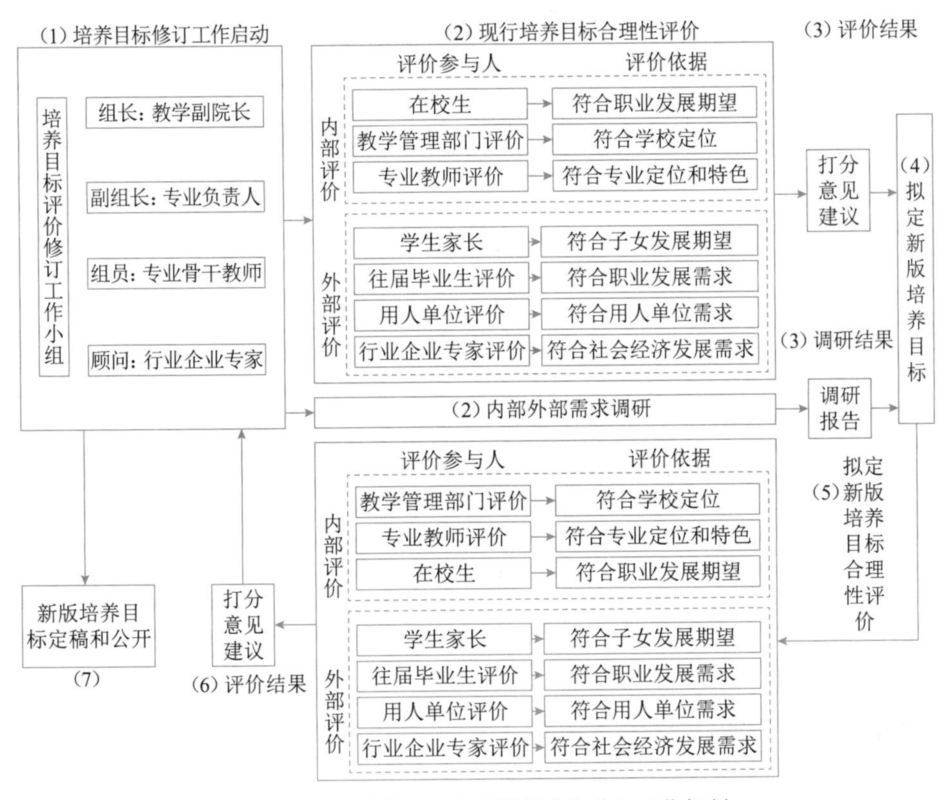

自动化专业培养目标合理性评价与修订工作机制

部分专业按照工程教育专业认证标准，结合学校特色、学科特点、服务面向，以及新工科背景下对传统自动化专业提出的新要求，合理设计课程体系，整合专业课程的课程设置、课程内容，对培养方案进行持续改进，构建了自动化专业人才培养方案修订工作流程。

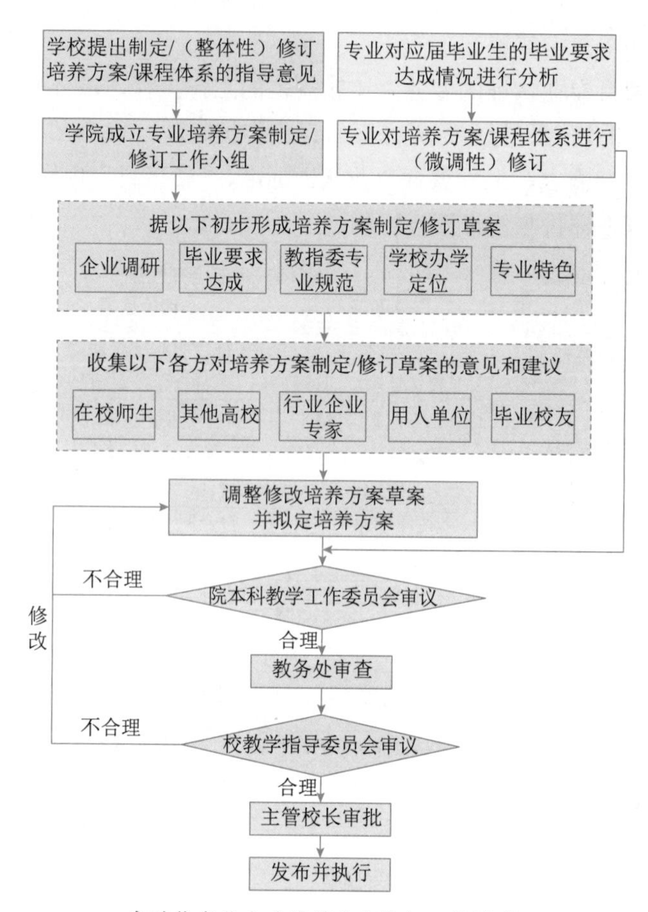

自动化专业人才培养方案修订工作流程

2. 社会经济发展和学生就业情况调研

（1）企业与产业发展状况调研。

走访调研了100余家企业，当前我国的新经济存在五种发展趋势：①互联网正在改变着各行各业；②创新性行业正在异军突起；③新技术正在不断壮大新产业；④制造行业的数字化、智能化为行业的发展插上了翅膀；⑤“双创”在新经济中展显更大的活力。这些趋势表明，社会经济产业结构已发生重大改变，制造业的可持续发展将更加依赖高端工程科技的发展，尤其是以互联网为核心的信息技术和智能制造产业的发展。为此，国家部署了11个大的新兴产业集群，信息化、网络化、数字化、智能化、绿色化、创新化、交叉融合成为未来社会经济产业的主要内涵。

在此背景下，教育部提出高等教育“新工科”建设，重点解决如下问题：①紧扣“立德树人”这条主线，培养社会主义建设者和接班人。②依据国家战略新兴产业布局，改革传统工科专业，以满足社会经济和产业发展对人才的需求；③更新完善传统工科专业的人才培养目标、知识结构、课程体系、专业能力要求，强化专业的交叉融合，以满足新经济产业对人才的需求；④探索人才培养的新模式，为学生提供多样化、个性化的学习内容与学习方式，重视学生的自主学习、终身学习能力的培养；⑤把“双创”教育融入专业人才培养的全过程，为新经济的发展培养创新人才。

自动化专业人才培养方案要体现“新工科”的要求和内容，要重点突出产业发展对专业内涵改革的要求、企业对人才的需求和学生成长成才的需求，加快传统自动化专业的改造，并将“双创”教育融入人才培养方案。

（2）调查近4年毕业生就业去向和从业行业。

由于产业升级、结构调整、人才需求变化，以及学生个人发展意愿等因素，自动化专业毕业生进入原高校所属行业和传统产业就业的人数逐年减少，如轻工、石油化工等行业。我们连续4年的跟踪调查显示，进入轻工行业的学生人数不足原有轻工行业背景高校毕业人数的10%，但是企业行业又确实需要大量高质量、符合企业需要的自动化专业工程技术人员。近年来，自动化专业的毕业生大量进入信息产业，主要从事电力电子技术开发、嵌入式系统研发、软件开发、系统测试等。

9.4 自动化专业（本科应用型）人才培养及社会需求AI大数据分析

调研分析工作由北京石油化工学院和北京纳人网络科技有限公司（简称“纳人公司”）完成。

1. AI大数据分析说明

1）数据来源

纳人公司提供的“小纳招聘机器人”为全国数万家企业在招聘过程中免费提供精准的NR人岗匹配评测筛选服务，提高企业的招聘效率及人岗匹配度，并在此过程中持续获取匿名化处理后的第一手数据信息。所有呈现出来的数据分析结果都是拟合的，只对数据进行现象分析，无法还原到个人，不涉及隐私泄露。

2）数据分析样本

2014—2016届自动化专业全国本科毕业生样本54950份，其中非双一流高校毕业生44634份。即以本科毕业5年的毕业生为数据样本。

2018年1月—2022年12月全国明确招聘自动化专业91084家单位。

3）数据分析方法

通过调查自动化专业全国本科毕业生文本简历、全国用人单位的需求信息、非双一流高校自动化专业人才培养方案，综合运用共词网络、自动分类、文本聚类、数据可视化、机器学习等大数据分析方法，对非双一流高校自动化专业进行社会需求、毕业生能力素质、社会评价等多维度分析。为人才培养目标合理性、人才培养目标达成情况、课程设置优化、教学方法改进等提供可靠依据和数据支撑。

4）分析维度说明

（1）素养。

通过大数据人工智能方式智能提取各项素养，包含爱岗敬业、吃苦耐劳、积极主动、渴望成功、乐于合作、勤奋努力、严谨细致、勇于挑战的精神、责任感强、忠诚可靠、忠于职守、自信心强、遵规守信。

（2）通识能力。

通过大数据人工智能方式智能提取各项通识能力，包含创新能力、沟通与表达能力、观察能力、抗压抗挫能力、逻辑思维能力、想象能力、新知识接受能力、学习能力、知识融会贯通能力、执行能力、职业适应能力、自我管理能力、组织协调能力、组织与管理能力。

（3）专业知识与技能。

通过大数据人工智能方式智能提取各项专业知识与技能，专业知识与技能即专业课程培养的专业知识和专业技能项。

5）分析框架

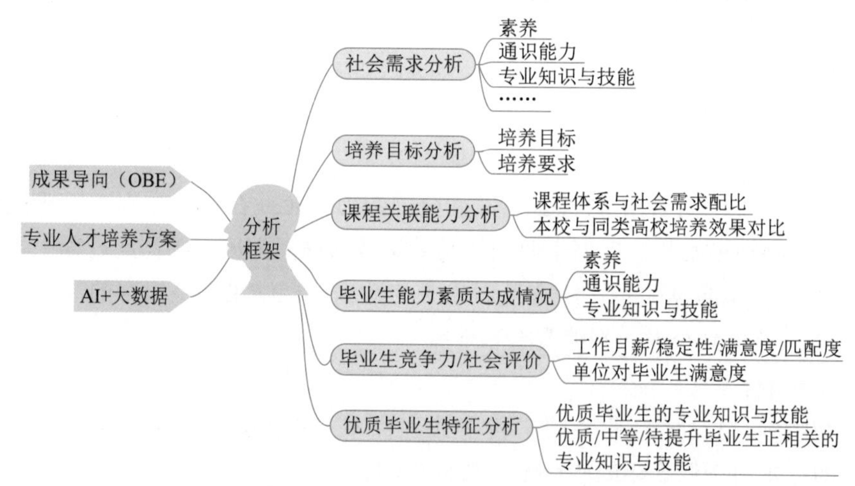

自动化专业人才培养社会需求大数据分析框架

2. 自动化专业社会需求的能力素质情况

需求百分比为招聘职位中涉及该项指标的比例，反映市场用人单位对该项指标重视程度，比例越高越重视。

（1）自动化专业社会需求的人才素养分析。

2018 年 1 月—2022 年 12 月全国自动化专业本科人才招聘需求“素养”分布较高的是“责任感强”（31.89%）、“乐于合作”（27.15%）、“积极主动”（15.99%）。

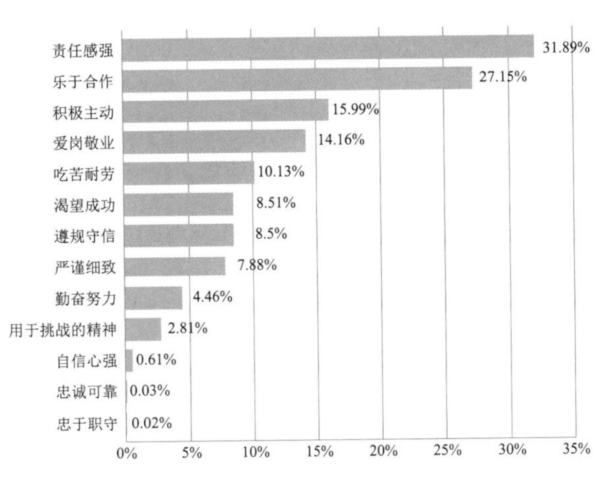

自动化专业全国本科人才招聘需求“素养”比例图

（2）自动化专业社会需求的人才通识能力分析。

2018 年 1 月—2022 年 12 月全国自动化专业本科人才招聘需求“通识能力”分布较高的是“沟通与表达能力”（58.57%）、“组织协调能力”（55.82%）、“组织与管理能力”（54.23%）。

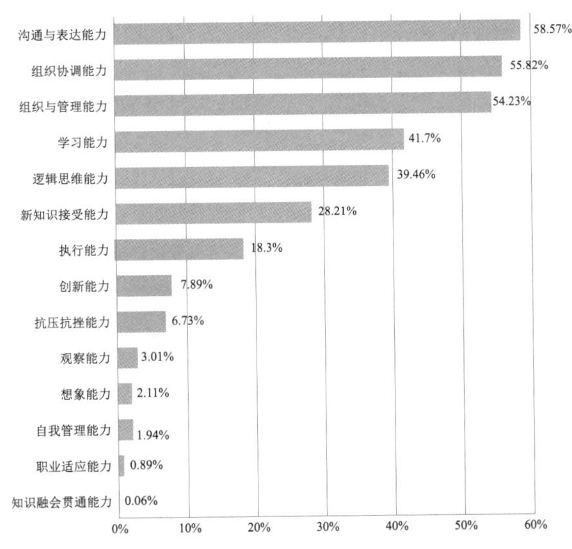

自动化专业全国本科人才招聘需求“通识能力”比例图

（3）自动化专业社会需求的人才专业知识与技能分析。

2018 年 1 月—2022 年 12 月全国自动化专业本科人才招聘需求“专业知识与技能”分布较高的是“运行维护与安全知识”（36.17%）、“微型计算机技术应用能力”（25.32%）、“电工技术知识”（22.59%）。

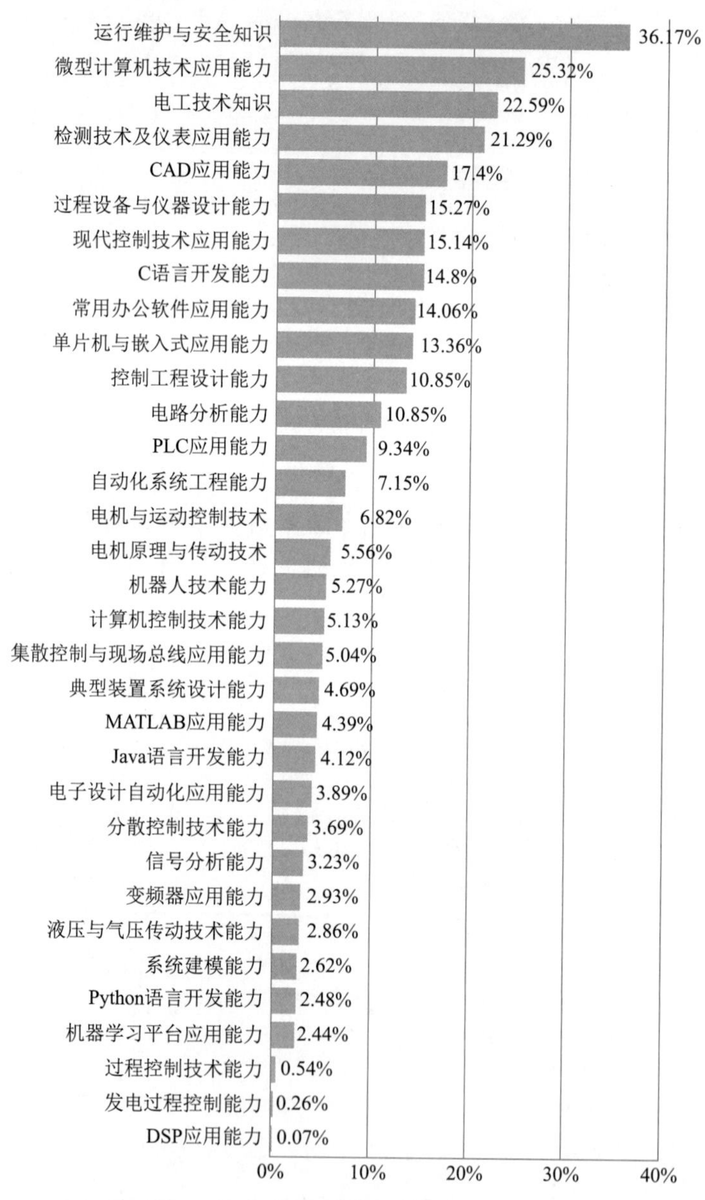

本专业全国本科人才招聘需求“专业知识与技能”比例图

（4）全国市场对自动化专业本科人才专业知识与技能需求趋势。

需求百分比为需求的专业知识与技能占需求职位数的比例，需求比重为占本报告展示的所有需求的专业知识与技能的比重。需求百分比呈上升趋势，而需求比重平稳时说明需求虽上升但上升速度并不快。需求百分比呈下降趋势，而需求比重平稳时说明需求虽下降但下降速度并不快。

市场对自动化人才专业知识与技能的需求趋向于多元化，从 2018 年 1 月—2022 年 12 月市场平均值看，对运行维护与安全知识、微型计算机技术应用能力、电工技术知识的需求较大。就发展趋势而言，对电机与运动控制技术、电机原理与传动技术、集散控制与现场总线应用能力、变频器应用能力、液压与气压传动技术能力、机器学习平台应用能力等方面专业知识与技能的需求比重均有所提升，对 Java 语言开发能力、信号分析能力方面专业知识与技能的需求有所下降。

2018 年 1 月—2022 年 12 月全国社会需求百分比及比重趋势

专业知识与技能	需求百分比均值	需求百分比趋势	需求比重均值	需求比重趋势
运行维护与安全知识	36.17%	缓慢上升	12.03	平稳
微型计算机技术应用能力	25.32%	下滑回升	7.99	下滑回升
电工技术知识	22.59%	缓慢上升	7.58	平稳
检测技术及仪表应用能力	21.29%	缓慢上升	7.12	缓慢上升
CAD 应用能力	17.40%	平稳	5.78	平稳
过程设备与仪器设计能力	15.27%	缓慢上升	5.15	缓慢上升
现代控制技术应用能力	15.14%	缓慢上升	5.1	平稳
C 语言开发能力	14.80%	下滑回升	4.52	下滑回升
常用办公软件应用能力	14.32%	缓慢上升	4.75	平稳
单片机与嵌入式应用能力	14.06%	平稳	4.6	平稳
控制工程设计能力	13.36%	缓慢上升	4.48	平稳
电路分析能力	10.85%	平稳	3.61	平稳
PLC 应用能力	9.34%	缓慢上升	3.16	缓慢上升
自动化系统工程能力	7.15%	缓慢下滑	2.4	缓慢下滑
电机与运动控制技术	6.82%	上升	2.27	上升
电机原理与传动技术	5.56%	上升	1.87	上升
机器人技术能力	5.27%	缓慢上升	1.75	平稳
计算机控制技术能力	5.13%	平稳	1.76	平稳
集散控制与现场总线应用能力	5.04%	上升	1.68	上升
典型装置系统设计能力	4.69%	平稳	1.57	平稳
MATLAB 应用能力	4.39%	缓慢上升	1.46	缓慢上升

续表

专业知识与技能	需求百分比均值	需求百分比趋势	需求比重均值	需求比重趋势
Java 语言开发能力	4.12%	缓慢下滑	1.07	连续下滑
电子设计自动化应用能力	3.89%	平稳	1.28	平稳
传感器技术应用能力	3.59%	缓慢上升	1.2	平稳
信号分析能力	3.23%	平稳	1.08	下滑
变频器应用能力	2.93%	缓慢上升	1.0	上升
液压与气压传动技术能力	2.86%	缓慢上升	0.95	上升
系统建模能力	2.62%	平稳	0.86	缓慢上升
Python 语言开发能力	2.48%	平稳	0.83	缓慢上升
机器学习平台应用能力	2.44%	缓慢上升	0.82	连续上升
过程控制技术能力	0.54%	缓慢上升	0.18	缓慢上升

3. 自动化专业毕业生的能力素质情况

（1）培养目标达成情况——毕业生素养。

2014—2016 届非双一流高校自动化专业本科生“素养”比例较高的是“责任感强”（53.17%）、“爱岗敬业”（31.11%）、“乐于合作”（23.21%）。

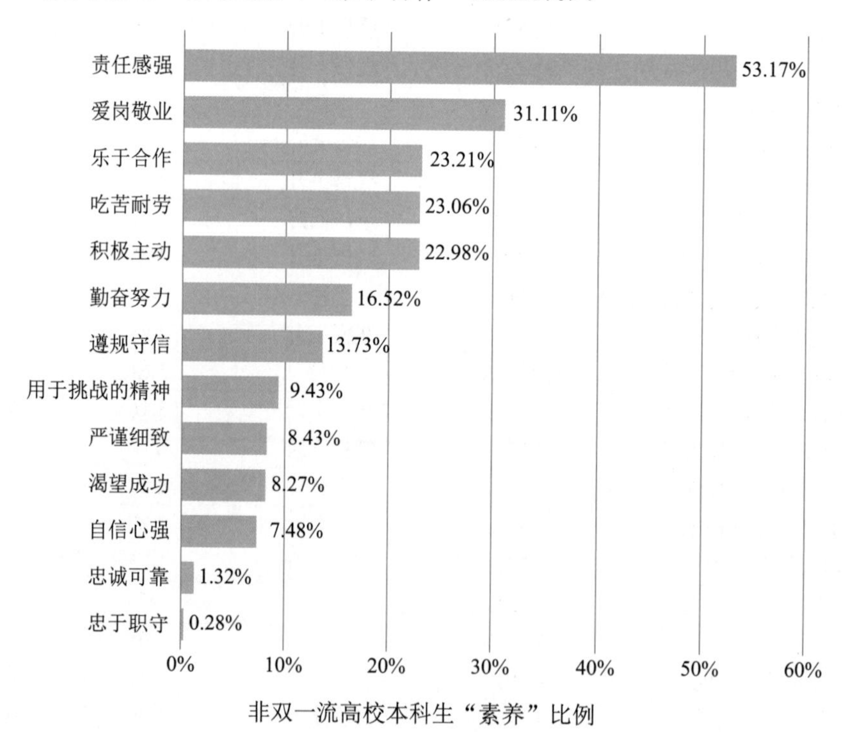

非双一流高校本科生“素养”比例

2014—2016 届双一流建设高校自动化专业本科生“素养”比例较高的是“责任感强”（53.17%）、“爱岗敬业”（25.17%）、“乐于合作”（21.54%）。

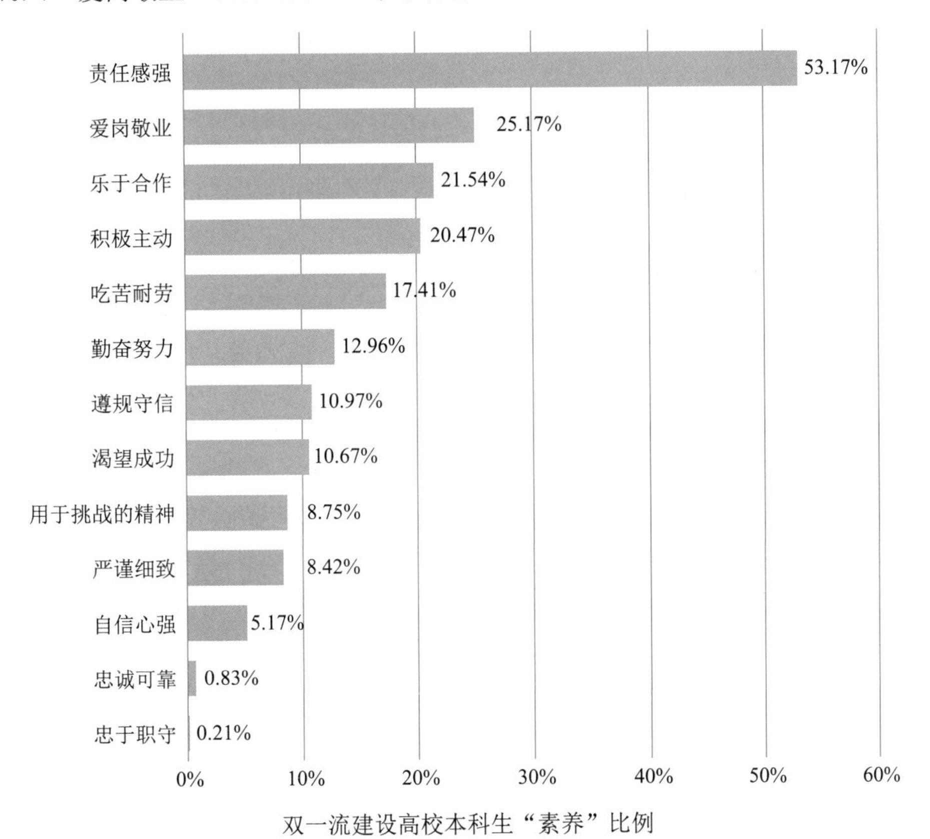

双一流建设高校本科生“素养”比例

选用 2014—2016 届非双一流高校自动化专业本科生“素养”达成情况除以本专业全国高校毕业生“素养”达成情况再乘以 100 后的数值表征“素养”达成情况，并以 80 作为基准线来衡量非双一流高校本专业毕业生“素养”达成情况，发现如下：

达成情况相对较好（100 ～ 120，含 100）的有十二项：忠于职守，忠诚可靠，自信心强，吃苦耐劳，勤奋努力，遵规守信，爱岗敬业，积极主动，勇于挑战的精神，乐于合作，责任感强，严谨细致。

已达成（80 ～ 100，含 80）的有一项：渴望成功。

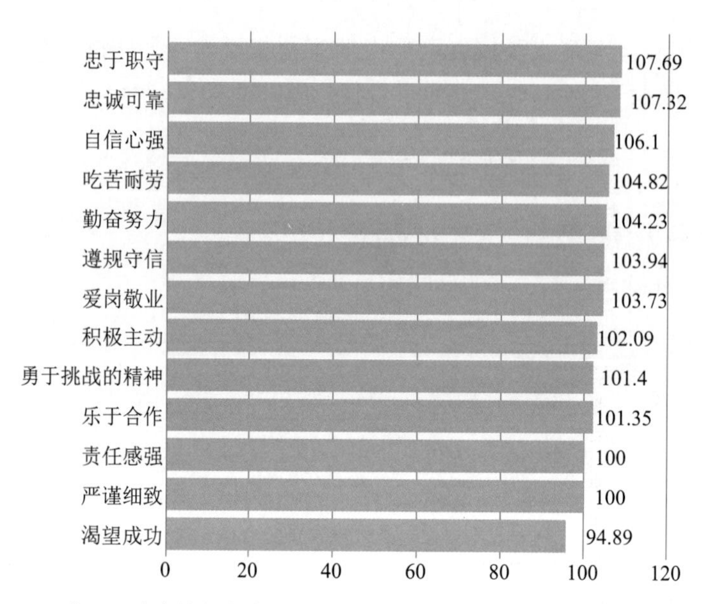

非双一流高校与本专业全国高校毕业生“素养”情况比较

（2）培养目标达成情况——毕业生通识能力。

2014—2016 届非双一流高校自动化专业本科生“通识能力”比例较高的是“学习能力”（59.33%）、“组织与管理能力”（54.05%）、“新知识接受能力”（51.07%）。

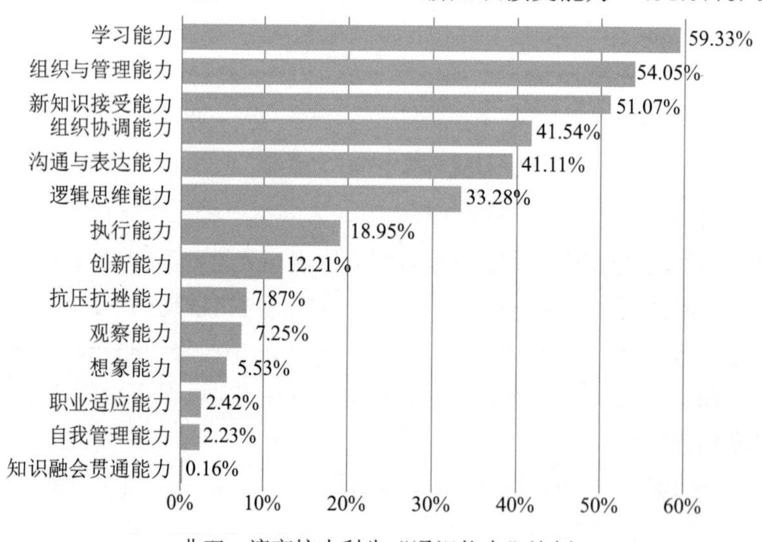

非双一流高校本科生“通识能力”比例

2014—2016 届双一流建设高校自动化专业本科生“通识能力”比例较高的是“学习能力”（59.31%）、“组织与管理能力”（54.96%）、“新知识接受能力”（50.99%）。

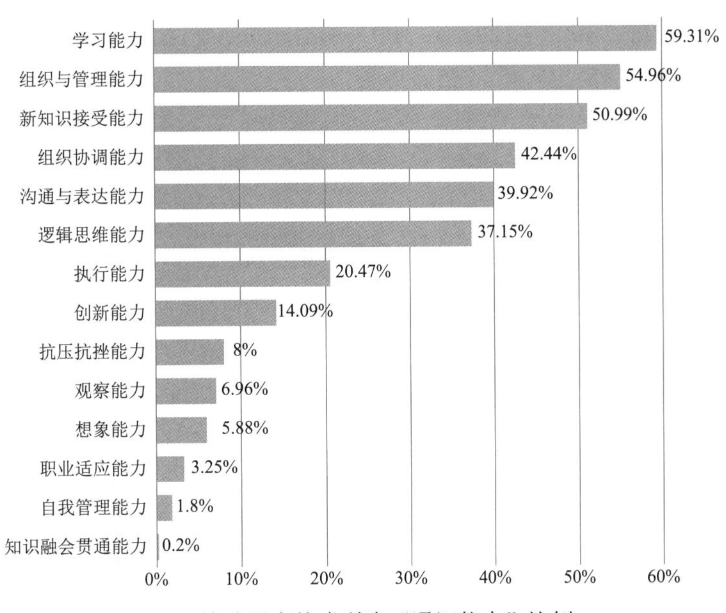

双一流建设高校本科生“通识能力”比例

选用2014—2016届非双一流高校自动化专业本科生“通识能力”达成情况除以本专业全国高校毕业生“通识能力”达成情况再乘以100后的数值表征“通识能力”达成情况，并以80作为基准线来衡量非双一流高校本专业毕业生“通识能力”达成情况，发现如下：

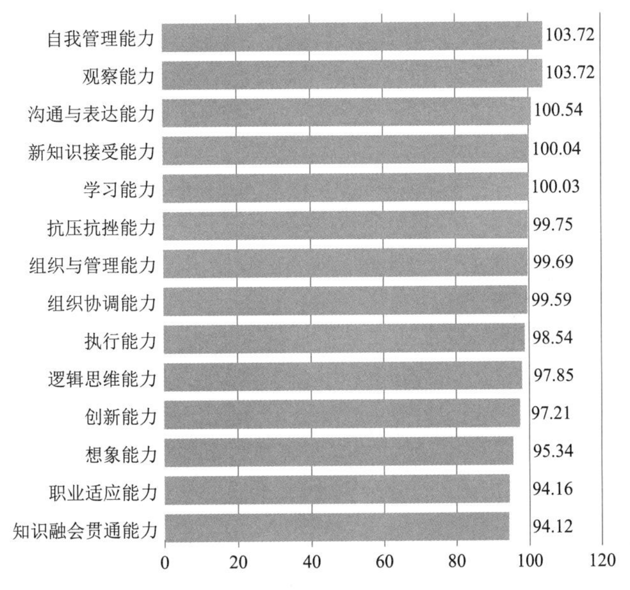

非双一流高校与本专业全国高校毕业生“通识能力”情况比较

达成情况相对较好（100～120，含100）的有五项：自我管理能力，观察能力，沟通与表达能力，新知识接受能力，学习能力。

已达成（80～100，含80）的有九项：抗压抗挫能力，组织与管理能力，组织协调能力，执行能力，逻辑思维能力，创新能力，想象能力，职业适应能力，知识融会贯通能力。

（3）培养目标达成情况——毕业生专业知识与技能。

2014—2016届非双一流高校自动化专业本科生“专业知识与技能”比例较高的是“运行维护与安全知识”（39.46%）、“微型计算机技术应用能力”（27.13%）、“检测技术及仪表应用能力”（24.42%）。

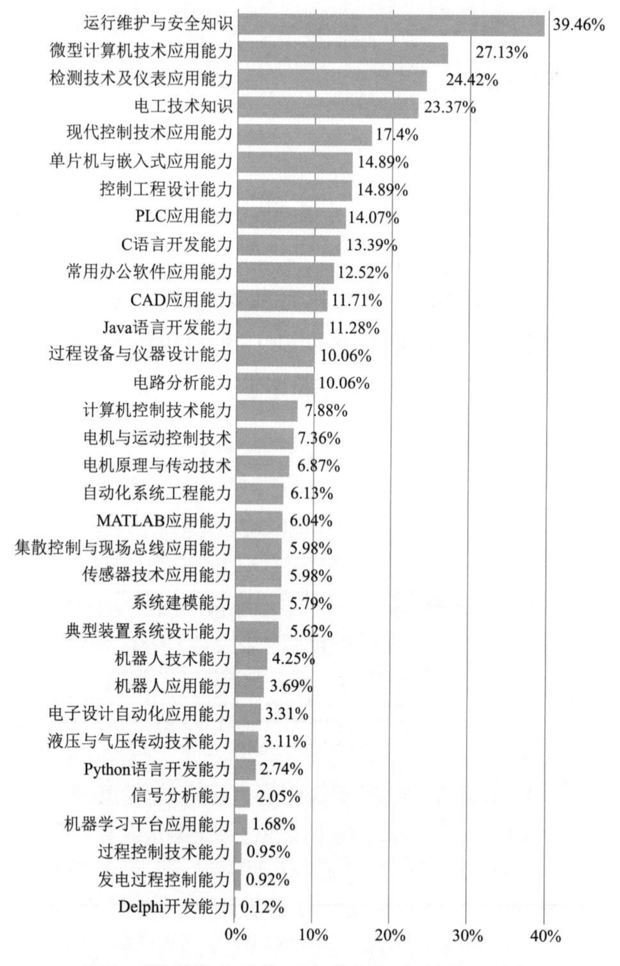

非双一流高校本科生“专业知识与技能”比例

2014—2016届双一流建设高校自动化专业本科生“专业知识与技能”比例较高的是

“运行维护与安全知识”（37.23%）、“微型计算机技术应用能力”（30.69%）、“检测技术及仪表应用能力”（24.28%）。

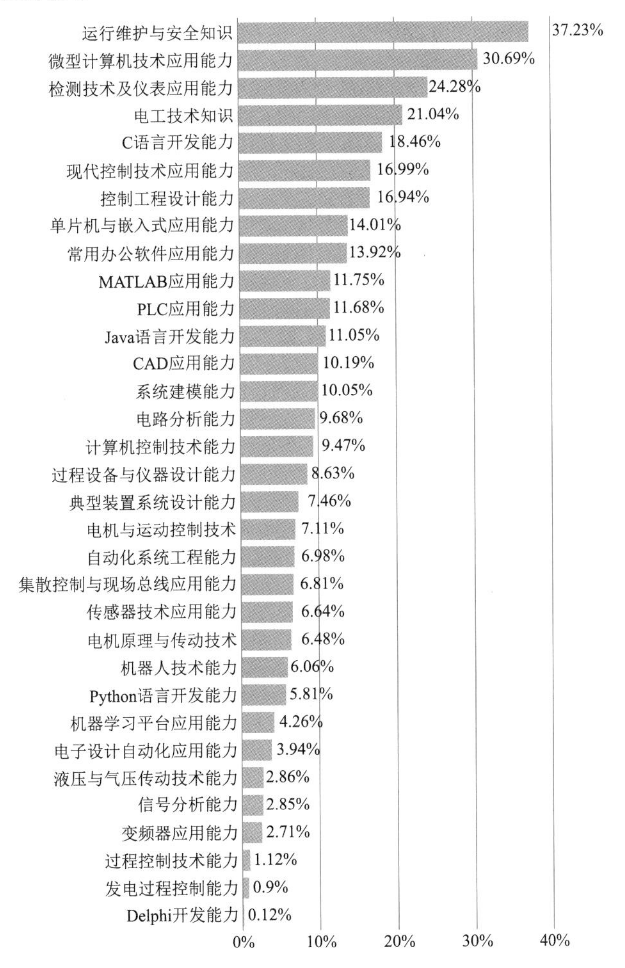

双一流建设高校本科生“专业知识与技能”比例

选用 2014—2016 届非双一流高校自动化专业本科生“专业知识与技能”达成情况除以本专业全国高校毕业生“专业知识与技能”达成情况再乘以 100 后的数值表征“专业知识与技能”达成情况，并以 80 作为基准线来衡量非双一流高校本专业毕业生“专业知识与技能”达成情况，发现如下：

达成情况相对较好（100 ～ 120，含 100）的有十六项：变频器应用能力，PLC 应用能力，过程设备与仪器设计能力，CAD 应用能力，电工技术知识，液压与气压传动技术能力，单片机与嵌入式应用能力，运行维护与安全知识，电机原理与传动技术，现代控制技术应用能力，电路分析能力，电机与运动控制技术，Java 语言开发能力，检测技术及仪表应用能力，Delphi 开发能力，发电过程控制能力。

已达成（80 ～ 100，含 80）的有十六项：传感器技术应用能力，常用办公软件应用能力，微型计算机技术应用能力，集散控制与现场总线应用能力，控制工程设计能力，自动化系统工程能力，电子设计自动化应用能力，计算机控制技术能力，过程控制技术能力，典型装置系统设计能力，C 语言开发能力，信号分析能力，机器人技术能力，系统建模能力，MATLAB 应用能力，Python 语言开发能力。

有待提升（80 以下）的有一项：机器学习平台应用能力。

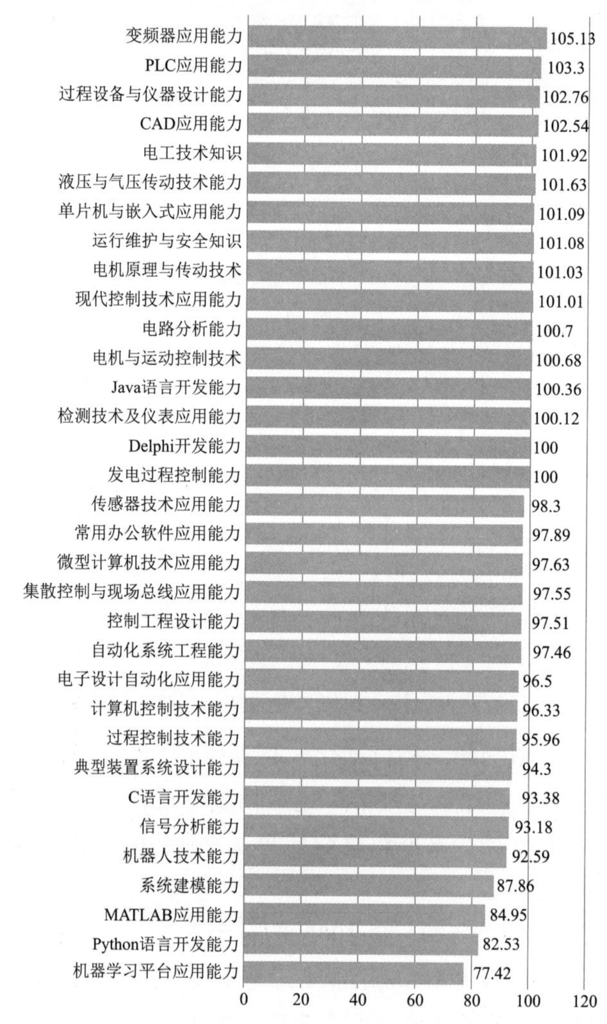

非双一流高校与本专业全国高校毕业生“专业知识与技能”情况比较

4. 毕业生能力素质与社会需求契合度分析

（1）培养目标合理性——毕业生素养和社会需求契合度。

通过非双一流高校本专业在全国工作的毕业生“素养”与全国社会需求契合程度效果图发现，非双一流高校本专业毕业生培养的素养情况同全国社会需求契合度，在乐于合作、渴望成功、严谨细致等方面偏离度稍高，且低于社会需求水平。

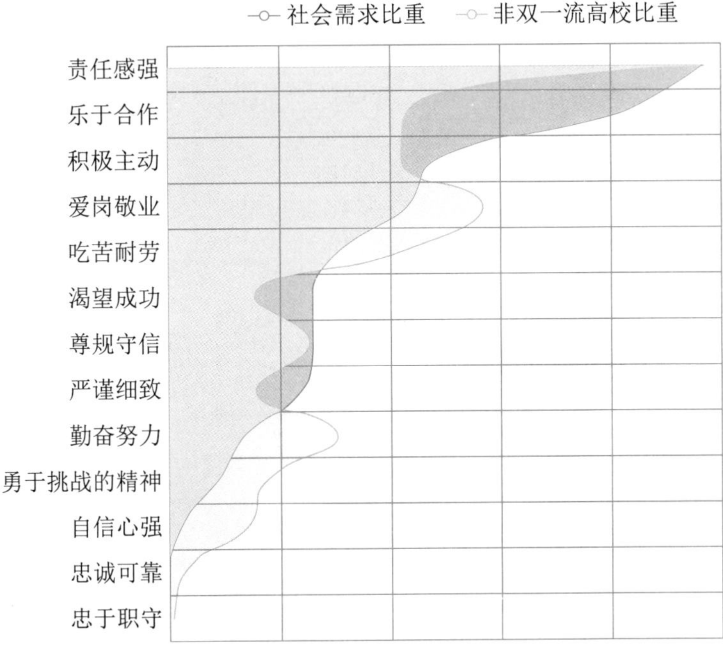

非双一流高校本专业毕业生“素养”与全国社会需求契合程度效果图

从偏离度具体数值看，非双一流高校 2014—2016 届毕业生“素养”与全国社会需求吻合情况如下：

同社会需求非常吻合（正负偏离 20%）的有三项：责任感强，遵规守信，积极主动。

同社会需求基本吻合（正负偏离 20% ～ 40%）的有三项：吃苦耐劳，爱岗敬业，严谨细致。

高于社会需求（正偏离 40% 以上）的有五项：忠诚可靠，自信心强，忠于职守，勤奋努力，勇于挑战的精神。

低于社会需求（负偏离 40% 以上）的有二项：渴望成功，乐于合作。

（2）培养目标合理性——毕业生通识能力和社会需求契合度。

通过非双一流高校本专业在全国工作的毕业生“通识能力”与全国社会需求契合程度效果图发现，非双一流高校本专业毕业生培养的通识能力情况同全国社会需求契合度，在沟通与表达能力、组织协调能力、逻辑思维能力等方面偏离度稍高，且低于社会需求水平。

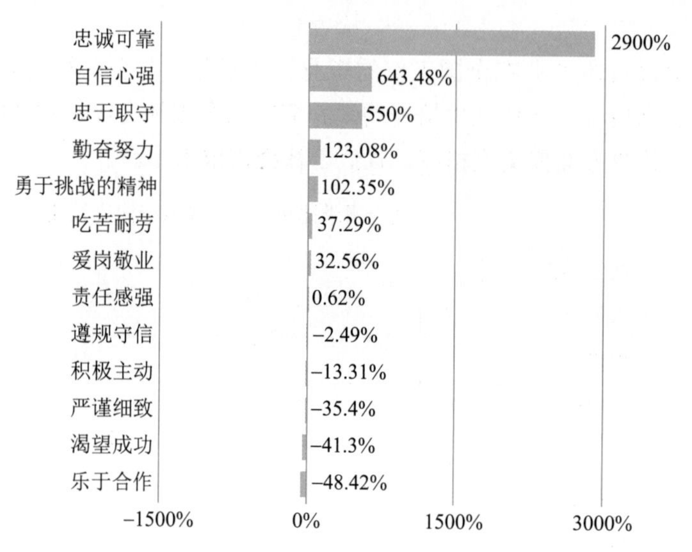

非双一流高校毕业生“素养”与全国社会需求偏离分布图

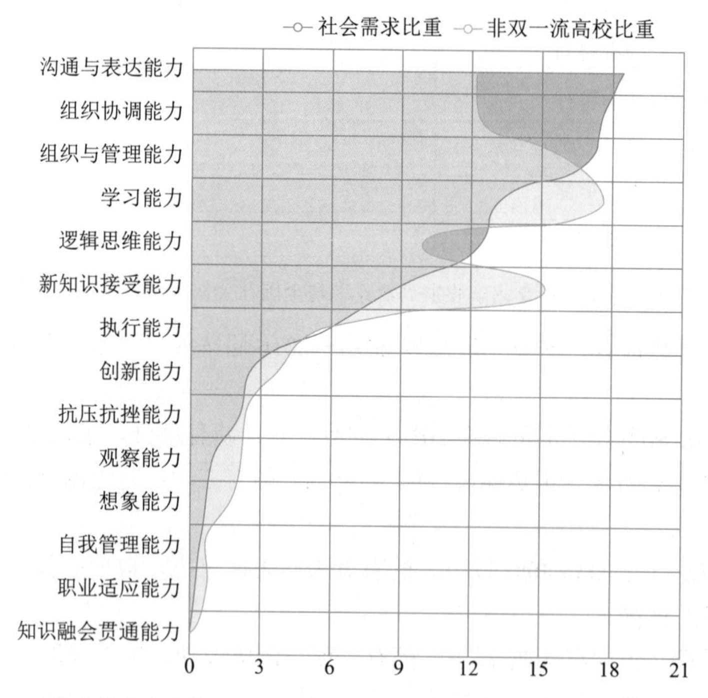

非双一流高校本专业毕业生“通识能力”与全国社会需求契合程度效果图

从偏离度具体数值看，非双一流高校2014—2016届毕业生“通识能力”与全国社会需求吻合情况为：

同社会需求非常吻合（正负偏离 20%）的有三项：抗压抗挫能力，执行能力，组织与管理能力。

同社会需求基本吻合（正负偏离 20% ～ 40%）的有四项：学习能力，逻辑思维能力，组织协调能力，沟通与表达能力。

高于社会需求（正偏离 40% 以上）的有七项：职业适应能力，知识融会贯通能力，想象能力，观察能力，自我管理能力，新知识接受能力，创新能力。

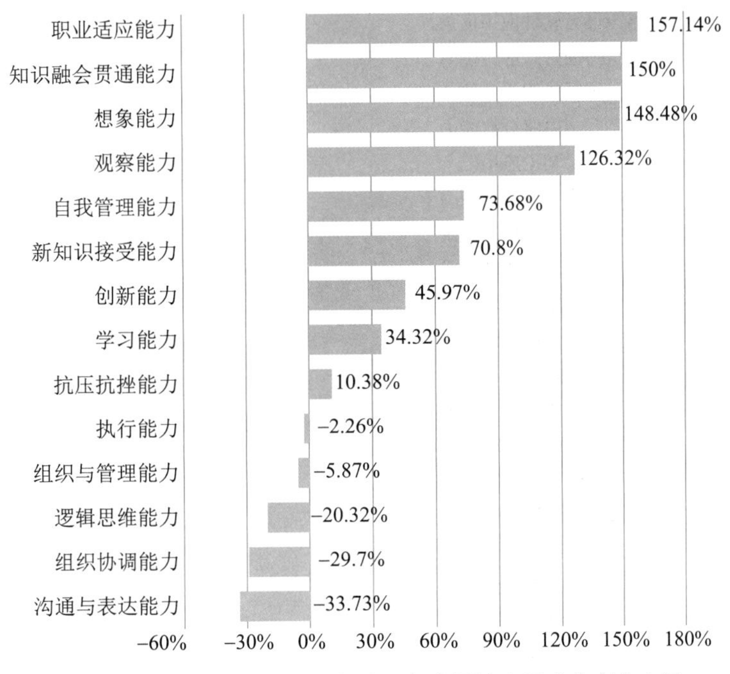

非双一流高校毕业生“通识能力”与全国社会需求偏离分布图

（3）培养目标合理性——毕业生专业知识与技能和全国社会需求契合度。

通过非双一流高校本专业在全国工作的毕业生“专业知识与技能”与全国社会需求契合程度效果图发现，非双一流高校本专业毕业生培养的专业知识与技能情况同全国社会需求契合度，在“CAD 应用能力”“过程设备与仪器设计能力”“自动化系统工程能力”“机器人技术能力”“电子设计自动化应用能力”“信号分析能力”“机器学习平台应用能力”等方面偏离度稍高，且低于社会需求水平。

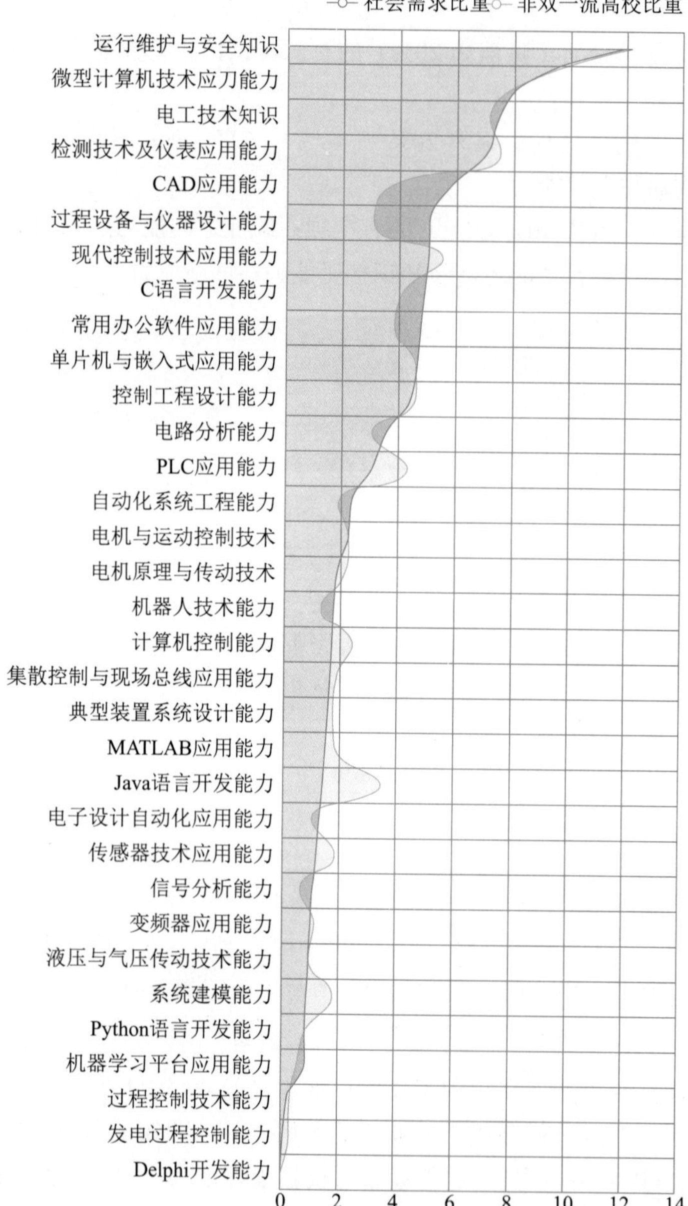

非双一流高校本专业毕业生“专业知识与技能”与全国社会需求契合程度效果图

从偏离度具体数值看，非双一流高校 2014—2016 届毕业生“专业知识与技能”与全国社会需求吻合情况为：

同社会需求非常吻合（正负偏离 20%）的有十七项：变频器应用能力，电机原理与传动技术，典型装置系统设计能力，集散控制与现场总线应用能力，现代控制技术应用能力，检测技术及仪表应用能力，控制工程设计能力，Python 语言开发能力，运行维护与安全知识，液压与气压传动技术能力，电机与运动控制技术，微型计算机技术应用能力，单片机与嵌入式应用能力，电工技术知识，电路分析能力，C 语言开发能力，常用办公软件应用能力。

同社会需求基本吻合（正负偏离 20% ～ 40%）的有七项：MATLAB 应用能力，电子设计自动化应用能力，自动化系统工程能力，机器人技术能力，机器学习平台应用能力，CAD 应用能力，过程设备与仪器设计能力。

高于社会需求（正偏离 40% 以上）的有八项：发电过程控制能力，Java 语言开发能力，系统建模能力，Delphi 开发能力，过程设备与仪器设计能力，传感器技术应用能力，计算机控制技术能力，PLC 应用能力。

低于社会需求（负偏离 40% 以上）的有一项：信号分析能力。

5. 数据分析建议

1）毕业生素养方面

非双一流高校本专业毕业生素养与全国社会需求吻合情况的分析结果显示，非双一流高校本专业毕业生素养比社会需求比重低 40% 以上的有乐于合作、渴望成功，建议坚持立德树人，加强德智体美劳全面发展的教育，优化课程体系，改进课程教学内容、教学方式，加强第一课堂与第二课堂的融合。

在社会工作中经常需要团体合作来完成某项任务，要求该专业人才要乐于同他人合作。建议在课程教学中多开展项目教学，加强团队合作意识和学习能力培养。发挥班团组织建设的积极作用，以集体荣誉感为契机，培养大学生团结互助、平等互利、协同工作的团队合作精神。

渴望成功是一种积极进取的心态，有助于保持旺盛的斗志，有助于克服重重困难，也有助于培养与环境和谐相处的品格。建议帮助学生制定人生的长期目标和短期目标，并鼓励学生完成自己的计划，在不断制定目标和实现目标的过程中，培养渴望成功的心态。

非双一流高校本专业毕业生素养与全国社会需求吻合情况的分析结果显示，非双一流高校本专业毕业生素养比社会需求比重低 20% ～ 40% 的有严谨细致，严谨细致是该专业人才需要具备的基本素养，建议加强学风建设，提高课程的“两性一度”，优化课程体系设置，加强数学等相关课程的学习，加强逻辑思维能力培养，加强工程规范教育，从而科学的培养严谨细致素养。

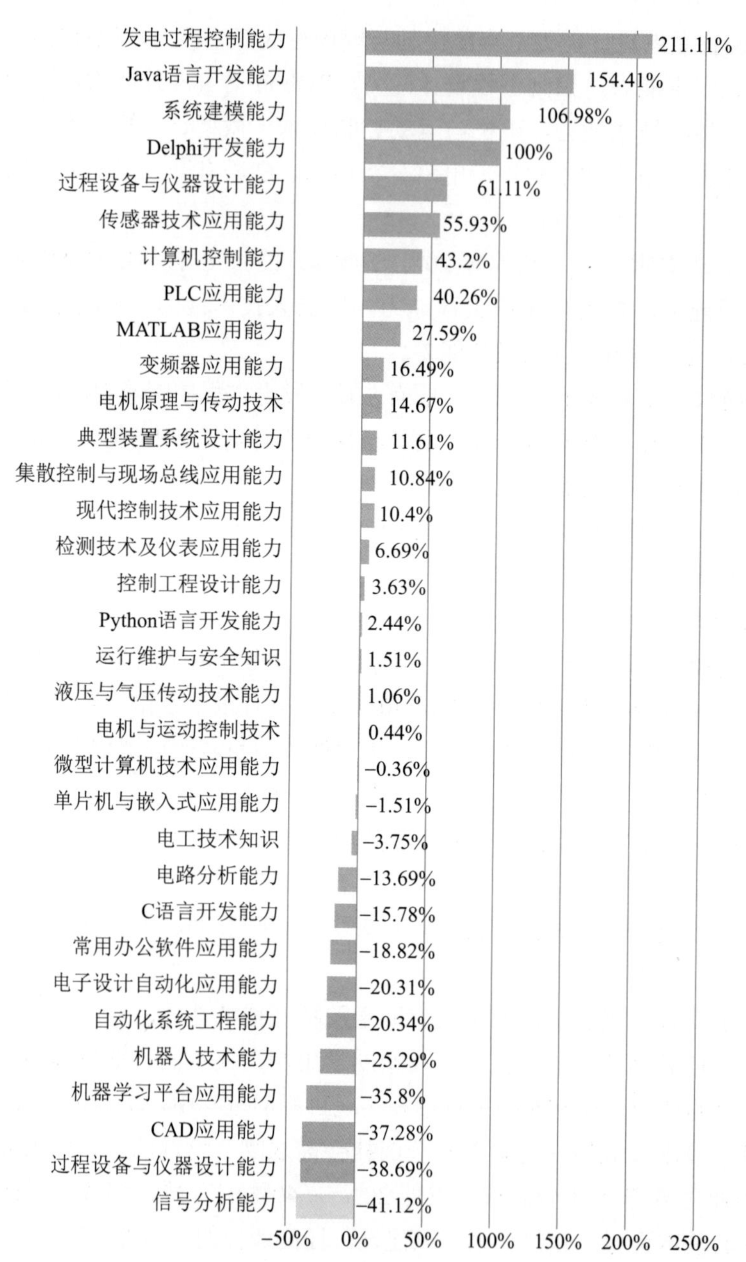

非双一流高校毕业生“专业知识与技能”与全国社会需求偏离分布图

2）毕业生通识能力方面

非双一流高校本专业毕业生通识能力与全国社会需求吻合情况的分析结果显示，非双一流高校本专业毕业生通识能力比社会需求比重低 20% ～ 40% 的有沟通与表达能力、组织协调能力、逻辑思维能力，建议优化课程体系，改进课程教学内容、教学方式。

沟通与表达能力是本专业人才需要具备的基本通识能力，建议课程教学中加强师生、生生互动，全面提高口头和文字表达能力，继续鼓励学生选修口才艺术与社交礼仪等课程，并组织演讲比赛、实践课程、学术交流活动、专题研讨活动等。建议鼓励学生多参加学生会、社团等学生组织，并通过课内外的各种教学活动，通过跨学科团队任务，合作性学习活动来培养学生组织协调能力。逻辑思维能力是指正确、合理思考的能力，建议加强高等数学等相关课程的学习，加强专业课程中数学应用能力的培养。

3）专业知识与技能方面

非双一流高校本专业毕业生专业知识与技能同全国社会需求吻合情况的分析结果显示，非双一流高校本专业毕业生专业知识与技能比社会需求比重低 40% 以上的有“信号分析能力”，比重低 20% ～ 40% 的有“CAD 应用能力”“过程设备与仪器设计能力”“自动化系统工程能力”“机器人技术能力”“电子设计自动化应用能力”“机器学习平台应用能力”，比重低 20% 以上的，且与全国高校相比低于 80 分的有“机器学习平台应用能力”。

建议结合各学校不同的学科优势、专业特色、服务面向和培养目标，优化人才培养方案、课程体系、课程教学大纲以及教学过程，紧跟“新工科”改革步伐，加强工程实践能力和创新能力培养，突出解决复杂工程问题能力的培养。

9.5 调研情况分析

通过调研，建议自动化专业人才培养方案设计要重点考虑以下 4 方面：

（1）以“新工科”建设理念为指导，探索传统自动化专业升级改造的人才培养新模式。“新工科”建设是应对经济发展、产业升级改造和全球化挑战而提出的一项重要战略，其核心目标就是要培养社会所需求的优秀工程技术人才。因此，对传统自动化专业而言，在传承本校专业特色的基础上，要进行恰当的总结和有益的借鉴，开展“新工科”建设探索，构建符合“新工科”要求的多样化的专业人才培养模式，培养合格人才。

（2）落实“新工科”建设理念，制定具体的自动化专业升级改造的人才培养方案。“新工科”建设理念需要落实到自动化专业的人才培养方案中，尤其要确保课程类型、性质、内容等与“新工科”建设理念的内在一致性，这是传统工科专业升级改造的重点和难点，涉及专业内课程设置、课程内容的选择、学时分配、教学方法等。需要根据“新工科”建设理念反复论证、修改完善，保持相对稳定、持续动态变化，进而不断优化专业人才培养方案。

（3）自动化专业人才培养目标要以促进当前和未来新经济产业的发展为核心，以实现未来智能制造领域自动化专业人才的自主化、个性化、专业化、交叉化、创新化、综合化等目的。拓展传统学科专业的内涵和建设重点，形成新课程体系和教学内容，调整传统工科专业人才培养目标和培养标准，探索传统工科专业信息化、数字化改造的途径与方式；探索传统工科专业多学科交叉的途径与方式；面向人工智能、大数据、云计算、物联网等新技术，探索基于现有工科专业改造升级的新方向、新领域。聚焦传统产业改造升级和新兴产业培育发展的需求，推动高新产业技术与工科专业的知识、能力、素质要求深度融合，探索工科专业升级改造的实施路径。

（4）由于各学校的服务面向不同，学校的优势与特色各异，因此，自动化专业的培养方案要以专业能力培养为主线，以学科专业主干为基础，合理设置专业核心课程、专业必修课程，开设较多的专业选修课程，选修课要更多的体现服务面向、学校特色以及“新工科”要求。

附录 A

附表 1　本专业毕业生竞争力汇总

维　　度	非双一流高校均值	双一流建设高校均值	全国独立学院均值
毕业三年工作平均月薪 / 元	6679	7795	6260
毕业三年工作平均月薪指数	104.38	120.37	100.58
毕业三年工作稳定性 / 月	19.00	19.86	19.52
初次工作满意度（10 分制）	7.86	8.16	8.24
就业单位对毕业生毕业三年满意度（五星制）	3.51	3.90	3.43
毕业三年岗位匹配度 /%	72.47	75.85	72.00

附表 2　在全国工作的本科生“素养”比例汇总

素　　养	非双一流高校均值	双一流建设高校均值	全国独立学院均值
责任感强	48.50%	49.34%	43.86%
爱岗敬业	32.11%	26.62%	32.67%
乐于合作	25.74%	23.79%	24.19%
积极主动	24.29%	21.55%	23.89%
吃苦耐劳	23.31%	18.70%	23.55%
勇于承担责任	21.48%	23.29%	20.95%
勤奋努力	17.32%	13.73%	17.23%
遵规守信	14.68%	12.23%	14.29%
勇于挑战的精神	10.19%	9.18%	9.56%
渴望成功	9.31%	10.95%	8.44%
严谨细致	9.10%	9.10%	8.93%
自信心强	7.80%	6.05%	7.68%
忠诚可靠	1.38%	0.80%	1.67%
忠于职守	0.30%	0.13%	0.41%

附表 3　在全国工作的本科生“通识能力”比例汇总

通 识 能 力	非双一流高校均值	双一流建设高校均值	全国独立学院均值
学习能力	60.99%	61.55%	58.45%
组织与管理能力	57.97%	58.76%	57.51%

续表

通 识 能 力	非双一流高校均值	双一流建设高校均值	全国独立学院均值
新知识接受能力	51.15%	51.90%	48.41%
组织协调能力	45.01%	45.61%	44.10%
沟通与表达能力	43.89%	42.87%	42.29%
逻辑思维能力	36.05%	40.30%	32.25%
执行能力	20.97%	22.43%	19.91%
创新能力	12.86%	14.53%	11.64%
抗压抗挫能力	8.10%	7.72%	6.94%
观察能力	7.39%	6.35%	6.78%
想象能力	5.98%	7.01%	5.85%
职业适应能力	2.56%	3.43%	2.51%
自我管理能力	2.52%	2.09%	2.49%
知识融会贯通能力	0.16%	0.19%	0.12%

附表 4　在全国工作的本科生“专业知识与技能”应用比例汇总

专业知识与技能	非双一流高校均值	双一流建设高校均值	全国独立学院均值
运行维护与安全知识	44.32%	41.47%	42.44%
微型计算机技术应用能力	28.47%	32.64%	25.44%
检测技术及仪表应用能力	27.25%	27.39%	25.02%
电工技术知识	25.97%	23.20%	23.14%
现代控制技术应用能力	20.66%	19.30%	17.58%
分散控制技术能力	17.24%	15.07%	14.22%
控制工程设计能力	17.24%	18.82%	13.97%
PLC 应用能力	16.16%	13.55%	13.40%
单片机与嵌入式应用能力	15.23%	14.59%	13.58%
C 语言开发能力	14.41%	19.52%	12.59%
CAD 应用能力	13.42%	11.97%	11.86%
常用办公软件应用能力	13.37%	15.18%	12.82%
过程设备与仪器设计能力	12.67%	10.90%	11.02%
电路分析能力	10.77%	10.68%	9.98%
Java 语言开发能力	10.69%	12.09%	9.67%
计算机控制技术能力	9.33%	10.85%	7.01%
电机与运动控制技术	8.46%	8.03%	6.53%
电机原理与传动技术	7.92%	7.41%	6.17%
集散控制与现场总线应用能力	7.44%	8.43%	5.18%

续表

专业知识与技能	非双一流高校均值	双一流建设高校均值	全国独立学院均值
自动化系统工程能力	7.35%	7.98%	6.39%
典型装置系统设计能力	6.50%	9.06%	4.70%
MATLAB 应用能力	6.36%	12.17%	5.02%
系统建模能力	6.09%	10.25%	4.76%
变频器应用能力	5.09%	3.51%	3.63%
机器人技术能力	4.51%	6.10%	3.36%
液压与气压传动技术能力	3.90%	3.35%	2.89%
电子设计自动化应用能力	3.67%	4.37%	2.87%
Python 语言开发能力	2.58%	5.15%	2.12%
信号分析能力	2.54%	3.38%	2.20%
DSP 应用能力	2.13%	2.66%	2.01%
发电过程控制能力	1.16%	1.13%	1.15%
过程控制技术能力	1.07%	1.07%	0.94%
Delphi 开发能力	0.13%	0.13%	0.06%